전자밴드구조의 이해

전자밴드구조의 이해

Understanding Electronic Band Structure

김재연

전북대학교출판문화원

목차 Contents

Chapter 3 현대물리학 기본개념 Fundamental Concepts in Modern Physics

Chapter 4 고체물리학 기본개념 Fundamental Concepts in Solid State Physics

Chapter 5 전자밴드구조 계산 Electronic Band Structure Calculations

머리말 Preface

Ask advice from everyone, but act with your own mind. [Yiddish Proverb]

반도체물리학 분야를 가르쳐 오는 동안 이공계 학생들에게 필요한 수학과 현대물리학 그리고 고체물리학에서 꼭 알아야 할 기본개념을 많은 학생들이 놓치고 있는 경우를 많이 보아왔다. 그래서 그 동안 가르쳐 왔던 강의 자료를 바탕으로 모든 내용을 다루지는 않고 가장 기본이 되는 개념 fundamental concepts 만을 정리하여 이 자료를 준비하게 되었다. 고체물리학에서 다루는 주제는 당연히 기초적인 수학개념뿐만 아니라 특별히 양자역학을 포함하고 있기 때문에 이를 공부하지 않고 고체 내부에 있는 전자의 물리적 특성을 이해하기에 어려움이 있다. 따라서 좀 더 자세한 내용은 학생들이 사용하는 교재나 본 자료의 참고문헌을 같이 병행하여 공부하기 바라며 학부 고학년이나 대학원 학생들 수준에 맞도록 준비하였다. 특별히, 전세계적으로 학부나 대학원 과정에서 Kittel 교수의 고체 물리학 교재인 Introduction to Solid State Physics 가 많이 사용되고 있으나 홀로 공부하기에는 힘든 면이 있어 이 자료가 도움이 되기를 기대해 본다.

먼저 과학은 우리에게 무엇을 말하고 있으며 이를 공부하여 우리가 갖게 될 의미에 대하여 나름의 생각을 짧게 정리해 보았다. 지금까지 이공계 분야의 여러 과목을 가르쳐 오면서 이들에게서 가장 공통적으로 사용되는 개념이 무엇인지 살펴본 후 이를 바탕으로 과학에 대한 지극히 개인적인 의견을 피력해 보았다. 그러므로 이 부분에 대해서는 통일된 생각이 있을 수 없기 때문에 가벼운 마음으로 읽기를 권한다. 그 다음 이공계에서 필수적인 선형대수학에 대한 기초 개념들과 현대물리학과 관련된 기본 개념들을 살펴보았다. 이를 바탕으로 이공계 분야에서 고체물리학을 필수로 공부하는 학생들을 위해 전자의 양자상태 quantum states 에 대한 정보인 '전자밴드구조 electronic band structure'를 이해할 수 있도록 논의를 전개해 나갔다. 더불어 현재 모든 이공계분야에서 nano science 와 nano technology 용어가 빈번히 사용되고 있기 때문에 미시세계를 이해하는데 도움이 되도록 양자역학 내용중 필수적인 개념만을 정리하여 관련 교재 내용을 이해하는데 도움이 되도록 하였다.

특별히 고체물리학은 다양한 과목에 걸친 광범한 내용을 다루고 있기 때문에 근간을 이해하는데 도움이 되도록 기본개념 위주로 정리하였고 이해를 보다 쉽게 하기 위해 저자 나름대로 생각한 다양한 보기를 고민하여 정리하였으나 잘못된 개념이 학생들에게 전달되지 않을까 걱정이 앞선다. 따라서 공부하는 동안 만나게 될 많은 의문점은 과목을 담당하시는 교수님의 조언을 구하면서 꾸준히 정진하기를 권한다. 전문 학술 용어들 scientific terms 은 한글과 영어를 병기함으로 써 영어로 표현된 개념에 친숙해 지도록 하였고 한국물리학회의 물리학용어집을 참고하여 사용하였지만 저자가 나름대로 의역을 하여 표현하기도 하였다. 통일된 번역 용어가 사용되지 않음으로 인해 서로 간 소통이 불편할 수도 있는 점에 대해 주의를 부탁하며 양해를 구하고 싶고 장래를 위해 영어 표현에 익숙해 지기를 권하고 싶다.

아무쪼록 고체물리학을 공부하거나 반도체 관련 과목을 배우는 학생들과 공과대학에서 반도체를 포함한 정보 및 재료 분야를 공부하는 학생들이 전자밴드구조에 대한 개념을 익히는데 많은 도움이 되기를 기대해 본다. 마지막으로, 그동안의 강의를 통해 부과한 전자밴드구조 프로그램 리포트중에서 가장 우수하다고 판단된 학생들의 Fortran 과 Matlab 프로그램을 부록에 소개하니 공부나 연구에 활용하기 바란다.

김재연

전북대학교, 자연과학대학, 반도체과학기술학과

Email: jykim@jbnu.ac.kr

Phone: (063) 270-3652

Chapter 0

과학이란?

What is Science about?

Chapter 0 과학이란? What is Science about?

Key concepts:

1. Entity
2. Reality
3. Impulse
4. Response
5. Transformation

만약 우리가 '과학'하면 가장 먼저 떠오르는 것이 무엇인가? 라는 질문을 받았을 때 아마도 많은 사람들이 Albert Einstein 또는 진화론을 주장한 Charles Darwin 등을 비롯해 수학, 물리학, 화학, 생물학 또는 요즘은 정보통신분야 등등을 떠 올릴 것이라고 생각해 본다. 대부분의 사람들에게 이렇게 과학은 보통 자연과학 분야와 밀접한 것으로 보고 있다. 일반적으로 대학교에는 자연과학대학 College of Natural Sciences, 인문과학대학 College of Human Sciences, 사회과학대학 College of Social Sciences, 생명과학대학 College of Life Sciences 등 인문계와 자연계를 망라하여 '과학 science'을 단과대학 이름에 사용하고 있다. 여기서 우리는 대학교내에서 대부분의 학과가 '과학'과 연관된 공부를 하고 있음을 알 수 있다. 사실 '과학'은 많은 분야에서 인류가 쌓아온 '지식체계'라 간단히 말할 수 있다. '과학이 무엇인지?'What is science? 에 대한 정의와 자세한 의미를 논의하기는 저자의 능력 밖이라고 생각되기 때문에 본 장에서 '과학이 무엇을 하는 것인지?'What is science about? 에 관해 평소 느꼈던 나름의 관점으로부터 얘기를 간단히 전개해 보고자 한다.

0.1 실체와 본질 entity and reality

먼저, 과학에서 우리의 모든 관심 대상을 X 또는 black box 또는 ? 라고 할 때, 이 X 를 보통 'entity'라고 한다. 이 entity 는 학문 분야에 따라 다양하게 번역할 수 있지만 여기서는 '실체(實體)'라고 부르려고 한다. 예를 들면, 인간 human being, 돌멩이 stone, 나무 tree, 반도체 semiconductors 등 형체를 가지고 존재하는 것 일 수도 있고 숫자 3, 사랑 love, 무지개 rainbow 등과 같이 추상적인 개념 또는 자연적인 현상 등의 인지대상들도 모두 실체 entity 라고 부를 수 있다. 따라서 다음과 같이 요약하자.

$$X = \text{black box} = ? = \text{entity} = \text{실체} \tag{0.1}$$

간단히 겉으로 드러나 보이는 실체 자체는 쉽게 표현하자면 그저 그 물체가 드러내는 상 image 에 불과하고 많은 경우 우리는 이들에 대한 본질을 쉽게 파악할 수 없기 때문에 자세한 조사와 연구를 필요로 한다. 이렇게 실체의 변하지 않는 본래적인 여러가지 특성들은 보통 'reality'라고 부른다. 실체와 마찬가지로 다양하게 번역할 수 있지만 여기서는 '본질(本質)'이라고 부르려고 한다. 예를 들어 반도체라는 실체가 주어졌을 때 우리는 이 반도체의 구조적 특성은 엑스선 실험을 통해, 전기적 특성은 전류-전압 특성 I-V characteristics 을 통해, 광학적 특성은 광발광 photoluminescence 실험이나 라만측정 Raman measurement 을 통해 본질 reality 을 알아가는 것과 같다.

$$\text{reality} = \text{본질} \tag{0.2}$$

0.2 자극, 반응 및 변환 impulse, response and transformation

저자가 생각하기에 '과학활동 scientific activity'은 '실체에 대한 본질을 알아가는 과정'으로 간주될 수 있다고 생각한다. 그런데 여기서 우리에게 주어진 겉으로 드러난 실체에 대한 정보만으로 쉽게 그들의 과학적 특성을 파악하기 어렵기 때문에 우리는 보통 어떤 수단을 사용하게 된다. 이 수단을 보통 '변환 transformation'이라고 한다. 예를 들면, 세포라는 실체 entity 의 구조적인 본질 reality 를 알고자 한다고 가정하자. 이를 위해 우리는 세포를 현미경을 통해 확대하여 얻은 이미지로부터 세포의 구조적 본질을 눈으로 관찰 했을 때 보다 쉽게 알 수 있게 된다. 이 때 확대하는 과정, 즉 현미경을 통한 관찰 행위를 변환이라고 할 수 있다. 다시 말하면 1000 배 확대하여 관찰했다고 하면 세포의 2 차원 상 image 위에서 임의 두 지점의 거리를 x 라고 할 때 이 관계를 함수를 이용하여 간단히 $f(x)=1000x$ 로 표현할 수 있는데 이 함수 $f(x)$ 를 변환이라고 볼 수 있다. 다른 예로써 내 몸을 X-선으로 관찰 한다고 하자. 이 때 내 몸이라는 실체에 대해 X-선 장치를 통해 얻어진 (변환된) 사진은 내 몸의 구조적인 본질을 이해 하는 정보가 된다. 즉, 영상정보 획득 과정은 변환이라고 할 수 있다. 도식적으로 요약하면,

$$\text{실체} \Rightarrow \text{transformation} \Rightarrow \text{본질} \tag{0.3}$$

이같이 실체에 대해 변환이라는 과정을 통해 쉽게 그 본질을 이해하게 (또는 인식하게) 되는 과정을 '과학활동'이라고 할 수 있고 현미경이나 X-선 장비는 변환을 시키는 장치로 볼 수 있다. 인문과학이나 사회과학에서 다루는 주요 entity 는 물론 인간의 정신과 사고 또는 사회활동등에 관한 것이 될 수 있겠다. 앞서 언급한 바와 같이 자연과학분야뿐만 아니라 인문과학, 사회과학, 생명과학분야등 대학교 university 내에서의 학문활동은 모두 '과학활동'를 한다고 할 수 있다. 좀 더 과감히 주장한다면 '과학활동이란 무엇을 하는 것인가?'는 질문은 '왜 매일 학교에서 공부를 하는가?'란 질문과 같은 의미를 지닌다고 할 수 있겠다.

구체적으로 위의 과정을 이해하기 위하여 다음과 같은 과정을 가정하자. 먼저, X 라는 실체가 있을 때 이것이 무엇인지 알기 위해 보통 우리는 '자극 impulse' 을 가한다. 이 자극에 대해 실체는 '반응 response'을 일으킨다. 각 자극에 대해 우리는 3 배의 변환을 통해 3, 6, 9, … 등의 값을 관측하게 되었다고 가정하자. 이것을 함수로 나타내었을 경우 $f(x)=3x$ 로 쓸 수 있다 더 나아가 이 는 1 과 3, 2 와 6, 3 과 9 와 같이 서로 '대응 correspondence'된다고 말할 수 있다. 이를 도식적으로 나타내면 그림 0.1 과 같다. 다른 예로써, 어떤 물질에 전기장 $\left(\text{자극} = \text{impulse} = \text{electric field } \vec{E}\right)$ 을 가했을 때 물질이 분극 $\left(\text{반응} = \text{response} = \text{polarization } \vec{P}\right)$ 이 일어나는데 이는 $\vec{P}=\varepsilon\vec{E}$ 로 표현된다. 이 때, 유전 상수 ε 을 '반응 함수 response function'라고 한다. 즉, 자극에 따른 반응함수 ε (물질의 유전상수)로부터 물질의 전기적 본질을 알 수 있게 된다. 또 다른 예를 들면, 반도체 *p-n* junction (실체) 에 전압을 가하고 흐르는 전류를 측정하면 전류-전압

$$\text{impulse} \quad \Rightarrow \quad \begin{bmatrix} \text{black box or} \\ \text{X or} \\ \text{entity} \end{bmatrix} \quad \Rightarrow \quad \text{response}$$

$$\begin{array}{ccc} 1 & & 3 \\ 2 & & 6 \\ 3 & f(x)=3x & 9 \\ 4 & & 12 \\ \vdots & & \vdots \end{array}$$

그림 0.1 자극과 반응 사이의 관계를 함수로 표현한 경우.

특성 곡선 I-V characteristics 을 얻게 된다. 이 때, 전압은 자극이고 전류는 반응으로 볼 수 있다. 이 정보를 바탕으로 우리는 *p-n* junction 의 전기적 본질을 알 수 있게 된다. 도식적으로 요약하면,

$$\text{자극과 반응 사이의 관계식} \Leftrightarrow \text{변환} \tag{0.4}$$

위와 같이 변환과정을 통해서 우리는 실체에 대한 본질을 이해하게 되는데 보통 수학자들에게 있어 변환 transformation, 함수 function, 대응 correspondence, 연산자 operator, 사상 mapping 등은 모두 비슷한 개념으로 보고 있다. 즉,

$$\begin{aligned} & \text{함수 (function)} \\ \approx\ & \text{대응 (correspondence)} \\ \approx\ & \text{변환 (transformation)} \\ \approx\ & \text{연산자 (operator)} \\ \approx\ & \text{사상 (mapping)} \end{aligned} \tag{0.5}$$

저자가 그동안 찾아본 결과 많은 학문분야에서 (자연과학, 인문과학, 사회과학, 생명과학 등) 공통적으로 나오는 가장 빈번한 단어가 아마 변환인 것 같다. 즉, 저자의 생각으로는 학문 science 에서 가장 기본이 되는 fundamental 단어는 '변환'인 것 것으로 추측된다. 이와 관련해서는 과학학과등 연관된 학문분야 교수님들의 조언이 도움이 될 것 같으니 미뤄 두기로 하자. 덧붙여, 우리가 관찰하는 실체를 변환을 통해서 본질을 파악하는 틀을 모델 model 또는 이론 theory 이라고 할 수 있겠다.

$$\begin{Bmatrix} \text{Function} \\ \text{Correspondence} \\ \text{Transformation} \\ \text{Operator} \\ \text{Mapping} \end{Bmatrix} \Rightarrow \begin{Bmatrix} \text{Model} \\ \text{Theory} \end{Bmatrix} \tag{0.6}$$

사족으로, 앞에서 예시한 함수 $f(x)=3x$ 가 우리가 관찰하는 결과를 타당하게 설명하지 못한다면 우리는 다시 수정해야만 한다. 예를 들어 이 함수를 $f(x)=2.99x+0.0007$ 이 더 타당한 실험결과를 설명한다면 우리의 모델은 틀릴 가능성이 있기 때문에 과학 활동을 하는 동안 우리는 항상 열린 마음의 자세를 취해야만 한다고 생각한다.

여러 학문 분야에 나오는 몇가지 변환을 열거해 보면 다음과 같다.

1. Coordinate 변환: 직교좌표, 원통좌표, 구좌표 사이의 관계
2. Fourier 변환: 전자공학에서 신호처리
3. Wavelet 변환: 이미지 압축
4. Laplace 변환: 미분방정식의 풀이 방법
5. Legendre 변환: 열역학에서 자유에너지 사이의 관계
6. Lorentz 변환: 상대성이론
7. Similarity 변환: 이공계 전반
8. Canonical 변환: 고전역학
9. Unitary 변환: 양자역학

요약하자면, 과학 활동은 관심 대상인 실체 entity 에 대해 변환 transformation 을 통하여 그 대상에 대한 본질 reality 을 알아가는 과정이라고 저자는 생각한다. 과학과 관련된 철학의 역사에서 entity 와 reality 는 시대에 따라 용어의 정의가 철학자들에 따라 달리 정의되기도 한다. 이러한 사실을 모두 고려하는 것은 저자의 능력 밖이다. 단지 여기서 본 자료의 이해를 위해 저자가 단순하게 과학의 방법론적인 관점에서 저자 나름 편의상 도식적 해석을 취한 것뿐이며 다른 과학철학 전공자들과 공유하는 생각은 결코 아님을 밝혀두고자 한다. 철학에서는 '변환'대신 '전환 또는 변혁'으로 통일해서 나타내는 것 같다. 예를 들면, transformation of consciousness 를 '인식의 전환'이라고 거의 통일해서 번역한다.

Summary

- Entity → Transformation → Reality
- 다음은 비슷한 의미를 갖는 용어 term 들이다.

  ; 함수 function, 대응 correspondence, 변환 transformation, 연산 operator, 사상 mapping

Chapter 1

수

Numbers

Chapter 1 수 Numbers

Key concepts:

1. Real number
2. Complex number

대학 교과목에서 우리는 다양한 수numbers 를 사용하고 있다. 물론 대부분 실수real numbers 가 주를 이루지만 복소수 complex numbers 를 다루는 부분도 나온다. 크게 실수로 이루어진 실공간 real space 또는 복소수로 이루어진 복소공간 complex space 에서 많은 계산과 실체의 표현이 이루어진다. 이 장에서 우리는 복소수를 왜 배우고 어떠한 상황에서 어떤 공간이 사용되는지 알아보고자 한다.

1.1 수의 분류와 차원 number classification and dimension

우리는 수가 다음과 같이 분류됨을 잘 알고 있다.

Number	복소수 (Complex)	실수 (Real)	유리수 (Rational)	정수 (Integer)	자연수 (Natural)
집합표시	$\mathbb{C}$	$\mathbb{R}$	$\mathbb{Q}$	$\mathbb{Z}$	$\mathbb{N}$

Remark:

1. 여기서 $\mathbb{C} \supset \mathbb{R} \supset \mathbb{Q} \supset \mathbb{Z} \supset \mathbb{N}$ 이다

2. 유리수집합을 나타내는 ℚ는 Quotient (q/p 형태로 표현되고 p 와 q 는 정수를 나타낸다.) 에서 유래한다. 무리수 irrational number 는 q/p 형태로 표현할 수 없다.

3. 정수 집합을 나타내는 ℤ는 독일어로 number 의미를 갖는 Zahlen 에서 왔다.

유리수가 q/p 형태로 표현된다는 의미는 무엇인가? 이 관계식을 다시 쓰자면 $\frac{q}{p}=\frac{1}{p}\times q$ 로 나타낼 수 있다. 이 는 어떤 길이를 유리수로 나타낼 때 단위가 $1\,m$ 이거나 $1\,cm$ 이거나 $1\,mm$ 에 관계없이 $1/p$ 인 '단위길이' (단위길이를 하나의 자 ruler 로 생각해 보자.) 가 q 개 있다는 것과 같은 의미를 나타낸다. 예를 들어 키가 $173\,cm$ 이라면 이것은 $\frac{1}{p}\times q=\frac{1\,cm}{\text{단위 길이}}\times 173$ 개 단위 길이 $=173\,cm$ 로 이해할 수 있다. 또는 단위 길이를 $1\,m$ 인 자 ruler 로 생각하면, $\frac{1}{p}\times q=\frac{1\,m}{\text{단위 길이}}\times 1.73$ 개 단위 길이 $=1.73\,m$ 이 된다. 하지만 만약 어느 순간 키가 $173.14159\cdots$ 이라면 이는 어떤 단위 길이('자 ruler')를 이용해서도 나타낼 수 없다. 왜냐하면 $173.14159\cdots=170+3.14159\cdots=170+\pi$ 로 표현되는 무리수가 되기 때문이다. 즉, 무리수는 $\frac{q}{p}=\frac{1}{p}\times q$ 형태로 나타낼 수 없고 이것은 무리수를 '단위 길이(ruler)'의 배수로 나타낼 수 없다는 의미와 같다. 잘 알고 있듯이 유리수와 무리수 집합의 합을 실수 집합이라 한다.

모든 실수는 1 차원 직선 위에 빠짐 점이 없이 완전하게 대응 시킬 수 있고 모든 복소수는 2 차원 평면 위에 빠짐 점이 없이 완전하게 대응 시킬 수 있다. 따라서 우리가 다루는 어떤 물리적 양 physical quantity 도 실수 축 위에 대응 시킬 수 있고 또한 처리할 수 있다고 생각할 수 있다. 이공계에서 대부분의 물리적 양은 실수를 이용하여 대응 시킬 수 있다. 그림 1.1 에 나타낸 바와 같이 복소수 $(z=x+iy)$ 는 두 실수 x 와 y 를 이용하여 나타낼 수 있기 때문에 2 차원 평면 위의 모든 점에 대응 시킬 수 있으며 이 평면을 '복소 평면 complex plane'이라 부른다. 이러한 관점에서 우리는 실수는 1 차원, 복소수는 2 차원 공간을 이용하여 기하학적으로 나타낼 수 있다고 말할 수 있다.

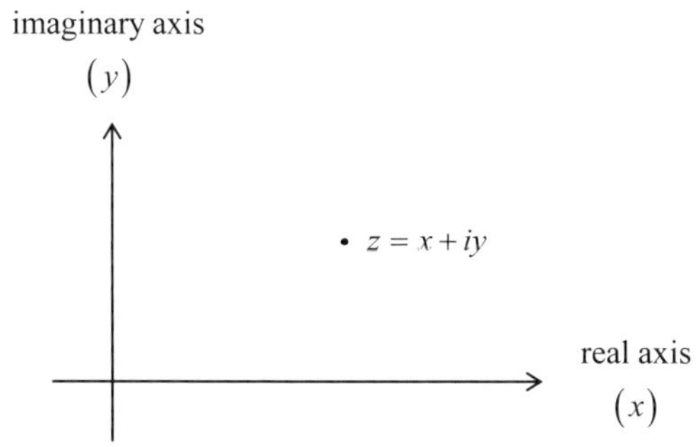

그림 1.1 복소평면위에 두 실수 (x, y)로 표현된 복소수를 나타내는 점.

1.2 왜 복소수가 필요한가?why complex numbers?

자 이제 우리는 모든 물리적으로 측정 가능한 양을 실수에 대응 시켜 나타낼 수 있는데 복소수가 왜 필요한지 그리고 다양한 영역에서 자주 복소수를 배우고 사용하는지 그 이유에 대해 질문을 하여야만 한다. 현재까지 저자가 파악하고 있는 다음 6 가지 주요한 경우를 살펴보도록 하자. 물론 여기서 언급되지 않은 경우도 있을 터이니 각자 알아보기 바란다.

I. 두 연관된 실체를 합하여 하나의 실체로 다루기 위해서 이다.

먼저 복소수를 사용하는 가장 기본적이고 중요한 이유로는 우리가 '두 가지 연관된 물리적 실체 two related physical entities 를 따로 다루지 않고 함께 다루어야 할 경우'가 되겠다. 우리는 보통 밀접하게 연관된 두 가지 실체 entities (또는 variables) 를 다룰 때 복소수를 이용하여 나타낸다. 예를 들어 파 wave 를 나타내는 식은 진폭 amplitude 과 위상 phase 이라는 두 가지 실체를 복소수를 이용하여 식 (1.1)과 같이 하나의 식으로 나타낸다.

$$\begin{aligned}\psi &= Ae^{i\theta} \\ &= A\cos\theta + i\sin\theta\end{aligned} \tag{1.1}$$

여기서, A 와 θ 는 각각 진폭과 위상을 나타낸다. 다시 말하면, 파를 수학적으로 나타낼 때 진폭과 위상이라는 두 가지 실체를 떼어서 다루지 않고 함께 나타내어야 파의 실체를 정확히 기술할 수 있기 때문이다. 호수에 돌을 던져 생기는 물결파를 고려해 보자. 이 파는 보통 진행하는 방향에 수직으로 진동하는 횡파로 나타나고 일반적으로 식 (1.2)로 나타낼 수 있으며 이 경우 ϕ 는 실수로 나타내어 진다.

$$\phi = A\sin\left[2\pi\left(\frac{x}{\lambda} - \frac{t}{T}\right)\right] \tag{1.2}$$

여기서 파는 시간에 따라 x 방향으로 진행하는 파를 나타낸다. 그리고 λ 는 파장, T 는 주기를 나타낸다.

3 장에서 다루겠지만 양자역학에서 양자입자 quantum particle 는 입자의 특성뿐만 아니라 파의 특성도 갖는 소위 '파-입자 이중성 wave-particle duality'의 개념을 다루게 되면서 파동함수 wave function 에 대한 언급을 하게 될 것이다. 이 때 1 차원 운동을 하는 입자의 파동함수를 식 (1.1)과 같이 쓸 수 있으나 물결파를 나타내는 식 (1.2) 에서와 달리 시각적으로 입자의 '위상 phase'를 측정하기는 일반적으로 가능하지 않다. 수학적으로 $i\theta$ 는 실수값 real value 에 대응 시킬 수 없다. 이와 같이 두가지 연관된 실체들로 나타내어지는 실체 entity 중 어느 하나는 파악가능 tangible 하지만 다른 실체가 파악불가능 intangible 인 경우 이 실체를 하나의 복소수를 이용하여 나타낼 수 있다. 달리 언급하자면 파 wave 는 파악가능한 진폭 (빛을 나타내는 파의 경우 우리가 실지로 측정할 수 있는 물리적 양은 진폭 그 자체 A 라기 보다는 $|A|^2 = A^*A$ 이다.)과 실험적으로 직접 측정이 어려운 위상 phase 으로 구성되어 있다. 하지만 간섭 interference 현상을 통해 우리가 알 수 있듯이 위상 phase 은 엄연히 존재하는 실체임을 알 수 있다. 자연과학에서 복소수를 이용하는 생각으로부터 유추하여 심리학에 이를 적용한 논의가 이루어지고 있는 것 같다. 인간의 정신 psyche 세계를 파악가능 tangible 한 의식 consciousness 과 칼 융 Carl Jung 이 언급했듯이 파악불가능 intangible 한 무의식 the unconscious 으로 구성되었다고 보고 이 두가지 실체를 수학의

복소수와 같이 인간 정신세계를 하나의 실체로 취급하여 분석한 사람도 있다[1]. 여기서 관련된 두 용어를 더 살펴보자면,

- tangible ; 감지하여 파악할 수 있는, 유형의, 실체적인

  예: 유형문화 tangible culture

- intangible ; 감지하여 파악할 수 없는, 무형의, 비 실체적인

  예: 무형문화 intangible culture

를 의미한다.

양자역학에서 이와 관련된 다른 보기[2]를 더 살펴보자. 만일 파동함수를 비상대론적인 관점에서 식 (1.2) 에서와 같이 실파 real wave 로 나타낸다면 $\psi(x) = A\cos(kx-\omega t) = A\cos\left(\frac{px-Et}{\hbar}\right)$ 로 쓸 수 있다. 시간 $t=0$ 일 때 간단히 $\psi = A\cos\left(\frac{px}{\hbar}\right)$ 로 쓸 수 있고 이 파의 관측확률밀도 $P=|\psi|^2=|A|^2\cos^2\left(\frac{px}{\hbar}\right)$ 는 거리 x 의 값이 $\frac{\lambda}{2}=\frac{\pi\hbar}{p}$ 일 때 마다 0 이다. 만일 이 파를 속도 v 로 움직이는 다른 관성계에서 관찰한다고 가정하자. 이 때 선형 운동량 $p'=p-mv$ 이므로 파를 관측할 확률은 이제 $\frac{\lambda'}{2}=\frac{\pi\hbar}{p'}$ 일 때 마다 0 이다. 이 는 명백히 비상대론적인 관점에서 거리는 불변해야 되는 조건을 어기기 때문에 적절한 수학적 표현이 아니다. 따라서 우리는 파를 복소수를 이용하여 나타내어 야만 양자역학에서 물리적으로 의미 있는 확률밀도를 얻을 수 있다.

II. 실체를 나타낼 공간의 차원이 하나 더 필요할 때 $i=\sqrt{-1}$ 를 이용한다.

특수상대성이론에서 공간과 시간은 서로 독립적인 실체 라기 보다는 연관된 것으로

---

1 Arnold Mindell, Quantum Mind, Lao Tse Press, 2000.

2 Roland Omnès, Understanding Quantum Mechanics, Princeton University Press, p.42, 1999.

(x, y, z) 과 한 개의 시간성분 (t) 을 갖는 4 차원 공간을 다루는데 시간은 사실 공간과 다르기 때문에 이 들의 차원을 같게 하기 위해 우리는 시간에 빛의 속도를 곱한 ct 를 공간성분과 차원을 같게 만들어 논의하게 된다.

이제 이 4 차원 공간을 어떻게 나타내는지 알기 위해 복소공간을 어떻게 나타냈는지 다시 살펴보자. 그림 1.1 에서와 같이 두 실체(2 차원)를 복소수를 이용하여 나타낼 때 한 차원을 실수축 위에 나타낸다면(x) 다른 한 차원은 i 를 이용하여 이 실수축과 수직이 되게 허수축 위에 나타내었다(iy). 이렇게 함으로 써 우리는 실체를 나타내는데 필요한 또 다른 하나의 차원을 늘릴 수 있게 되는 것이다. 복소평면에서 살펴보자면 그림 1.2 에서 보여주는 바와 같이 복소수 $z = 3 + 2i$ (위치벡터 position vector 로 볼 수 있다.)에 i 를 곱하면 $z' = iz = -2 + 3i$ 로 바뀌는데 이 같이 i 는 기존 위치벡터를 그 벡터에 수직인 벡터로 변환시킨다. 만약 우리가 실수집합으로만 기술되는 실체가 있다면 그것의 물리적 양은 기하학적으로 1 차원인 x-축 위에 대응 시키면 될

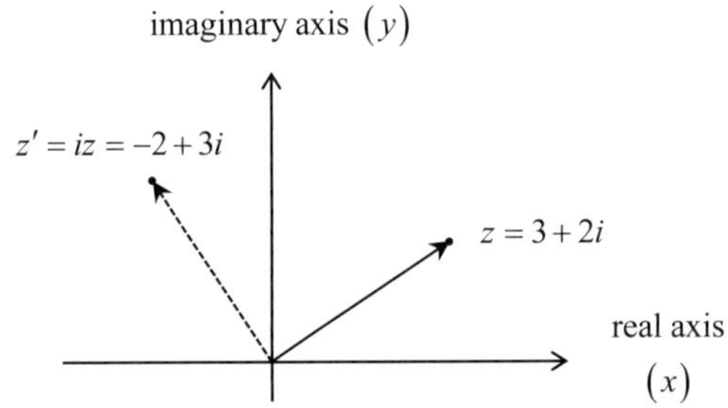

그림 1.2 z 와 $z' = iz$ 의 관계에서 i 는 위치벡터 z 나 축을 직교되게 만드는 역할을 한다.

것이다. 그렇지 않고 서로 연관된 두 가지 실체를 다루게 될 때는 그에 대응하는 또 하나의 실수집합이 필요하게 될 터인데 이때 이 두번째 실체는 iy 로 (집합 x 에 $i = \sqrt{-1}$ 를 곱하여 ix 로 나타내야 하지만 첫번째와 두번째 차원의 실수 집합을 구분하기 위하여 iy 로 표시하자.) 표현하게 된다. 이같이 차원을 늘려서 두가지 실체 x, y 를 복소수 $z = x + iy$ 를 이용하여 우리는 표현이 가능하게 된다. 여기서 '수직'이라는 의미는 영어로 orthogonal, perpendicular, independent, normal 등을 나타내는 개념으로 3 장의 선형대수학에서 자세히 그 의미를 설명하니 참고하기 바란다.

다시 시공간spacetime 으로 돌아와서 공간과 시간을 4 차원으로 나타내는 방법을 알아보자. 공간과 시간 이 둘 을 서로 연관 지우기 위해 시간은 단순한 t 로 표시하기 보다는 허수시간imaginary time 으로 나타내고 차원을 맞추기 위해 허수축을 ict 로 표시하자. 즉, (x, y, z, ict) 으로 4 차원 시공간 spacetime 성분을 나타내도록 하자. 시간 차원의 축은 x, y, z 와 서로 직교하며 orthogonal 독립적 independent 이고 수직인 perpendicular 축으로 볼 수 있다. 따라서 이를 나타내는 모든 4 개의 축들은 서로 수직 (독립 또는 무관계)이 되어야 한다. 물리적으로 4 개의 축을 3 차원 공간에 표현하는 것이 불가능하기 때문에 특수 상대성 이론에서는 그림 1.3 에서와 같이 x, y, z 모두를 수평 방향 축에 포함되도록 하고 (따라서 이 수평축은 본질적으로 3 차원이다.) 그에 수직인 시간축을 수직으로하여 보통 2 차원 평면에서 4 차원 시공간을 추상화하여 시각적으로 나타낸다. 따라서 $i = \sqrt{-1}$ 를 이용하여 ($i = \sqrt{-1}$ 이것 자체가 물리적으로 어떤 의미를 갖느냐는 묻지 말자. 단지 우리는 여기서 차원을 늘리는데 편리하게 사용할 수 있다는 점에 주목하자) 우리는 기존 공간의 차원 보다 한 차원 늘린 공간을 구축할 수 있게 된다.

Remark:

주의할 점은 '허수 시간 imaginary time'이란 개념은 없다. 단지 우리의 편의를 위해 it 로 표현했을 따름이다.

이 시공간에서 두 사건 event 을 고려해 보자. 이 때 이 두 사건 사이의 간격 ds (변위 displacement 가 아니고 '간격 interval' 이라고 부른다.)은 4 차원 공간에서 피타고라스 정리를 생각하면 다음과 같이 주어진다고 볼 수 있다.

$$(ds)^2 = (dx)^2 + (dy)^2 + (dz)^2 + (cdt)^2 \tag{1.3}$$

하지만 이 관계식은 아인슈타인에 의해 4 차원 공간에서는 앞서 설명한 바와 같이 $i = \sqrt{-1}$ 를 포함시켜 다음과 같이 주어져야만 한다는 것이 밝혀졌다.

$$\begin{aligned}(ds)^2 &= (dx)^2 + (dy)^2 + (dz)^2 + (icdt)^2 \\ &= (dx)^2 + (dy)^2 + (dz)^2 - (cdt)^2\end{aligned} \tag{1.4}$$

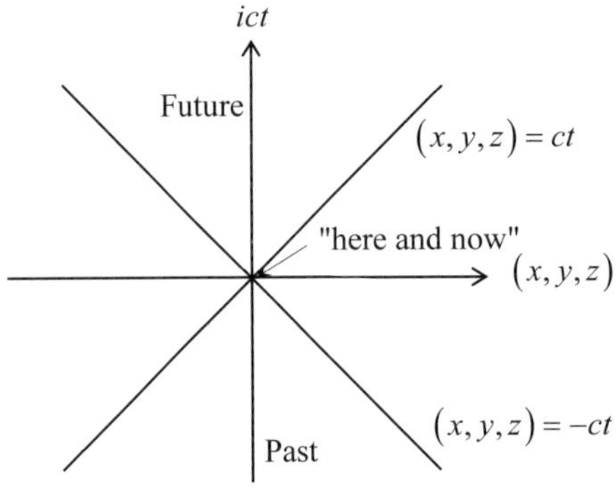

그림 1.3 3 차원 공간과 1 차원 시간을 합한 4 차원 시공간의 시각화.

이러한 사실을 Einstein 보다 조금 일찍 전자기학 Electromagnetism 논의에서 밝힌 사람의 이름을 따라 로렌쯔 변환 Lorentz transformation 이라고 부르고 있다. 여기서 이 변환이 암시하고 있는 것은 관찰자의 운동조건에 관계없이 이 간격이 변하지 말아야 된다(invariant interval). 좀 더 고급스럽게 표현 하자면 물리학 법칙은 관찰자에 관계없이 (기준계 frame of reference 또는 관점 point of view 에 관계없이) 동등 하여야만 한다는 소위 '대칭 원리 symmetry principle'를 언급하고 있다는 사실을 기억하고 이에 대한 설명은 다른 교과서를 참고하여 좀 더 공부하기 바란다. 특수 상대성 이론은 위의 대칭원리에 기초하여 성립되었고 이에 앞서 시공간을 추상적으로 구축하는데 이용된 $i=\sqrt{-1}$ 에 대해 주목할 필요가 있다.

Remark:

'실체를 나타낼 공간의 차원을 늘릴 때 $i=\sqrt{-1}$ 를 이용한다'는 위의 주장이 항상 옳은 것인지는 자신이 없다. 단지 복소수가 왜 필요한지 생각해 보다가 내린 저자의 생각이다. Einstein 이 변환식 (1.4)와 같이 주장한 역사적 배경이나 이유에 대해 저자가 잘 알고 있지 못하기 때문에 이러한 생각이 옳지 않을 경우 알려 주시면 고맙겠다.

III. 실수공간에서 가능하지 않은 계산을 복소공간에서 처리할 수 있다.

세번째로, 실수체계 (1 차원 공간) 에서는 가능하지 않은 계산을 복소수체계 (2 차원 공간)

에서 해결하여 그 결과를 알 수 있기 때문이다. 즉, 실수공간 real space 에서 불가능한 일을 복소공간 complex space 으로 보내어 일을 처리한 후 그 결과를 얻기 위함이다. 대표적인 보기로 식 (1.5)와 같이 주어진 sinc [발음=/ˈsɪŋk/] 함수에 대한 적분을 살펴보자.

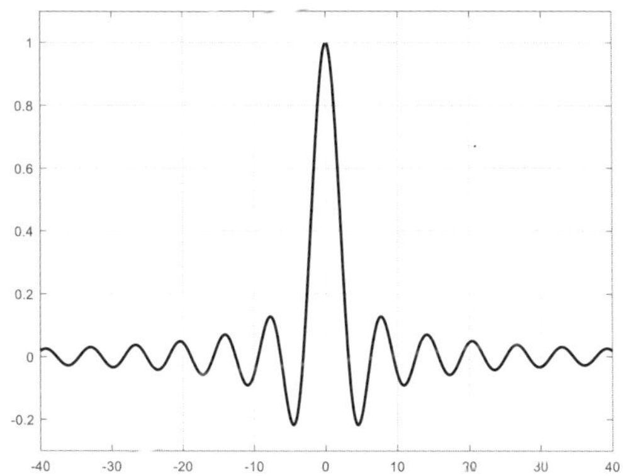

그림 1.4 $\text{sinc}\ x = \dfrac{\sin x}{x}$ 함수 모양.

$$\int_{-\infty}^{\infty} \frac{\sin x}{x} dx \tag{1.5}$$

이 적분은 실수체계에서는 구할 수 없으나 실수 x 를 복소수 z 로 바꾸고 복소수 공간에서 경로적분 contour integral 인 $\oint \frac{e^{iz}}{z} dz$ 을 이용하면

$$\int_{-\infty}^{\infty} \frac{\sin x}{x} dx = \pi \tag{1.6}$$

로 주어짐을 알 수 있다. 많은 복소함수해석 complex function analysis 책에서 이 방법을 찾아볼 수 있기 때문에 자세한 방법은 생략한다. 이 적분에서와 같이 우리는 보통 1 차원인 실수공간에서 처리할 수 없는 계산을 2 차원인 복소공간으로 이동하여 그곳에서 문제를 해결한 후 그 결과를 얻을 수 있다. 파동광학 wave optics 에서 나오는 프레넬 적분 Fresnel integral 도 이같이 해결될 수 있다.

IV. 변환을 써서 직접 측정가능하지 않은 물리적 양을 구할 때 사용하기 위해서이다.

두가지 물리적 실체를 내포한 복소함수 complex function 에서 실함수 부분과 허함수 부분 사이에 수학적 변환식이 성립하는 경우가 있다. 대표적인 보기로는 광학에서 물질 속을 통과하는 빛의 흡수 absorption 와 굴절 refraction 사이의 관계이다. 물질의 감수율 susceptibility χ 가 복소함수로 표현될 때 실수 부분 real part 과 허수 부분 imaginary 사이는 Kramers-Kronig 관계 relations (또는 Hilbert transforms)으로 알려진 다음과 같은 관계가 주어진다.

$$\begin{aligned}\operatorname{Re}\chi(\omega) &= \frac{1}{\pi} PV \int_0^\infty \frac{\operatorname{Im}\chi(\omega')\omega'}{\omega'^2-\omega^2} d\omega' \\ \operatorname{Im}\chi(\omega) &= -\frac{1}{\pi} PV \int_0^\infty \frac{\operatorname{Re}\chi(\omega')\omega}{\omega'^2-\omega^2} d\omega'\end{aligned} \tag{1.7}$$

만일 우리가 감수율 susceptibility 을 나타내는 복소함수의 실수 부분 $\operatorname{Re}\chi(\omega)$ 에 대한 정보가 주어진다면 허수 부분 $\operatorname{Im}\chi(\omega)$ 은 위 식을 이용하여 구할 수 있다. 이 반대의 경우도 물론 성립한다. 예를 들어 물질의 흡수 스펙트럼 spectrum 을 안다면 측정하지 않고도 우리는 위 변환식을 이용해 물질의 굴절률 refractive index 를 알 수 있다. 이것의 반대 경우도 물론 성립한다. 이같이 복소변수 complex variable z 의 함수인 복소함수 $f(z)$ 를 이용하면 물리실험에서 우리가 감지할 수 있는(측정할 수 있는) 정보로부터 감지할 수 없는(측정하기 어려운) 물리적 정보 physical information 를 얻을 수 있다.

V. 회로이론에서 전압과 전류 사이의 위상 관계를 쉽게 파악하기 위해서 이다.

가장 익숙하게 복소수를 이용한 경험은 전기회로를 공부하였을 때 일 것이다. 잘 알려진 보기로써 교류전기회로에서 인가된 전압 V 과 측정된 전류 I 사이의 위상 관계를 해석할 때 복소수를 사용하는 것을 피할 수 없다. 하나의 폐회로 closed circuit 를 흐르는 교류 전류와 교류 전압 사이의 관계를 파악할 때 위상을 따로 떼어 처리할 수 없다. 즉, 두 연관된 실체(전류와 전압)를 i (때로 회로 text 에서는 전류와 혼동이 있기 때문에 i 대신 j 로 표시하기도 한다.) 를 이용하여 각 소자 사이를 흐를 때 이 들 사이의 위상 정보를 해석하는데 편리하기 때문이다.

VI. 실수 체계와 달리 복소수 체계에서는 *n* 차 방정식의 근을 모두 구할 수 있다.

마지막 보기로써 일반적인 1,2,3,4 차 실 방정식 real equation 의 근에 대한 해는 존재하지만 5 차 방정식 quantic equation 의 일반적인 대수학적인 해 algebraic solution 는 존재하지 않는다. 하지만 n-차 복소함수는 n 개의 근을 모두 얻을 수 있다. 즉, 다음과 같은 linear equation 은 n 개의 근을 언제나 구할 수 있다. 이를 fundamental theorem of algebra 라 부른다.

$$a_n z^n + a_{n-1} z^{n-1} + \cdots + a_1 z + a_0 = 0 \tag{1.8}$$

이와 같이 복소수 체계는 실수 체계와 다른 어떤 유연성(?)을 보여준다.

이 상 저자가 알고 있는 한도 내에서 복소수를 대학교에서 배우는 이유에 대해 살펴보았다. 물론 다른 경우도 더 있을 줄 안다. 어찌 되었든, 적어도 대학과정을 밟아 나가면서 우리는 적어도 위 여섯 가지 경우를 숙지하고 있을 필요가 있다. 또한, 우리는 어느 정도 자유롭게 복소수와 관련된 미적분이나 변환에 익숙해 질 필요가 있다. 2 차원 복소수 외에 더 높은 차원의 수를 언급하자면 물리학에서 전자의 스핀 spin 을 기술하기 위해서 4 원수 quaternion 를 필요로 하고 있다는 점을 기억하기 바라고 더 나아가 8 원수 octonion 까지 논의가 되고 있으나 이에 관해서는 저자의 능력 밖으로 생각되니 다른 문헌을 참조하기를 바란다.

Summary

- 실수집합 (ℝ)은 1 차원이고 복소수집합 (ℂ)은 2 차원이라고 생각할 수 있다.
- 복소수를 필요로 하는 가장 중요한 이유는 두 가지 연관된 물리적 실체 two related physical entities 를 따로 다루지 않고 함께 다루기 위해서 이다.

Chapter 2

선형대수학 기본개념

Fundamental Concepts in Linear Algebra

Chapter 2 선형대수학 기본개념 Fundamental Concepts in Linear Algebra

Key concepts:

1. Vector space
2. Function space
3. Orthogonality
4. Basis
5. Linearity
6. Transformation
7. Transforms
8. Eigenvalues
9. Eigenvectors
10. Linear combination
11. Superposition
12. Diagonalization

대학에서 다루는 이공계분야의 수학은 대략 90% 이상이 선형대수학과 관련이 있다고 생각해도 좋을 정도다. 따라서 선형대수학과 관련된 핵심 개념을 정리해 보았다. 가장 핵심이 되는 단어는 '선형성 linearity'이라고 생각되며 이 개념이 이공계 학문 전반에 밑바닥 개념으로 깔려 있기 때문에 이 장을 공부하고 난 후 학생들 스스로 이 개념에 대해 다시 묻고 나름대로 머리 속에 정리를 해 두면 많은 영역에서 이 개념이 유용함을 느낄 수 있게 될 것이다.

2.1 좌표계 coordinate systems

물리적 실체는 보통 우리에게 익숙한 3 차원 좌표계인 직교 좌표계 rectangular Cartesian coordinate, 원형원통좌표계 circular cylindrical coordinate, 구좌표계 spherical coordinate 를 이용해 나타낼 수 있다. 이들 좌표계에서 좌표축을 따라 정의된 단위벡터 unit vectors 들은 서로 수직하기 때문에 이 들을 '직각 좌표계 orthogonal coordinate systems'라고 부른다. 또한 이들 좌표계에서는 세축중 두 좌표축으로 구성된 면을 살펴볼 때 직교 좌표계에서는 좌표축에 수직인 면들이 모두 평면이지만 원통과 구 좌표계에서는 평면이 아닌 원형으로 굴곡된 면도 나타나므로 '직교곡선 좌표계 orthogonal curvilinear coordinate systems'라고도 한다.

Remark:

1. 직각 좌표계 orthogonal coordinate systems

    ○ 직교 좌표계 rectangular Cartesian coordinates (x, y, z)
    ○ 직교곡선 좌표계orthogonal curvilinear coordinate systems
    · 원통좌표계 rectangular Cartesian coordinates (r, φ, z)
    · 구좌표계 rectangular Cartesian coordinates (r, θ, φ)

    ; 세 단위벡터들이 모두 서로 직각인 경우

2. 곡선 좌표계 curvilinear coordinates

    ; 세 단위 벡터들이 직각이 아닌 경우

일반적으로 좌표계는 우리가 사용하기 편한 좌표계를 이용하는 것이 문제를 해결하는데 편리하기 때문에 반드시 서로 수직인 축을 이용하여 정의될 필요는 없다. 곡선좌표계 curvilinear coordinate systems 은 이러한 부류에 속하는 좌표계이다. 이와 관련된 대표적인 보기로써 4.1 절에 나오는 빗각 oblique 격자점을 나타낼 경우가 될 수 있다. 이 격자점의 위치를 나타낼 때 우리는 직교좌표보다는 서로 수직을 이루지 않더라도 소위 원초적병진벡터 primitive translational vectors 를 따른 축을 좌표축으로 삼는 것이 훨씬 편리하다. 더 나아가 좌표축을 나타내는 변수는 구좌표계에서 보듯 길이 차원일 필요는 없다는 점이다. θ, φ 와 같이 차원이 없는 라디안 radian 을 이용해도 무방하다는 점에 주의하자.

Remark:

1. 좌표축은 반드시 서로 수직일 필요는 없다.

2. 좌표축을 나타내는 양은 길이 차원을 가질 필요는 없다.

어떤 물리적 계 system 는 보통 앞에서 언급한 세가지 좌표계 orthogonal coordinate systems 중 하나를 선택하여 3 차원 물리적 공간 physical space 에 나타낸다. 논의를 위하여 다음 그림에서 보여주는 바와 같이 등속 원운동을 하고 있는 물체를 고려하자.

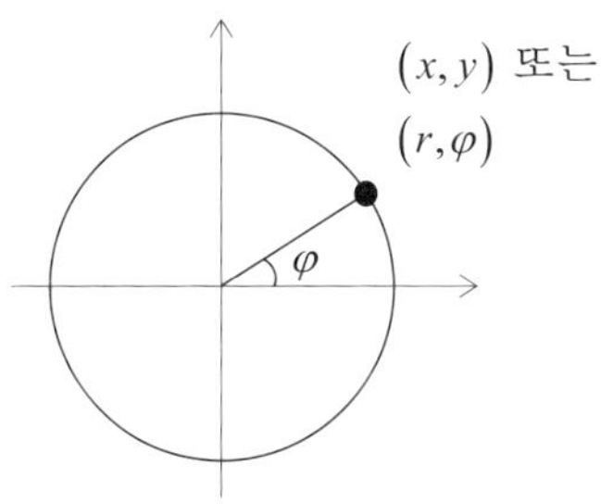

그림 2.1 등속 원운동을 하고 있는 물체.

Q: 이 물체는 몇 차원에서 운동을 하고 있는가?

직교 좌표계에서 이 물체의 위치는 (x, y), 원통 좌표계에서는 (r, φ) 변수를 이용하여 나타낼 수 있다. 하지만 원통 좌표계로 물체의 위치를 나타낼 때 $r = \text{constant}$ 로 일정하기 때문에 우리는 사실 φ 변수 하나만 이용하여 이 물체의 운동을 기술할 수 있고 이 때 자유도 degree of freedom 는 1 이라고 한다. 따라서 물리학자들은 이 물체의 운동은 2 차원 운동이 아니라 1 차원 운동을 하는 것으로 본다. 더 나아가 이 물체의 운동을 기술하는 φ 좌표변수를 generalized (또는 good 또는 canonical) coordinate 이라고 한다.

generalized coordinate = canonical coordinate = good coordinate

따라서 만약 어떤 물체가 구 표면 위에서만 운동하도록 되어있다면 이 물체의 운동은 (x, y, z) 세 변수로 기술되는 3 차원 운동이 아니라 (θ, φ) 두 변수로만 기술되는 2 차원 운동을 하는 것으로 간주해야 된다. 이 때 generalized (또는 good 또는 canonical) coordinate 는 구 좌표계의 두 변수 (θ, φ) 가 되고 degree of freedom 은 2 가 된다. 요약하면,

# of canonical coordinates = # of degree of freedom

위 예에서 보여준 바와 같이 물체의 운동을 기술할 때 우리는 가능한 한 최소한의 자유도만을 취하여 나타내어야 기술이 타당하고 문제가 복잡해지지 않게 된다. 더 나아가 이제 어떤 실체를 3 차원 물리적 공간을 넘어 임의의 차원을 가진 추상적 공간에 표현하여야 될 경우를 종종 만나게 된다. 이럴 경우에 대해 선형대수학에서 논의하는 공간 또는 좌표계는 3 차원 물리적 공간의 개념을 *N* 차원, 또는 무한차원까지 확장된 추상적인 공간으로 확대하게 된다. 이와 관련된 개념에 익숙해 지기 위해 먼저 대표적으로 논의되는 벡터공간과 함수공간에 대해 알아보자.

2.2 벡터공간과 함수공간 vector space and function space

2.2.1 벡터공간 vector space

먼저 우리가 잘 알고 있는 물리적 3 차원 벡터를 고려하자. 이 벡터는 식 (2.1)과 같이 주어진다.

$$\vec{V} = V_x\hat{x} + V_y\hat{y} + V_z\hat{z} = (V_x, V_y, V_z) \tag{2.1}$$

즉, 3 차원 물리적 벡터 physical vector 는 글자 위에 화살표를 사용하여 $\vec{V}$ 로 나타내거나 또는 성분의 집합인 (V_x, V_y, V_z) 로 나타낸다. 이제 이 벡터의 개념을 최대 3 차원에 국한 시키지 말고 매우 큰 차원 *N*-차원 (*N*-D) 이나 무한차원 (∞-D) 까지 확대하여 보자. 단, 우리가 보통 3 차원 물리적 벡터에서 언급하는 '크기와 방향'을 다루는 벡터의 의미보다는 다른 물리적 의미를

함축하고 있으니 주의해야 한다. 따라서 우리는 추상적인 공간을 다루게 될 것이며 이러한 공간을 보통 '벡터공간 vector space' 이라고 말한다. 차원이 달라짐에 따른 벡터공간을 요약하면 다음과 같이 생각할 수 있다.

벡터	성분표시	basis	차원
$\vec{V} = V_x\hat{x} + V_y\hat{y}$	(V_x, V_y)	$(\hat{x}, \hat{y})$	2
$\vec{V} = V_x\hat{x} + V_y\hat{y} + V_z\hat{z}$	(V_x, V_y, V_z)	$(\hat{x}, \hat{y}, \hat{z})$	3
$\vec{V} = V_1\hat{e}_1 + V_2\hat{e}_2 + \cdots + V_N\hat{e}_N$	$(V_1, V_2, \cdots, V_N)$	$(\hat{e}_1, \hat{e}_2, \cdots, \hat{e}_N)$	N
$\vdots$	$\vdots$	$\vdots$	$\vdots$
$\vec{V} = V_1\hat{e}_1 + V_2\hat{e}_2 + V_3\hat{e}_3 + \cdots\cdots$	$(V_1, V_2, V_3, \cdots\cdots)$	$(\hat{e}_1, \hat{e}_2, \hat{e}_3, \cdots\cdots)$	∞

즉, 무한차원을 갖는 벡터 $\vec{V}$ 를 식으로 나타내면 식 (2.2)와 같다.

$$\vec{V} = \sum_{i=1}^{\infty} V_i \hat{e}_i \tag{2.2}$$

3 차원 단위벡터 unit vectors 와 같이 무한차원의 단위벡터는 보통 e 로 표시하며 이 는 독일어의 단위에 해당하는 einheit 에서 유래한다. 또한 이 경우 우리는 더 이상 단위벡터라는 용어를 사용하지 않고 이 모든 단위벡터의 집합을 '기저 basis'라 부른다. 더 나아가 이 들 사이의 가장 중요한 특성은 3 차원에서와 같이 다음과 같은 직교조건 orthogonality condition 을 만족 한다는 점이다.

$$\hat{e}_i \cdot \hat{e}_j = \delta_{ij} = \begin{cases} 1 & \text{if } i = j \\ 0 & \text{if } i \neq j \end{cases} \tag{2.3}$$

기저 사이의 내적 inner product or dot product 이 0 일 경우 서로 직교함을 나타내며 δ_{ij} 는 'Kronecker delta' 라 부른다. 이 때 '직교 orthogonality' 의 뜻은 물리적으로 서로 수직 하다는 의미를 넘어 추상적으로 서로 수직 하다는 의미를 내포하고 있으며 이 는 서로 상관관계에 있지 않고 독립적이다는 의미도 갖고 있다. 따라서 다음에 다시 언급하겠지만 다음과 같이 표현할 수 있다.

$$\text{orthogonal} \approx \text{perpendicular} \approx \text{independent} \approx \text{normal} \tag{2.4}$$

선형대수학에서 위 용어들은 거의 같은 의미를 지니는 비슷한 개념을 갖는 말들이다. 벡터공간은 다음과 같이 선형공간 또는 선형벡터공간이라고 불리기도 한다.

$$\text{vector space} = \text{linear space} = \text{linear vector space} \tag{2.5}$$

왜 이렇게 추상적인 공간에 대한 생각을 하게 되었는지 이해하기 위해 다음 상황을 고려하자. 우리가 어떤 실체 (또는 물체의 물리적인 상태 physical state – 3 장 참조)를 이해하기 위해서는 보통 그 실체를 쪼개어 (다른 수학적 표현으로는 analysis 라고 한다) 공간에 펼침으로써 그 본질을 파악하게 된다. 예를 들어, 돼지 라는 실체에 대해 알고 싶다고 하자. 돼지의 구조적인 본질 structural reality 을 알기 위해 우리는 해부 anatomy (~analysis)를 하게 된다. 즉, 뼈, 살, 피, 등등으로 분류하고 각 성분을 벡터공간의 축과 대응 시키면 도식적으로 다음과 같이 표현할 수 있다.

$$\text{돼지}(100kg) = \text{뼈 } 40\text{kg} + \text{살 } 30\text{kg} + \text{피 } 25\text{kg} + \text{털 } 3\text{kg} + \cdots$$

위 표현을 벡터와 유사한 형태로 나타내면,

$$\vec{A} = A_1\hat{e}_1 + A_2\hat{e}_2 + A_3\hat{e}_3 + A_4\hat{e}_4 + \cdots$$

위와 같은 방법을 사용하여 우리는 실체 (돼지, $\vec{A}$, 등) 를 3 차원 이상 무한차원 공간에 분해하여 analysis 좀 더 쉽게 실체를 이해할 수 있게 된다. 여기서, 뼈, 살, 피, 털 등등을 기저 basis 로 간주하고 각각의 성분은 kg 단위로 나타냈다고 생각하면 다음 도식과 같이 볼 수 있다.

$$\vec{A} = (A_1, A_2, A_3, A_4, \cdots) \quad \Leftrightarrow \quad \text{돼지} = (40kg, 30kg, 25kg, 3kg \cdots)$$

성분	basis
$A_1 \leftrightarrow 40\text{kg}$	$\hat{e}_1 \leftrightarrow$ 뼈
$A_2 \leftrightarrow 30\text{kg}$	$\hat{e}_2 \leftrightarrow$ 살
$A_3 \leftrightarrow 25\text{kg}$	$\hat{e}_3 \leftrightarrow$ 피
$A_4 \leftrightarrow 3\text{kg}$	$\hat{e}_4 \leftrightarrow$ 털
$\vdots$	$\vdots$

이 같이 어떤 실체 (돼지, $\vec{A}$, 등)를 각각의 독립적인 요소 basis 로 분해하여 추상적인 벡터공간에 펼쳐놓을 수 있다. 이 는 마치 함수가 무한급수로 또는 무한급수가 유일한 unique 함수 형태로 표현될 수 있는 점과 유사하다. 다시 이를 요약하면 다음 표와 같이 이해할 수 있다.

$$
\begin{aligned}
\text{돼지}\ (100\text{kg}) &= 40\text{kg}\times\text{뼈} + 30\text{kg}\times\text{살} + 25\text{kg}\times\text{피} + 3\text{kg}\times\text{털} + \cdots \\
\vec{V}\ (\text{in vector space}) &= V_1\hat{e}_1 + V_2\hat{e}_2 + V_3\hat{e}_3 + V_4\hat{e}_4 + \cdots \\
e^x\ (\text{in function space}) &= 1\times 1 + 1\times x + \frac{1}{2!}\times x^2 + \frac{1}{3!}\times x^3 + \cdots \\
\text{entity} &= \text{부분들의 합} \\
\text{함수}\ f(x) &= \text{무한급수}
\end{aligned}
$$

2.2.2 함수공간 function space

일반물리학에서 다루었던 양 끝이 고정된 그림 2.2 와 같은 정상파 stationary waves 를 생각해 보자. 이 파는 시간에 따라 오른쪽이나 왼쪽으로 진행해 나가지 않고 위 아래로 진동만 하고 있기 때문에 정지파 standing waves 라고도 불린다. 더 나아가 이를 직교모드 normal modes 로 부르기도 한다 (여기서 normal 은 보통 번역하듯 '보통의' 또는 '통상적인'이라고 번역하면 안되고 법선 normal line 에서와 같이 '직교' 또는 '수직'이라는 의미를 나타냄에 주의하자.). 이 파의 모양을 함수로 나타내면 다음 식 (2.6)과 같이 주어지고 몇 개의 파를 그림으로 나타내면 그림 2.2 와 같다.

$$f_n(x) = \sqrt{\frac{2}{a}}\sin\left(\frac{n\pi}{a}x\right) \qquad \text{여기서 } n = 1,2,3,\cdots \tag{2.6}$$

특별히 $f(x)=0$ 인 지점을 '마디 nodes'라고 부르는데 $f_1(x)$ 파는 0 개, $f_2(x)$ 파는 1 개, … , $f_n(x)$ 파는 $n-1$개의 마디가 있다. 하지만 n 번째 모드의 마디수를 모드 번호와 일치시켜 혼동이 없게 하기 위해 다음과 같이 간주하자. 즉, 양 끝단에서 각각 절반의 마디점이 있다고 간주할 경우 $f_1(x)$ 파는 1 개, $f_2(x)$ 파는 2 개, … , $f_n(x)$ 파는 n 개의 마디 node 가 있다고 볼 수 있다. 벡터공간에서 단위벡터들이 서로 직교 orthogonal 특성을 보이며 이들을 기저 basis 라고 하였는데 이 직교모드 normal modes 들도 함수공간에서 동일한 역할을 하기 때문에 이 또한 '기저 basis' 라 부른다. 이러한 기저함수 basis functions 를 특별히 고유함수 eigenfunctions 이라 부르기도 한다. 벡터 기저 basis 들이 식 (2.3)에서와 같이 서로 수직인 관계를 만족하듯이 기저함수들도 식 (2.7)에서와

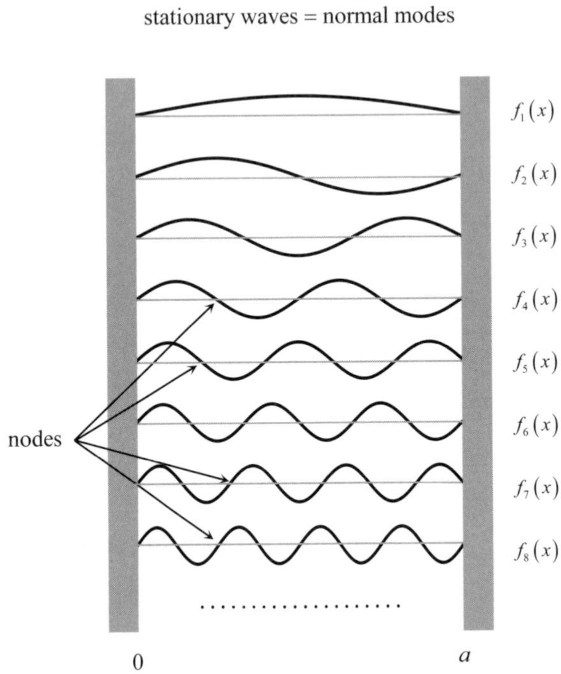

그림 2.2 정상파와 직교모드를 나타내는 파 모형.

같은 직교조건 orthogonality condition 을 만족한다. 다시 말하면 정상파들 standing waves 은 벡터가 아니나 0 에서 a 까지 두 기저함수의 곱을 적분한 경우 식 (2.3)과 같이 기저함수들 사이의 직교조건이 성립되게 할 수 있다는 말이다.

$$\int_0^a f_i(x) f_j(x) dx = \delta_{ij} = \begin{cases} 0, & \text{if } i \neq j \\ 1, & \text{if } i = j \end{cases} \tag{2.7}$$

결국 벡터공간에서 논의한 바와 같은 추상적인 공간을 함수공간에도 적용할 수 있는데 이렇게 구현된 공간을 '함수공간 function space'이라 한다. 즉, 식 (2.3)은 벡터공간에 대한 그리고 식 (2.7)은 함수공간에 대한 직교조건이다.

함수	성분표시	basis	차원
$F = c_1 f_1 + c_2 f_2$	(c_1, c_2)	(f_1, f_2)	2
$F = c_1 f_1 + c_2 f_2 + c_3 f_3$	(c_1, c_2, c_3)	(f_1, f_2, f_3)	3
$F = c_1 f_1 + c_2 f_2 + \cdots + c_N f_N$	$(c_1, c_2, \cdots, c_N)$	$(f_1, f_2, \cdots, f_N)$	N
$\vdots$	$\vdots$	$\vdots$	$\vdots$
$F = c_1 f_1 + c_2 f_2 + c_3 f_3 + \cdots\cdots$	$(c_1, c_2, c_3, \cdots\cdots)$	$(f_1, f_2, f_3, \cdots\cdots)$	∞

식 (2.2)가 무한차원을 갖는 벡터 $\vec{V}$ 를 일반적으로 나타내듯이 어떤 일반적인 함수 $F(x)$ 도 위에서 볼 수 있듯이 기저함수 basis functions 를 이용하여 다음과 같이 나타낼 수 있다.

$$F(x) = \sum_{i=1}^{\infty} c_i f_i(x) \tag{2.8}$$

벡터공간과 함수공간에서 어떤 실체를 비교 요약하면 다음과 같이 표시할 수 있다.

Vector space	Function space
$\vec{V} = \sum_{i=1}^{\infty} V_i \hat{e}_i$	$F(x) = \sum_{i=1}^{\infty} c_i f_i(x)$
$\Uparrow$	$\Uparrow$
component $\times$ basis	coefficient $\times$ basis

나중에 다시 설명하겠지만 푸리에 Fourier 해석 analysis 에서도 다음과 같이 위 관계식과 밀접한 표현이 나옴에 주의하자.

$$f(x) = \sum_{-\infty}^{\infty} \underbrace{c_n}_{\text{Fourier component}} \underbrace{e^{ikx}}_{\text{basis}} \quad \text{여기서 } k = \frac{2\pi}{\lambda}$$

기저 basis 들이 서로 직교하지만 식 (2.7)에서와 같이 규격화 normalization 되어 있지 않은 경우도 있다.

$$\int_0^a f_i(x) f_j(x)\, dx = \begin{cases} N \ (\text{some value} \neq 1) & \text{if } i = j \\ 0 & \text{if } i \neq j \end{cases} \tag{2.9}$$

이럴 경우 축척인자 scaling factor $\frac{1}{\sqrt{N}}$ 를 이용하여 $f(x) \to \frac{f(x)}{\sqrt{N}}$ 로 바꿔보자. 그러면 위 관계식은 다음과 같이 재규격화될 수 있다.

$$\int_0^a f_i(x) f_j(x) dx = \delta_{ij} = \begin{cases} 1, & \text{if } i = j \\ 0, & \text{if } i \neq j \end{cases} \quad \text{; orthonormality} \tag{2.10}$$

이 같은 절차에 대해 '기저 basis 를 규격화 normalization 한다'고 한다. 물론 이 기저는 규격화되어 있고 서로 직교하기 때문에 '직교규격화 orthonormalization'되어 있다고 말한다. 참고로, 나중에 양자역학에서 두 양자상태와 관련된 '기저 행렬 basis matrix' 사이의 직교규격화조건 orthonormality condition 은 다음과 같이 주어진다는 사실을 기억하고 있자.

$$\begin{cases} A_i^T A_j = \delta_{ij} & \text{in real space} \\ A_i^\dagger A_j = \delta_{ij} & \text{in complex space} \end{cases} \tag{2.11}$$

2.2.3 벡터=함수 vector=function

앞 에서 살펴본 바와 같이 추상적인 공간에서 벡터와 함수는 동일한 개념으로 볼 수 있으며 이 때 벡터를 3 차원 물리적인 벡터로만 이해하면 안된다. 벡터공간과 함수공간에 대한 표현은 서로 이질적인 것 같지만 넓은 의미에서 이 둘은 서로 밀접히 연관되어 있음을 알 수 있다. 이렇게 말할 수 있을지 약간은 의심스럽지만 벡터공간과 함수공간을 물리학적 표현으로 소위 통일된 생각틀 unified theory 로 간주하고 과감히 아래와 같이 간주하도록 하자.

$$\text{벡터 (vector)} = \text{함수 (function)}$$

이런 생각이 의미가 있음을 알아보기 위해 그림 2.3 과 같이 x-축 위의 어느 구간 사이를 촘촘히 나누고 x-축 위의 각 점 x_i 와 대응하는 함수값 $f_i(x_i)$ 을 고려하자. 만일 x_i 를 기저 basis 로 간주할 함수값 $f_i(x_i)$ 은 벡터의 성분으로 생각할 수 있다. 따라서 결국 함수를 수 있다. 그림 2.4 에서와 같이 만약 기저 basis 를 무한대로 취할 경우 연속적인 함수를 연속적인 벡터에 또한 대응시킬 수 있다. 결국 우리는 벡터가 함수와 동일하다고 간주할 수가 있는 것이다.

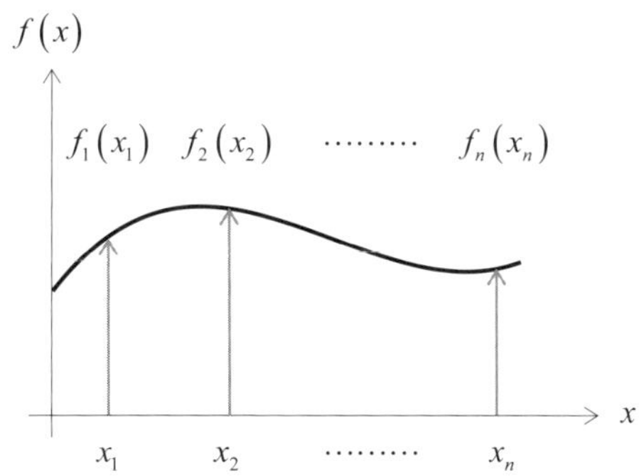

그림 2.3 변수와 대응하는 함수값.

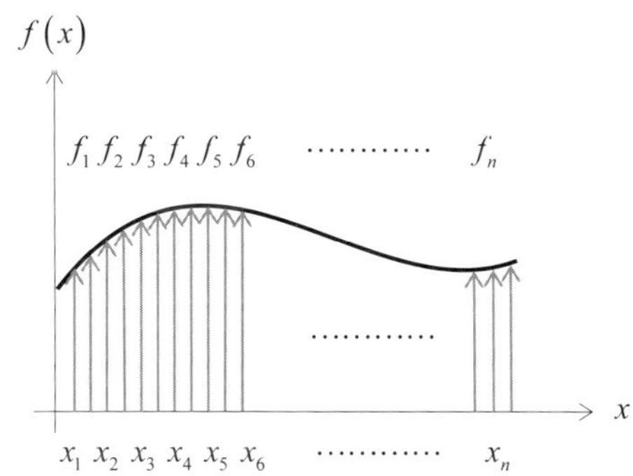

그림 2.4 연속적인 변수와 그에 대응하는 함수값.

2.2.4 선형성의 의미 meaning of linearity

지금까지 논의된 것을 바탕으로 선형대수학 linear algebra 에 포함된 'linear' 란 의미를 살펴보도록 하자. 벡터공간과 함수공간에서 가장 중요한 개념은 우리가 쪼개어 분류 analysis 한 각각의 기저 basis 가 서로 관련이 없어야 한다는 점이다. 다시 말하면, 마치 3 차원 공간에서 단위 벡터들 사이가 서로 수직이고 독립되어 있듯이 해석된 양들 사이에 어떠한 관련도 없어야 한다. 이를 수학적으로 선형독립 linearly independency 또는 직각 perpendicularity 또는 수직 normality 이라고 하고 가장 보편적으로 널리 쓰이는 단어는 '직교 orthogonality'라고 할 수 있다. 번역은 각 단어를 편리하게 구분하기 위해 저자가 임의로 취했으니 꼭 이를 따를 필요는 없다. 단, 이들 단어는 서로 비슷한 개념을 내포하고 있다는 점만을 기억하자. 일반적으로 normal line 을 면에 수직인 법선이라고 부르고 일반물리학에서 정상파 standing wave 를 수직모드 normal mode 라고도 부르는데 이를 '보통 모드' 라고 번역하여 인식하면 안되고 '직교 또는 수직 모드'로 번역해서 인식해야 된다는 점을 꼭 기억하고 다음의 도식도 기억하고 있자.

$$\begin{array}{c} \text{linearity(선형)} \\ \Uparrow \\ \text{independency(독립)} \leftrightarrow \text{perpendicularity(직각)} \leftrightarrow \text{normality(수직)} \\ \Downarrow \\ \text{orthogonality(직교)} \end{array}$$

Remark:

위 용어 모두는 정확하게 의미가 같지는 않다. 예를 들어 3 차원 물리적 벡터공간에서 independency 와 orthogonality 는 반드시 같은 개념을 내포하고 있지는 않다. 예를 들어 두 벡터 $\vec{V}_1 = \hat{x}$ 와 $\vec{V}_2 = \frac{1}{\sqrt{2}}(\hat{x} + \hat{y})$ 은 2 차원 공간에서 서로 수직하지는 않지만 linearly independent 하다. 즉, $a\vec{V}_1 + b\vec{V}_2 = 0$ 을 만족하는 a 와 b 는 없다. 그럼에도 linearity 에는 orthogonality 의미를 내포하고 있으며 더 나아가 independency, perpendicularity 및 normality 등의 개념을 광범위하게 포함하고 있다고 보자.

앞 에서 함수공간에 있는 어떤 함수를 생각할 때 이 함수를 식 (2.8)과 같이 표현하였다.

$$\begin{aligned} F(x) &= \sum_{i=1}^{\infty} c_i f_i(x) \\ &= c_1 f_1(x) + c_2 f_2(x) + c_3 f_3(x) + \cdots \end{aligned}$$

이 때 이 함수 $F(x)$ 는 $c_1 f_1(x)$ 에다가 $c_2 f_2(x)$ 를 거기에 다시 $c_3 f_3(x)$ 를 계속해서 더해 가는데 이러한 급수 series 를 수학자들은 '선형결합 linear combination' 이라고 말한다. 이것은 달리 표현하면 $c_1 f_1(x)$ 위(super-)에 $c_2 f_2(x)$ 를 두고(-posit) 그 위에 다시 $c_3 f_3(x)$ 를 두면서 계속해서 얹힌(-posit) 표현이기 때문에 물리학자들은 이를 '중첩 superposition' 이라고 말한다. 따라서 두 용어 선형결합과 중첩은 본질상 같은 의미이다.

선형결합 linear combination=중첩 superposition

보통 우리가 선형관계라 할 때 $y = ax$ 와 같이 직선을 나타내는 식으로 유추해 볼 수 있다. 위에서와 같이 무한급수의 각 항 $c_i f_i(x)$ 는 ax 와 같이 $f_i(x)$ 그 자체의 1 차식 (즉, 선형) 이다. 즉,

$$\underset{a}{\underset{\downarrow}{c_i}}\ \underset{x}{\underset{\downarrow}{f_i(x)}}$$

주어지므로 오직 선형꼴만 각 항은 나타내고 있다.

선형의 개념과 밀접한 다음과 같이 n 개의 변수로 구성된 n 개의 '선형방정식 linear equations' 집합을 이용하면 n 개의 변수값들을 구할 수 있다.

$$\left.\begin{array}{ccccccccc} a_{11}x_1 & + & a_{12}x_2 & + & \cdots & + & a_{1n}x_n & = & b_1 \\ a_{21}x_1 & + & a_{22}x_2 & + & \cdots & + & a_{2n}x_n & = & b_2 \\ \vdots & & \vdots & & & & \vdots & & \vdots \\ a_{n1}x_1 & + & a_{n2}x_2 & + & \cdots & + & a_{nn}x_n & = & b_n \end{array}\right\} \text{; Linear equations} \qquad (2.12)$$

참고로 같은 형태를 갖는 n 차 까지의 도함수로 구성된 '선형미분방정식 linear differential equation'은 다음과 같이 주어짐에도 주목하자.

$$a_0 y + a_1 y' + \cdots + a_n y^{(n)} = b$$

더 나아가 선형대수학에서 사용되는 변환은 '선형변환 linear transformation' 또는 '선형연산자 linear operator' 로 부를 수 있는데 이 변환은 다음 조건을 만족해야 한다.

A 나 B 가 수 number, 함수 function 또는 벡터 vector 일 때,

만일, $O(A+B)=O(A)+O(B)$ 이고 $O(kA)=kO(A)$ 이라면 (2.13)

O 는 선형연산자라고 한다. 여기서 k 는 상수이다.

Remark:

위 조건을 좀 더 구체적이고 단일조건으로 확장해 본다면,

$$\begin{aligned} O(k_1A+k_2B+k_3C+\cdots) &= O(k_1A)+O(k_2B+k_3C+\cdots) \\ &= O(k_1A)+O(k_2B)+O(k_3C)+\cdots \\ &= k_1O(A)+k_2O(B)+k_3O(C)+\cdots \end{aligned}$$

로 나타낼 수 있겠다. 또한 함수공간에서 어떤 함수에 이 선형연산자를 작용시킬 경우,

$$\begin{aligned} O[F] &= O\left[\sum_{i=1}^{\infty} c_i f_i\right] \\ &= c_1O(f_1)+c_2O(f_2)+c_3O(f_3)+\cdots \end{aligned}$$

가 된다.

우리가 수학 교과서에서 만나는 특수함수 special functions 나 미분방정식인 Sturm-Liouville equations 의 해 solution 들은 표 2.1 에서 나타낸 바와 같이 일반적으로 다항식 polynomial 형태로 주어지며 이 다항식들은 기저를 구성하고 서로 직교 orthogonal 한 특성을 갖는다.

Remark:

양자역학은 선형대수학을 근간으로 형성되었고 보통 기저벡터 basis vectors 나 기저함수 basis functions 는 eigenvectors, eigenfunctions 및 eigenstates 라 부른다.

$$\left.\begin{array}{lcl}\text{basis vectors} & \rightarrow & \text{eigenvectors} \\ \text{basis functions} & \rightarrow & \text{eigenfunctions}\end{array}\right\} \Rightarrow \text{eigenstates}$$

표 2.1 여러가지 다항식과 사용되는 곳

Hermite polynomial	조화진동자의 파동함수
Legendre polynomial	수소원자 문제를 구좌표계로 나타낼 때 θ에 따른 고유함수
Spherical harmonics	수소원자 문제를 구좌표계로 나타낼 때 θ 와 φ에 따른 고유함수
Laguerre polynomial	수소원자 문제를 구좌표계로 나타낼 때 r 에 따른 고유함수
Spherical Bessel functions	구형 양자우물에 속박된 입자의 파동함수
Airy functions	삼각형 양자우물에 속박된 입자의 파동함수

2.3 변환 transformation

0 장에서 설명한 바와 같이 변환은 과학의 많은 분야에서 사용되는 수학적 규칙을 따르는 과정으로써 어떤 실체를 우리가 인식하기 쉽게 바꾸는 것으로 볼 수 있다. 다른 한편 변환은 함수 function, 대응 correspondence, 연산작용 operation, 사상 mapping 과 본질적으로 같은 의미를 갖는 개념으로 이해하면 된다. 예를 들어 어떤 열역학계 thermodynamic system 를 기술하는데 있어 이 계의 에너지를 취하게 될 때 이 계가 놓여진 상황 environment 에 따라 내부에너지 U 나 헬름홀쯔 자유 에너지 Helmholtz free energy F 또는 깁스 자유 에너지 Gibbs free energy G 중 하나를 택하여 계의 상태를 기술하게 된다. 이 때 이들 에너지 사이는 Legendre 변환을 통해 서로 연관되어 지게 된다. 즉, 계가 놓여진 상황에 적합한 형태의 에너지를 사용하면 계를 기술하는데 훨씬 편리해 지게 된다. 또 다른 보기로써 지구 주위를 돌고 있는 달의 운동을 기술할 때 우리는 직교좌표계 Cartesian coordinate 보다는 구좌표계 spherical coordinate 를 사용하는 것이 무척이나 유리하다. 따라서 달의 운동을 기술하는 물리적 변수들이 직교좌표계로 표현되어 있다면 이를 구좌표계로 바꾸어 (좌표변환을 이용하여) 나타내는 것이 바람직하다는 말이다. 이외에 매우 다양한 변환들이 있으나 우리는 이 절에서 가장 중요한 푸리에 변환과 유사변환에 대해서만 구체적으로 알아보고자 한다.

2.3.1 푸리에 변환 Fourier transforms

앞에서 소개한 바와 같이 변환은 우리가 실체 entity 를 좀 더 쉽게 인식할 수 있게 한다. 여러 변환이 있지만 대표적인 예로 Fourier 변환에 대해 설명하고자 한다. 만일 아래 그림 2.5 와 같이 x 축을 따라 신호 signal 를 측정했다고 하자. 잡음 신호와 같은 이 파가 어떤 물리적 내용을

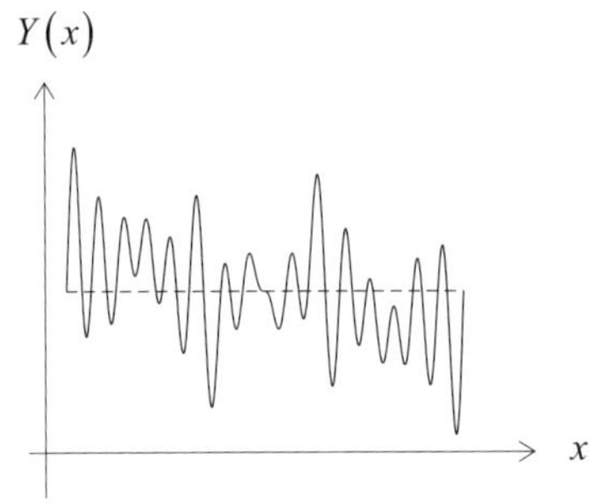

그림 2.5 x축에 따라 측정된 임의의 신호.

함축하고 있는지 쉽게 이해하기 힘들다. 이같이 잘 모르는 실체를 만났을 때 우리는 일단 잘게 쪼개어 분석하게 되는데 이러한 과정을 수학적으로 '해석 analysis'이라고 한다. 앞서 설명한 바와 같이 이는 마치 우리 몸에 대한 구조적 이해를 위해 의학에서 해부 anatomy 를 하는것과 같다. 그림 2.5 의 파는 그림 2.6 에서와 같이 서로 다른 여러 형태의 파가 합쳐져서 구성된 실체로 이해할 수 있다. 즉, 진폭이 1.2 이고 파수가 1 인 파, 진폭이 1.8 이고 파수가 2 인 파, 진폭이 0.7 이고 파수가 5 인파등 모두 8 개의 진폭과 파수가 다른 파들을 합치면 그림 2.5 과 같은 파가 된다. 이렇게 주어진 파를 여러 파로 나누는 것을 '푸리에 해석 Fourier analysis'이라고 한다.

우리는 '함수는 무한급수의 유일한 형태 unique form 의 합으로 표현'될 수 있음을 알고 있다. 즉,

함수 function = 무한급수의 유일한 형태 a unique form of an infinite series

로 주어지므로 그림 2.5 와 2.6 사이의 관계를 식으로 나타내면, 아래와 같이 도식적으로 나타낼 수 있다. 함수 $Y(x)$ 로 주어진 실체는 급수의 합으로 나타낼 수 있기 때문이다.

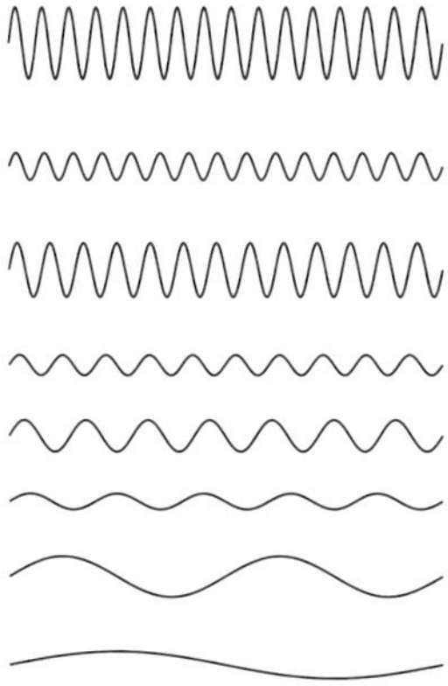

$$\Rightarrow \left\{ \begin{array}{lcc} & A & k \\ y_1(x) = 1.2 \times \sin(x) & 1.2 & 1 \\ y_2(x) = 1.8 \times \sin(2x) & 1.8 & 2 \\ y_3(x) = 0.7 \times \sin(5x) & 0.7 & 5 \\ y_4(x) = 1.4 \times \sin(7x) & 1.4 & 7 \\ y_5(x) = 0.9 \times \sin(10x) & 0.9 & 10 \\ y_6(x) = 2.4 \times \sin(13x) & 2.4 & 13 \\ y_7(x) = 1.2 \times \sin(15x) & 1.2 & 15 \\ y_8(x) = 3.2 \times \sin(16x) & 3.2 & 16 \end{array} \right.$$

그림 2.6 푸리에 해석된 파들.

$$\begin{array}{ll} \text{그림 2.5} & \qquad\qquad \text{그림 2.6} \\ & = 1.2\sin x + 1.8\sin(2x) + \cdots + 1.2\sin(15x) + 3.2\sin(16x) \\ Y(x) & = \sum_{n}^{8} A_n \sin k_n x \\ \text{Function} & \qquad\qquad = \text{Series} \end{array}$$

좀더 자세히 설명하자면, 신호를 나타내는 함수 $Y(x)$ 는 성분 component 이 A_k 이고 $\sin kx$ 라는 기저 basis 로 구성된 선형결합 linear combination (또는 superposition)으로 볼 수 있다. 여기서 중요한 사실은 우리가 그림 2.5 에서와 같이 x-축 공간 space 에 나타낸 신호는 그 실체를 알기 어려우나 그림 2.6 에서와 같이 k-공간 (쌍대공간 dual space 또는 푸리에 공간 Fourier space 또는 역공간 reciprocal space 이라고 부른다.)에 나타냄으로써 실체가 보유하고 있는 정보를 쉽게 인식할 수 있게 된다 즉, 그림 2.5 에서 파가 어떤 내용을 포함하고 있는지 쉽게 파악하기가 힘들지만 다른 공간에 이를 나타낼 때는 이 실체가 포함하고 있는 내용을 쉽게 파악할 수 있게 된다. 아래 그림 2.7 의 오른쪽 그래프와 같이 이 파는 다양한 파수 (또는 파장)를 갖는 파들의 각각의 세기가 어느 정도인지 분해되기 때문에 왼쪽 그래프의 내용을 파악할 수 있게 된다. 이같이 푸리에 변환은 어느 공간에서 실체를 파악하기가 어려울 때 다른 공간에 이를 나타냄으로써 실체에 대한 이해를 쉽게 할 수 있게 만든다.

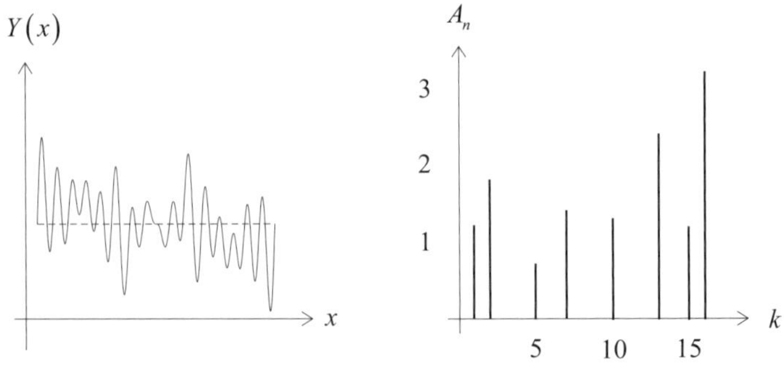

그림 2.7 $Y(x)$와 $A(k)$는 하나의 실체에 대한 동등한 표현이다.

이제 측정된 어느 신호가 무한히 많은 파의 중첩으로 구성되었다고 가정할 때 우리는 x 와 k 가 연속적 continuous 으로 변한다고 가정하면 된다. 또한 sin 이나 cos 으로 표현된 기저는 일반적으로 오일러 공식 Euler's formula 을 이용하여 e^{ikx} 로 나타내면 편리하다. 이렇게 우리의 생각을 좀 더 일반적인 형태로 확장하여 $Y(x) \to f(x)$ 로 $A_n \to g(k)$ 와 같이 연속적으로 변하는 함수를 고려하면 된다. 즉, 아래와 같은 단계를 거쳐서 적분 형태의 식으로 일반화 하자. 여기서 $A_n \to g(k)dk$ 로 바꾸어 진다고 보면 된다.

$$Y(x) = \sum_{n=1}^{8} A_n \sin k_n x \quad \to \quad Y(x) = \sum_{n=1}^{\infty} A_n \sin k_n x \quad \to \quad f(x) = \int_{-\infty}^{\infty} g(k) e^{ikx} dk$$

그러면 $g(k)$ 는 어떻게 구할 수 있을까? 먼저 벡터공간에서 벡터 성분을 얻는 방법을 기억하자. 즉, $\vec{V} = \sum_n V_n \hat{e}_n$ 가 주어졌을 때 i 번째 성분 V_i 은 벡터 기저들 사이의 관계를 이용하면 다음과 같이 구할 수 있다.

$$\hat{e}_i \cdot \vec{V} = \hat{e}_i \cdot \left(\sum_n V_n \hat{e}_n \right) = V_i$$

함수공간에서 함수 $f(x) = \int_{-\infty}^{\infty} g(k) e^{ikx} dk$ 로 주어질 때 계수 성분 $g(k)$ 은 위 벡터 성분을 얻는 방법과 같이 함수공간에서 직교조건을 고려할 때

$$
\begin{array}{ccc}
g(k)=\int_{-\infty}^{\infty}dx\left[e^{-ikx}f(x)\right]=\int_{-\infty}^{\infty}e^{-ikx}f(x)dx \\
\Downarrow \qquad\qquad \Downarrow \\
V_i = \qquad \hat{e}_i \cdot \vec{V}
\end{array}
$$

으로 주어지게 된다. 단, 기저 (벡터공간에서 $\hat{e}_i$) e^{ikx} 에 복소수를 사용하였기 때문에 대신 e^{-ikx} 를 이용하였음에 주목하고 아래에 이에 관해 설명하였다. 특별히 x 와 k 는 서로 역 reciprocal 의 관계에 있고 다음이 성립됨에 또한 주목하고 있자.

$$
\begin{aligned}
&\frac{1}{2\pi}\int_{-\infty}^{\infty}e^{-ikx}f(x)dx \\
&=\frac{1}{2\pi}\int_{-\infty}^{\infty}e^{-ikx}dx\int_{-\infty}^{\infty}g(k')e^{ik'x}dk' \\
&=\int_{-\infty}^{\infty}g(k')\left[\frac{1}{2\pi}\int_{-\infty}^{\infty}e^{i(k'-k)x}dx\right]dk' \\
&=\int_{-\infty}^{\infty}g(k')\left[\delta(k'-k)\right]dk' \\
&=g(k)
\end{aligned}
\tag{2.14}
$$

Remark:

1.x 공간과 k 공간 사이가 서로 역인 관계로부터 2π 라는 상수 인자 factor 가 사용되었다. 이에 관한 것은 4 장의 역격자 reciprocal lattice 에서도 설명하겠으니 참조하기 바란다.

2. 디락 델타함수 Dirac δ-function 는 $\delta(k'-k)=\frac{1}{2\pi}\int_{-\infty}^{\infty}e^{i(k'-k)x}dx$ 의 관계가 있음을 암기하고 있기 바라며 많은 응용수학책에서 다루고 있으니 각자 다시 살펴보는 것이 도움이 될 것 같다.

요약하자면, 어떤 실체가 x 공간에서 $f(x)$ 로 k 공간에서 $g(k)$ 로 표현될 때 이 두 식 사이의 관계는 '푸리에 변환식 Fourier transforms'을 이용하여 식 (2.15)과 같이 나타낼 수 있다. 첫째 식은 $f(x)$ 를 k 공간에 표현한 식이며 두번째 식은 k 공간에서 표현된 $g(k)$ 를 x 공간에 나타낸 식이다. 이와 같이 우리는 어떤 실체를 x 공간이나 k 공간에 동등하게 나타낼 수 있으며 이들 사이는 푸리에 변환으로 연결됨을 알 수 있다.

$$f(x)=\frac{1}{\sqrt{2\pi}}\int_{-\infty}^{\infty} g(k)e^{ikx}dk$$
$$g(k)=\frac{1}{\sqrt{2\pi}}\int_{-\infty}^{\infty} f(x)e^{-ikx}dx \tag{2.15}$$

위 푸리어 변환식은 아래식 (2.16)과 같이 적분형태를 합의 형태로 바꾸면 결국 선형결합으로 볼 수 있음을 알 수 있다. 여기서 $e^{ik_i x}$ 인 기저basis로 이루어진 공간에 표현한 $f(x)$ 와 그것의 쌍대공간 기저인 e^{-ikx_i} 로 이루어진 공간에 표현한 $g(k)$ 는 결국 하나의 실체로써 단지 서로 다른 공간에서 다르게 표현되었다는 사실에 주목하자.

$$\begin{array}{ccc}
f(x)=\frac{1}{\sqrt{2\pi}}\int_{-\infty}^{\infty} g(k)e^{ikx}dk, & & g(k)=\frac{1}{\sqrt{2\pi}}\int_{-\infty}^{\infty} f(x)e^{-ikx}dx \\
\Downarrow & & \Downarrow \\
f(x)\approx\sum_{k_i} g_{k_i}e^{ik_i x}, & & g(k)\approx\sum_{x_i} f_{x_i}e^{-ikx_i} \\
\Downarrow & & \Downarrow \\
\underbrace{g(k)\Delta k}_{\substack{\parallel \\ \text{성분} \\ \text{component}}}\ \underbrace{e^{ik_i x}}_{\substack{\parallel \\ \text{기저} \\ \text{basis}}} & & \underbrace{f(x)\Delta x}_{\substack{\parallel \\ \text{성분} \\ \text{component}}}\ \underbrace{e^{-ikx_i}}_{\substack{\parallel \\ \text{기저} \\ \text{basis}}}
\end{array} \tag{2.16}$$

Remark:

Transformation 은 일반명사로 '변환'으로 번역되고 transform 도 또한 종종 구분없이 '변환'으로 번역되고 있으나 위에서 주어진 식 (2.15)과 같이 수학적 식으로 표현된 두 관계식을 transform 이라하고 두 개의 식으로 이루어지기 때문에 복수로 transforms 라고 부름에 주의하자. 즉, 어떤 실체를 x 공간 space 또는 그의 역인 다른 k 공간에 나타낼 때, 이들 사이의 관계식을 말한다. 한국물리학회 용어집에 transforms 은 따로 번역되어 나오지 않기 때문에 '변환식'으로 부르자고 주장하고 싶다. 즉, '변환transformation'과 '변환식transforms'이라고 암기하기 쉽게 번역하기를 원한다. 물론 상대성 이론이나 다른 분야에서도 '변환식'이 나오고 있으나 본질적으로 그 의미들이 비슷한 개념을 내포하고 있으니 문장에 따라 그 의미를 우리는 취하면 되겠다.

다음에 주어진 푸리에 변환에 관한 표현은 물리적인 의미가 모두 동등하며 기저 e^{ikx} 와 e^{-ikx} 를 두 변환식transforms의 대칭을 고려할 때 어디에 나타 내어도 상관없으니 주의하기 바란다.

$$\begin{cases}\psi(x)=\dfrac{1}{\sqrt{2\pi}}\displaystyle\int_{-\infty}^{\infty}\varphi(k)e^{ikx}dk\\ \varphi(k)=\dfrac{1}{\sqrt{2\pi}}\displaystyle\int_{-\infty}^{\infty}\psi(x)e^{-ikx}dx\end{cases}\text{ or }\begin{cases}\psi(x)=\dfrac{1}{\sqrt{2\pi}}\displaystyle\int_{-\infty}^{\infty}\varphi(k)e^{-ikx}dk\\ \varphi(k)=\dfrac{1}{\sqrt{2\pi}}\displaystyle\int_{-\infty}^{\infty}\psi(x)e^{ikx}dx\end{cases}\text{ or }\begin{cases}\psi(x)=\displaystyle\int_{-\infty}^{\infty}\varphi(k)e^{-ikx}dk\\ \varphi(k)=\dfrac{1}{2\pi}\displaystyle\int_{-\infty}^{\infty}\psi(x)e^{ikx}dx\end{cases}\quad(2.17)$$

이제 구체적으로 푸리에 변환이 사용된 예를 알아보도록 하자. 그림 2.8 의 왼쪽은 AT&T

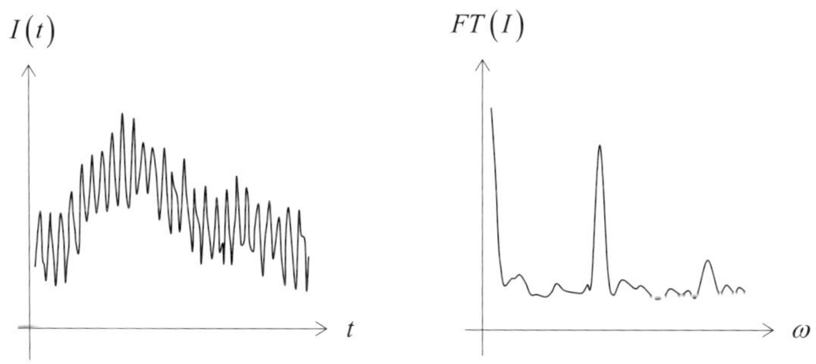

그림 2.8 시간(t)에 따른 신호세기$I(t)$와 각진동수(ω)의 함수로 나타낸 신호세기의 푸리에 변환$FT(I)$.

Bell Laboratories 의 연구자들이 나노구조에서 시간에 따라 측정한 전류의 세기를 도식적으로 나타낸 그래프이다. 그림 2.5 의 신호와 같이 이 불규칙적인 신호가 내포한 정보를 파악하기 어렵다. 그러나 동시에 우리는 이 신호에는 어떤 물리적 정보가 분명히 함축되어 있음을 부인하기도 힘들다. 이제 시간공간에서 측정된 이 불규칙적인 신호를 시간 t 과 역의 관계에 있는 각진동수 ω 공간에 푸리어 변환을 통해 바꾸어 나타내면 오른쪽 그림과 같이 된다. 즉, ω 공간에서 해석된 정보는 ω 에 따라 상대적인 세기가 구분된 정보 (여러 개 피크 peaks 의 세기도 부터)를 우리에게 보여주기 때문에 우리는 시간 t 공간에서 보다는 이 신호가 내포한 정보 파악을 쉽게 할 수 있게 된다.

이같이 푸리에 변환은 어떤 물리적 실체를 x 공간 space 에 표현된 것을 그 공간의 쌍대공간 dual space (또는 역공간 reciprocal space)인 k 공간에 표현할 수 있고 만약 실체가 t 공간 space 에 표현되었다면 그의 쌍대공간 dual space(또는 역공간 reciprocal space)인 ω 공간에도 동등하게 나타낼 수 있다는 것을 말한다.

2.3.2 유사 변환 similarity transformation

두번째 보기로 유사변환에 대해 알아보자. 여기서는 유사변환에 대한 정의만을 알아보고 2.5.1 고유값과 고유벡터의 보기 1을 공부한 후 이 변환의 의미에 대해 알아보는 것이 도움이 된다. 아래 식 (2.18)과 같이 행렬 S 에 의해 다음과 같은 조건을 만족하면 행렬 A 와 B 는 유사 similar 하다고 말하고 이 과정을 행렬 A 가 행렬 S 에 의해 행렬 B 로 유사변환 similarity transformation 되었다고 말한다.

$$\begin{aligned} &1.\ B = S^{-1}AS \\ &2.\ \det A = \det B \\ &3.\ Tr\,A = Tr\,B \end{aligned} \tag{2.18}$$

Remark:

1. $C = S^{-1}BS$ 을 만족하면 두 행렬 B 와 C 는 '유사 similar'하다고 말한다.

2. 두 행렬 B 와 C 는 서로 다른 기저 basis 에 대하여 선형변환을 통해 실체를 똑 같이 나타낼 수 있다.

3. 유사행렬 similar matrix 의 행렬식 determinant(*det*)과 대각합 trace (*Tr*)은 같다. 이 의미는 관점(다른 basis 로 표현된 실체들)에 관계없이 실체 entity(또는 진리)는 변하지 말아야 한다는 의미를 내포하고 있으며 이같은 내용을 포함하고 있는 양이 행렬식 determinant 과 대각합 trace 에 대한 두번째와 세번째 조건에 주어졌다.

이와 같이 어떤 실체를 나타낼 때 주어진 좌표계(주어진 관점)에서 실체를 파악하기가 어려울 경우 변환을 통해 다른 좌표계(주어진 관점과 다른 관점)로 나타낼 수 있는데 이 때 보통 행렬을 이용하여 수학적으로 기술하게 된다. 즉, A 와 B 는 각각 다른 좌표계에서 표현된 정보를 나타낸다고 보면 되며 이 변환의 본질은 좌표계와 관련 없기 때문에 (관점에 무관계하기 때문에)

서로 유사하다고 한다. 유사변환은 다양하기 때문에 실공간과 복소공간에서의 변환을 구분하여 아래에 정리하였으니 참고 바란다.

	(real space)	(complex space)
[isometry]	Orthogonal $\left(O^T = O^{-1}\right)$	Unitary $\left(U^\dagger = U^{-1}\right)$
[self-adjoint]	Symmetric $\left(S^T = S\right)$	Hermitian $\left(H^\dagger = H\right)$

2.5 절 보기문제에서 보여주겠지만 대칭행렬 symmetric matrix S 은 직교행렬 orthogonal matrix O 에 의해 유사변환을 거치면 (즉, $D = O^{-1}SO$) 대각선 성분들만 존재하는 행렬 D 로 바꿀 수 있게 된다. 이를 대각화 diagonalization 라고 부른다. 마찬가지로 에르미트 행렬 Hermitian matrix H 은 유니테리 행렬 unitary matrix U 에 의해 유사변환을 거치면 (즉, $D = U^{-1}HU$) 대각선 성분들만 존재하는 행렬 D 로 바꿀 수 있게 된다.

Remark:

1. 위 표에서 isometry = iso ("same")+metry ("length") 를 의미한다. 즉, 유사변환은 본질을 변하게 하지는 않는다는 의미이다.

2. 위 네 종류 행렬은 모두 정규행렬 normal matrix 에 속하며 이 행렬은 대각화가 가능하다.

3. symmetric 행렬과 symmetry 행렬은 다르니 주의하기 바란다. Symmetry 행렬은 고등물리학에서 사용되니 당분간 크게 염려하지 않아도 된다.

2.4 연산자 대수학 operator algebra

지금까지 우리는 $ax^2 + bx + c = 0$ 와 같은 방정식의 근을 구할 때와 같은 대수학에 익숙해 있다. 소위 연필을 이용해 '수학문제를 푼다'는 개념에 익숙해 있다. 이제 이러한 '전통적인 수학 문제'와 다르게 우리가 원하는 답을 얻는 새로운 방식의 대수학을 알아보고자 한다. 0 장 에서

수학 문제'와 다르게 우리가 원하는 답을 얻는 새로운 방식의 대수학을 알아보고자 한다. 0 장 에서 설명한 바와 같이 실체 entity 에 자극 impulse 를 가했을 때 반응 response 이 어떻게 되는지 알아보고 싶다고 가정하자. 예를 들어 어떤 열 역학계 thermodynamic system 에 압력을 가했을 때 그 계의 반응을 알고 싶다고 하자. 간단한 경우 직관적으로 자극과 반응은 선형 관계에 있을 것으로 예상할 수 있고 앞에서 배운 선형대수학의 개념을 이용할 수 있을 것으로 추측할 수 있다. 수학적으로,

$$\begin{array}{ccccc} \text{Pressure} & \rightarrow & \text{System} & \rightarrow & \text{Response} \\ & & \left[\text{state } f(x)\right] & & \left[\text{new state } g(x)\right] \end{array} \tag{2.19}$$

$$Pf(x) = g(x)$$

으로 표현할 수 있겠다. 이 같은 형태를 갖는 문제는 물론 다양한 곳에서 발견할 수 있다. 예를 들면 압력 대신 회전 rotation 을 고려해도 문제의 형태는 같게 놓을 수 있다. 즉,

$$\begin{array}{ccccc} \text{Rotation} & \rightarrow & \text{System} & \rightarrow & \text{Response} \\ & & \left[\text{vector } \vec{V}\right] & & \left[\text{new vector } \vec{V}'\right] \end{array}$$

$$R\vec{V} = \vec{V}' \tag{2.20}$$

$$\Updownarrow$$

$$\begin{pmatrix} \cos\theta & -\sin\theta \\ \sin\theta & \cos\theta \end{pmatrix} \begin{pmatrix} V_1 \\ V_2 \end{pmatrix} = \begin{pmatrix} V_1' \\ V_2' \end{pmatrix}$$

여기서 압력과 회전을 함수 (또는 벡터 또는 상태 state)에 작용 시킨 것으로 볼 수 있기 때문에 이들을 '작용자' 또는 '연산자'로 부른다. 연산자의 종류는 다음 표에서 보여주는 바와 같이 미분연산자 differential operator, 적분연산자 integral operator, 행렬연산자 matrix operator 등을 들 수 있다.

다음 표 2.2 에서 보여주는 예와 같이 $\dfrac{d^2}{dx^2}$ 는 뒤에 오는 함수를 '두번 미분하라'는 지침을 내포하고 있고 $\int \cdots dx$ 는 뒤에 오는 함수를 '적분 하라'는 지침을 그리고 행렬 A 는 '뒤에 따라오는 행렬과 곱하라'는 지침을 의미한다. 연산자는 이와 같이 '내포하고 있는 일련의 지침'으로 볼 수 있다. 이 때 작용을 받는 함수를 '피연산함수 operand'라 부른다. 이 같은 문제는 대부분 앞서

논의한 선형계 linear system 와 관련된 문제를 해결하는데 주로 이용된다. 따라서 연산자 대수학과 선형대수학은 밀접한 관계에 있고 아래와 같이 요약될 수 있겠다.

$$\begin{cases} \text{Linear algebra} \\ \quad\oplus \\ \text{Operator algebra} \end{cases} \Rightarrow \quad \text{Linear Operator}$$

Linear operator = Linear transformation

Operator = Operation of Operand

표 2.2 연산자 operator 의 종류

미분 연산자 Differential operator	적분 연산자 Integral operator	행렬 연산자 Matrix operator
$\frac{d^2}{dx^2}$	$\int \cdots dx$	$A = \begin{pmatrix} a & b & c \\ d & e & f \\ g & h & i \end{pmatrix}$
$\left(\frac{d^2}{dx^2}\right) f(x) = \frac{d^2 f(x)}{dx^2}$	$\left(\int dx\right) f(x) = \int f(x) dx$	$A\begin{pmatrix} \alpha \\ \beta \\ \gamma \end{pmatrix} = \begin{pmatrix} a & b & c \\ d & e & f \\ g & h & i \end{pmatrix}\begin{pmatrix} \alpha \\ \beta \\ \gamma \end{pmatrix}$
주의: $\begin{cases} \text{함수} \approx \text{벡터} \approx \text{Column matrix} \\ \text{Column vector} = \text{Column matrix} \end{cases}$		

2.5 고유값 방정식 eigenvalue equations

고유방정식은 매우 다양한 분야에서 사용되기 때문에 한가지 예로 그 모든 함축된 의미를 한꺼번에 설명하기가 쉽지 않다. 여기서 'eigen' 이라는 독일말의 심층에 놓여 있는 개념을 파악하기 위해 다양한 분야의 보기를 들어서 설명하고자 하니 이 절이 끝난 후에 고유값 eigenvalues 과 고유벡터 eigenvectors 그리고 고유방정식이 무엇을 의미하는지 각자 스스로 질문을 한 후 마음속에 정리 해두기 바란다.

2.5.1 고유값과 고유벡터 eigenvalues and eigenvectors

먼저 고유값과 고유벡터에 대한 개념을 앞 절에서 설명한 연산자 대수학과 연관해서 설명하고자 한다. 이해를 돕기 위해 다음 다섯 가지 보기를 소개하고자 한다.

보기 1: 탄성박막의 변형

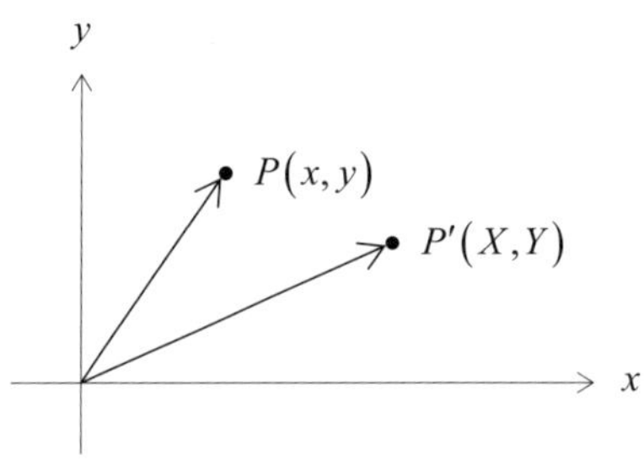

그림 2.9 한점 $P(x,y)$가 $P'(X,Y)$로 옮겨진 변환.

먼저 고유값과 고유벡터에 대한 개념을 이해하기위해 다음 보기를 참조하자. 얇은 탄성 박막을 임의의 방향으로 잡아당겨 변형을 가했다고 가정하자. 변형 전 막 위의 한 점 P 의 위치를 위치를 (x,y) 로 나타내고 변형 후 위치를 P' 이라 하고 (X,Y) 로 나타낼 때 이 변형은 식 (2.21)과 같이 표현된다고 가정하자.

$$\begin{aligned} X &= 5x - 2y \\ Y &= -2x + 2y \end{aligned} \tag{2.21}$$

위 식을 행렬을 이용하여 나타내면,

$$\begin{pmatrix} X \\ Y \end{pmatrix} = \begin{pmatrix} 5 & -2 \\ -2 & 2 \end{pmatrix}\begin{pmatrix} x \\ y \end{pmatrix} \tag{2.22}$$

로 쓸 수 있다. 위 식을 살펴볼 때 우리는 이 변형과 관련된 모든 정보는 행렬에 내포되어 있음을 추론할 수 있다. 이제 이 관계식의 형태를 식 (2.23)과 같이 바꾸고 한가지 과감한 추론을 해보자.

$$\begin{gathered} \begin{pmatrix} 5 & -2 \\ -2 & 2 \end{pmatrix}\begin{pmatrix} x \\ y \end{pmatrix} = \lambda \begin{pmatrix} x \\ y \end{pmatrix} \\ \Updownarrow \\ Mr = \lambda r \end{gathered} \tag{2.23}$$

즉, $\begin{pmatrix} x \\ y \end{pmatrix}$ 로 이루어진 점들의 집합 중에 어떤 특정한 eigen 집합은 위와 같이 행렬 $M = \begin{pmatrix} 5 & -2 \\ -2 & 2 \end{pmatrix}$ 로 작용 시킬 때 상수 λ 로 단순히 곱해진 결과와 같게 되는 경우가 있다. 즉 단순히 x 에 λx 그리고 y 에 λy 만큼 어떤 상수를 곱한 값만큼 선형적으로 변형된 경우가 있을 수 있다고 생각해 보자. 위 행렬식을 우리는 고유값 방정식 eigenvalue equation 이라 부르고 λ 를 '고유값 eigenvalue', $\begin{pmatrix} x \\ y \end{pmatrix}$ 는 '고유벡터 eigenvector'라 부른다.

Remark:

eigen 은 독일어로서 특징적인 characteristic, 합당한 proper, 그 자신의(its) own 등의 의미를 갖고 있다.

좀 더 시각적이고 물리적인 의미를 알기 위해 λ 값과 이 점들의 집합 $\begin{pmatrix} x \\ y \end{pmatrix}$ 을 찾아보자.

$$\begin{cases} 5x - 2y = \lambda x \\ -2x + 2y = \lambda y \end{cases} \rightarrow \begin{cases} (5-\lambda)x - 2y = 0 \\ -2x + (2-\lambda)y = 0 \end{cases} \tag{2.24}$$

위 오른쪽에서 오른쪽 항들은 모두 0 을 갖는데 이 같은 식을 균질선형방정식 homogeneous linear equations 이라 하고 0 이 아닐 경우는 비균질선형방정식 inhomogeneous linear equations 이라 한다. 물론 변수 x 와 y 가 모두 이 변수들의 1 차식으로 주어졌기 때문에 선형식이라 불려지게 된다. 이 균질선형방정식이 소위 '안뻔한 nontrivial' 해를 갖기 위해서는 계수로 이루어진 행렬식 determinant 값이 0 이 되어야 한다. 이에 대해서는 거의 모든 선형방정식과 관련된 수학책에 나와 있으니 참고하기 바란다. 따라서,

$$\begin{vmatrix} 5-\lambda & -2 \\ -2 & 2-\lambda \end{vmatrix} = 0 \quad \rightarrow \quad \lambda^2 - 7\lambda + 6 = 0 \quad \rightarrow \quad \lambda = 1 \text{ 또는 } 6 \tag{2.25}$$

이고 고유값은 1 또는 6 으로 주어진다. 이제 이 두 고유값에 대응하는 행렬을 구해보자.

$$\begin{aligned} &\lambda = 1 \text{ 인경우,} \\ &\begin{pmatrix} 5 & -2 \\ -2 & 2 \end{pmatrix}\begin{pmatrix} x \\ y \end{pmatrix} = 1\begin{pmatrix} x \\ y \end{pmatrix} \quad \rightarrow \quad \begin{cases} 4x - 2y = 0 \\ -2x + y = 0 \end{cases} \quad \rightarrow \quad 2x - y = 0 \\ &\lambda = 6 \text{ 인경우,} \\ &\begin{pmatrix} 5 & -2 \\ -2 & 2 \end{pmatrix}\begin{pmatrix} x \\ y \end{pmatrix} = 6\begin{pmatrix} x \\ y \end{pmatrix} \quad \rightarrow \quad \begin{cases} -x - 2y = 0 \\ -2x - 4y = 0 \end{cases} \quad \rightarrow \quad x + 2y = 0 \end{aligned} \tag{2.26}$$

각 고유값에 대응하며 두 직선 $y = 2x$ 와 $y = -\frac{1}{2}x$ 위에 있는 모든 점들 $\begin{pmatrix} x \\ y \end{pmatrix}$ 은 식 (2.23)을 만족한다.

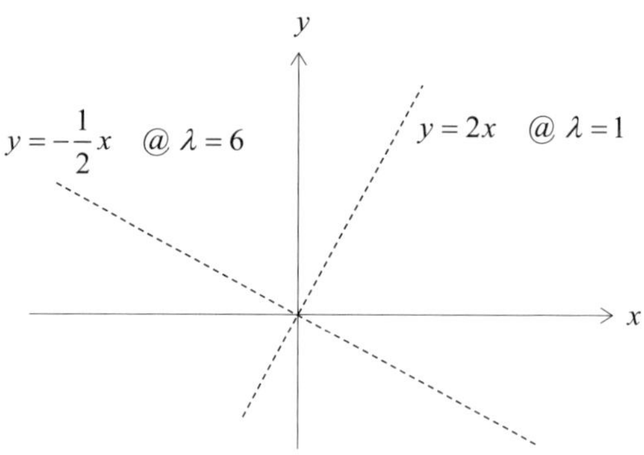

그림 2.10 고유값에 대응하는 두 직선축.

이제 이 두 축이 물리적으로 어떤 의미를 갖는지 알기 위해 우선 다음과 같이 변형되기 전에 다음과 같이 주어진 5 개의 점들이 변형 후 행렬 $M=\begin{pmatrix}5 & -2\\ -2 & 2\end{pmatrix}$ 에 의하여 어떻게 변하였는지 살펴보자.

$$\begin{pmatrix}x\\ y\end{pmatrix}=\begin{pmatrix}2\\ 3\end{pmatrix},\ \begin{pmatrix}2\\ 4\end{pmatrix},\ \begin{pmatrix}4\\ 5\end{pmatrix},\ \begin{pmatrix}1\\ 7\end{pmatrix},\ \begin{pmatrix}-2\\ 1\end{pmatrix}$$

위 다섯 개의 점들을 $\begin{pmatrix}X\\ Y\end{pmatrix}=\begin{pmatrix}5 & -2\\ -2 & 2\end{pmatrix}\begin{pmatrix}x\\ y\end{pmatrix}$ 을 이용하여 변환 시키면

$$M\begin{pmatrix}2\\ 3\end{pmatrix}=\begin{pmatrix}4\\ 2\end{pmatrix},\ M\begin{pmatrix}2\\ 4\end{pmatrix}=\begin{pmatrix}2\\ 4\end{pmatrix},\ M\begin{pmatrix}4\\ 5\end{pmatrix}=\begin{pmatrix}10\\ 2\end{pmatrix},\ M\begin{pmatrix}1\\ 7\end{pmatrix}=\begin{pmatrix}-9\\ 12\end{pmatrix},\ M\begin{pmatrix}-2\\ 1\end{pmatrix}=\begin{pmatrix}-12\\ 6\end{pmatrix}$$

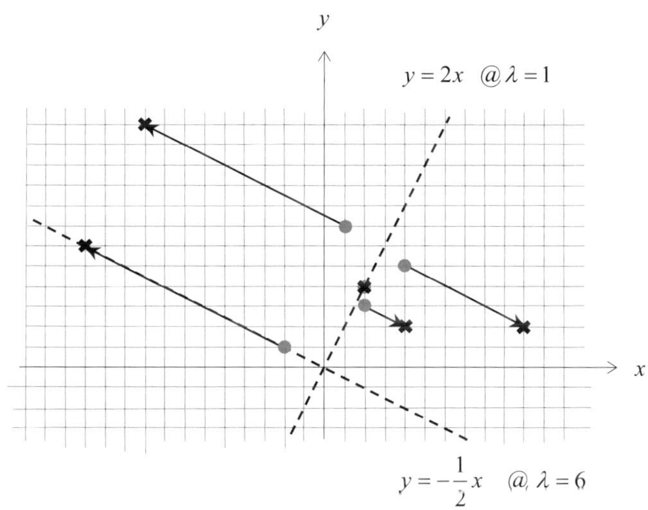

그림 2.11 행렬에 의한 몇개 점들의 변환.

와 같이 이동하였음을 알 수 있고 이동한 점들을 평면위에 표시해 보면 다음 그림 2.11 과 같이 화살표 방향으로 이동했음을 알 수 있게 된다. 그림에서 쉽게 알 수 있듯이 이 두 직선상에 있는 점들은 대응하는 고유값을 곱한 양만큼 변환되며 이 직선상에 있지 않은 점들은 두 직선으로

이루어진 새로운 축을 기준으로 볼 때 $y=2x$ 축에 대해서는 1 배 $y=-\frac{1}{2}x$ 축에 대해서는 6 배 변환됨을 알 수 있다. *x-y* 축을 기준으로 변환된 점들의 위치를 파악하기 보다는 점선으로 이루어진 새로운 축을 기준으로 변환을 살펴보면 각각 1 배와 6 배로 바꾸어 졌음을 쉽게 알 수 있다. 이 때 이 두 축을 '고유축 eigenaxes'이라고 부를 수도 있겠다. 이 두 축을 벡터를 이용하여 표현할 때 이를 고유벡터 eigenvectors 라고 부르며 변환의 방향 특성을 내포하고 있는 서로 직교하고 독립적이며 고유벡터 eigenvectors 의 방향에 따라 이 변환을 해석하는 것이 훨씬 쉬움을 우리는 알 수 있다.

자 이제 두 직선방정식 $y=2x$ 와 $y=-\frac{1}{2}x$ 으로 이루어진 새로운 축을 어떻게 벡터를 이용하여 나타내는지 알아보자. 두 직선에 있는 모든 점들은 원점으로부터 방향과 크기를 나타내면 되기 때문에 각각의 단위벡터를 우선 구해보자. $y=2x$ 위에 있는 점 $(1,2)$ 을 위치벡터 position vector (원점에서 점의 위치 까지를 잇는 벡터)로 나타내면 $\begin{pmatrix}1\\2\end{pmatrix}$ 이 된다. 물론 이것은 행렬을 나타내지만 선형대수학에서는 벡터로 간주한다.

Remark:

3 차원 물리적 벡터 $\vec{V}$ 를 동등하게 성분을 이용하여 (V_x,V_y,V_z) 로 표현한다. 이 벡터는 선형대수학에서 행렬을 이용하여 나타낼 수 있는데 이 때는 열행렬 column matrix 을 이용하여 동등하게 $\begin{pmatrix}V_x\\V_y\\V_z\end{pmatrix}$ 로 나타낸다.

이제 벡터 $\begin{pmatrix}1\\2\end{pmatrix}$ 를 단위벡터 unit vector 로 만들면

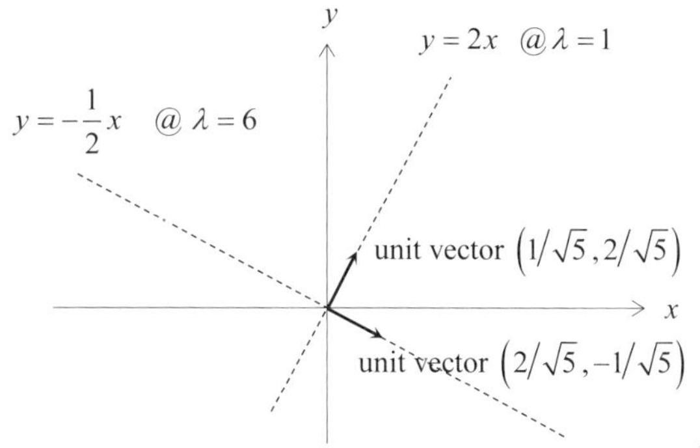

그림 2.12 두 고유값에 대응하는 두 고유벡터.

$$\begin{pmatrix} 1 \\ 2 \end{pmatrix} \rightarrow \quad u_1 = \frac{1}{\sqrt{5}}\begin{pmatrix} 1 \\ 2 \end{pmatrix}$$

$$\text{주의: } \sqrt{x^2 + y^2} = \sqrt{\left(\frac{1}{\sqrt{5}}\right)^2 + \left(\frac{2}{\sqrt{5}}\right)^2} = 1 \tag{2.27}$$

이 된다. 이같이 일반적인 벡터를 단위벡터로 만드는 과정을 '규격화 normalization' 한다고 말한다. 같은 방식으로 는 $y = -\frac{1}{2}x$ 위의 단위벡터는

$$\begin{pmatrix} 2 \\ -1 \end{pmatrix} \rightarrow \quad u_2 = \frac{1}{\sqrt{5}}\begin{pmatrix} 2 \\ -1 \end{pmatrix}$$

이 되며 이 단위벡터들을 그래프에 나타내면 다음 그림 2.12 와 같다. 우리가 이 두 단위벡터 u_1 과 u_2 를 이용하면 두 직선위의 모든점을 위치벡터를 이용하여 나타낼 수 있다. 따라서 이 두 열행렬 column matrix 로 표현된 단위벡터를 변환의 특징을 나타내기 때문에 고유벡터 eigenvectors 라고 부른다.

Remark:

1. 이 두 고유벡터 eigenvectors 를 때론 고유상태 eigenstates 라고도 부른다. 양자역학에서 종종 고유상태 eigenstates, 고유벡터 eigenvectors, 고유함수 eigenfunctions 들은 같은 의미를 나타낸다고 보면 된다.

2. 두 고유벡터는 서로 직교 orthogonal 이고 추상적인 복소공간 complex plane 에서의 교유벡터까지도 염두에 두는 경우 다음과 같이 주어진다.

$$\begin{cases} u_1^T u_2 = 0 & \text{in real space} \\ u_1^\dagger u_2 = 0 & \text{in complex space} \end{cases} \quad \text{; orthogonormality condition} \tag{2.28}$$

즉,

$$u_1^T u_2 = \begin{pmatrix} 1/\sqrt{5} & 2/\sqrt{5} \end{pmatrix} \begin{pmatrix} 2/\sqrt{5} \\ -1/\sqrt{5} \end{pmatrix} = 0$$

3. 식 (2.23)의 행렬 M 은 대각선 방향을 중심으로 볼 때 비대각선 요소 off-diagonal elements 들이 서로 같기 때문에 $\left(\text{즉}, M^T = M\right)$ 대칭행렬 symmetric matrix 라고 부른다. 그렇지 않은 행렬의 경우 두 고유벡터는 서로 수직하지 않게 된다 즉, $u_1^T u_2 \neq 0$ 이 된다. 만일 행렬의 요소 elements 가 복소수 complex number 로 주어질 경우에는 $u_1^\dagger u_2 \neq 0$ 이 된다. 예를 들어 비대칭 행렬 nonsymmetric matrix 인 $\begin{pmatrix} 5 & 1 \\ -2 & 2 \end{pmatrix}$ 행렬을 이용하여 위의 절차를 따라 같은 작업을 수행해 보면 두 고유벡터 (즉, 두 고유축)가 서로 수직하지 않음을 알 수 있을 것이다.

보기 2: 포논 모드 phonon modes

그림 2.13 과 같이 질량 m 인 두 물체가 탄성상수가 모두 k 인 용수철에 매달려 1 차원 진동을 하고 있다고 생각하자. 그러면 이 계 system 의 포텐셜에너지 V 는

$$V = \frac{1}{2}kx^2 + \frac{1}{2}k(x-y)^2 + \frac{1}{2}ky^2 \tag{2.29}$$

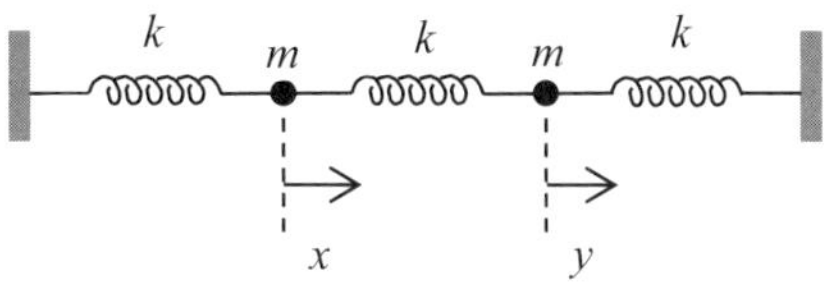

그림 2.13 용수철에 매달린 두 개의 물체의 진동.

로 주어진다. 벡터양인 힘과 뉴튼 운동방정식의 일반적인 형태

$$\vec{F} = -\nabla V \text{ 와 } \vec{F} = m\frac{d^2\vec{r}(t)}{dt^2} \tag{2.30}$$

로부터 x 축 위에서 1 차원 진동을 하고 있는 물체의 운동방정식은

$$\begin{aligned} m\frac{d^2x}{dt^2} &= -\frac{\partial V}{\partial x} = -2kx + ky \\ m\frac{d^2y}{dt^2} &= -\frac{\partial V}{\partial y} = kx - 2ky \end{aligned} \tag{2.31}$$

로 주어진다. 이 2 차미분방정식의 해는

$$x(t) = x_0 e^{i\omega t} \text{ 와 } y(t) = y_0 e^{i\omega t} \tag{2.32}$$

로 놓으면 된다. 참고로 왜 이렇게 놓으면 미분방정식의 해가 풀리는지 묻지 말자. 이 같은 종류의 문제는 여러 분야에서 나오는 문제로 우리가 이미 어떻게 이러한 문제를 풀 수 있는지 그 방법을 많이 알고 있고 그 해도 잘 알려져 있다. 대학교에서 배우는 대부분의 미분방정식들은 거의 해가 알려진 문제를 다루기 때문에 걱정하지 말고 받아들여도 된다. 우리가 풀 수 없는 미분방정식은 다른 사람도 쉽게 풀 수 없다고 과감히 어리석은 가정을 하여도 된다. 이 가정된 해를 운동방정식에 대입하면,

$$\begin{cases} -m\omega^2 x = -2kx + ky \\ -m\omega^2 y = kx - 2ky \end{cases} \rightarrow \begin{cases} -\dfrac{m\omega^2}{k}x = -2x + y \\ -\dfrac{m\omega^2}{k}y = x - 2y \end{cases} \rightarrow \begin{cases} \lambda x = 2x - y \\ \lambda y = -x + 2y \end{cases} \tag{2.33}$$

로 바꾸어지고 여기서 $\lambda = \dfrac{m\omega^2}{k}$ 로 놓자. 다시 위 선형방정식을 행렬을 이용하여 나타내 보면,

$$\begin{pmatrix} 2 & -1 \\ -1 & 2 \end{pmatrix}\begin{pmatrix} x \\ y \end{pmatrix} = \lambda\begin{pmatrix} x \\ y \end{pmatrix} \tag{2.34}$$

로 쓸 수 있다. 이 방정식에 대한 해는 고유값과 고유벡터를 구하는 것이 되므로

$$\begin{vmatrix} 2-\lambda & -1 \\ -1 & 2-\lambda \end{vmatrix} = 0 \quad \rightarrow \quad \lambda^2 - 4\lambda + 3 = 0 \quad \therefore\ \lambda = 1 \text{ or } 3 \tag{2.35}$$

와 같이 두개의 고유값을 구할 수 있게 된다. 이제 이 고유값의 각각에 해당하는 고유벡터를 구해보자. $\omega = \sqrt{\dfrac{\lambda k}{m}}$ 로 놓을 수 있기 때문에 각각의 고유값에 해당하는 각진동수는

$$\omega_1 = \sqrt{\frac{k}{m}} \text{ 와 } \omega_2 = \sqrt{\frac{3k}{m}} \tag{2.36}$$

가 된다. 따라서 각각의 고유벡터는

$$\begin{aligned} &\lambda = 1 \text{ 일 때,} \quad \begin{cases} x - y = 0 \text{ 또는} \\ x = y \end{cases} \quad \rightarrow \quad \begin{pmatrix} 1 \\ 1 \end{pmatrix} \quad \therefore\ \frac{1}{\sqrt{2}}\begin{pmatrix} 1 \\ 1 \end{pmatrix} \\ &\lambda = 3 \text{ 일 때,} \quad \begin{cases} x + y = 0 \text{ 또는} \\ x = -y \end{cases} \quad \rightarrow \quad \begin{pmatrix} 1 \\ -1 \end{pmatrix} \quad \therefore\ \frac{1}{\sqrt{2}}\begin{pmatrix} 1 \\ -1 \end{pmatrix} \end{aligned} \tag{2.37}$$

로 되고 마지막 열행렬 column matrix (또는 column vector) 식은 규격화 normalization 시켰다. 이 고유벡터를 시각적으로 나타내 보면

$$\begin{aligned} &\lambda = 1 \text{ 일 때,} \quad \rightarrow\rightarrow \quad \text{or} \quad \leftarrow\leftarrow \\ &\lambda = 3 \text{ 일 때,} \quad \rightarrow\leftarrow \quad \text{or} \quad \leftarrow\rightarrow \end{aligned} \tag{2.38}$$

와 같이 1 차원 진동하는 모드 mode 로 볼 수 있다. 고유벡터의 요소 element 들의 크기와 부호가 같으면 같은 방향 다르면 반대 방향으로 진동하는 모양을 나타낸다고 해석하면 된다. 이를 진동의 수직모드normal mode 또는 특정모드characteristic mode 라고 한다. 여기서 다시 언급하자면 normal 의 의미는 직교 orthogonal 의 의미를 나타내므로 '보통 모드'라고 이해하면 안된다. 두 물체 entity 가 무작위로 진동하는 것처럼 보이지만 특정(characteristic, normal, independent, perpendicular, orthogonal, eigen) 형태로 해석 analysis 됨을 알 수 있게 된다. 덧붙여, 두 고유벡터는

$$u_1^* u_2 = \frac{1}{\sqrt{2}}\begin{pmatrix}1\\1\end{pmatrix}^{\dagger} \cdot \frac{1}{\sqrt{2}}\begin{pmatrix}1\\-1\end{pmatrix} = \frac{1}{2}\begin{pmatrix}1 & 1\end{pmatrix}\begin{pmatrix}1\\-1\end{pmatrix} = 0 \tag{2.39}$$

와 같이 서로 직교함을 알 수 있다. 일반적인 벡터를 서로 수직인 단위벡터를 이용하여 분해 또는 해석 analysis 할 수 있듯이 진동하고 있는 물체의 진동도 각각 독립적인 특정 모드로 분해하여 이해할 수 있음에 주목하고 여기서 다시 한번 eigen 의 함축된 의미가 무엇인지 나름대로 생각해 보도록 하자.

결정을 이루는 원자들은 끊임없는 단조화진동 simple harmonic oscillation 을 하게 되는데 이러한 진동 에너지의 양자화 quantization 된 형태를 포논 phonon 이라고 한다. 3 차원 공간에서 진동모드는 다음과 같은 4 가지 종류 modes (LA, TA, LO, TO)가 있다.

표 2.3 포논 phonon **의 종류** modes

Acoustic modes	Optical modes: O
Longitudinal Acoustic: LA Transverse Acoustic: TA	Longitudinal Optical: LO Transverse Optical: TO

보기 3: 회전 연산자

식 (2.20)의 회전변환에서 설명한 바와 같이 어떤 벡터를 시계 반대방향으로 θ 만큼 회전시키는 행렬 matrix 은 다음과 같이 주어진다.

$$R = \begin{pmatrix}\cos\theta & -\sin\theta\\ \sin\theta & \cos\theta\end{pmatrix} \tag{2.40}$$

행렬 연산자가 주어질 때 그 고유값과 고유벡터를 구하는 방법을 고유방정식을 사용하면 그 고유방정식은

$$\begin{pmatrix}\cos\theta & -\sin\theta\\ \sin\theta & \cos\theta\end{pmatrix}\begin{pmatrix}a\\b\end{pmatrix} = \lambda\begin{pmatrix}a\\b\end{pmatrix} \tag{2.41}$$

로 주어지므로

$$\begin{vmatrix} \cos\theta-\lambda & -\sin\theta \\ \sin\theta & \cos\theta-\lambda \end{vmatrix} = 0 \qquad \therefore\ \lambda = e^{+i\theta} \text{와 } e^{-i\theta} \tag{2.42}$$

인 고유값을 얻게된다. 고유값이 $\lambda = e^{i\theta}$ 인 경우, 고유벡터는 $b = -ia$ 이므로

$$\begin{pmatrix} a \\ b \end{pmatrix} = \begin{pmatrix} 1 \\ -i \end{pmatrix} \tag{2.43}$$

로 주어진다. 이 벡터를 규격화하면, 즉, $|a|^2 + |b|^2 = a^*a + b^*b = 1$ 로부터,

$$\begin{pmatrix} a \\ b \end{pmatrix} = \frac{1}{\sqrt{2}}\begin{pmatrix} 1 \\ -i \end{pmatrix} \tag{2.44}$$

이 되고 광학에서 이 벡터는 오른쪽으로 편광된 빛 (right circularly polarized: RCP) 상태를 나타내는 소위 존스 벡터 Jones vector 의 표현과 동일함에 주목하자. 여기서 방향과 관련되어 주의할 점은 x-y 평면의 x 축에서 y 축으로 (즉, 시계 반대 방향) 회전하기 때문에 이 회전 벡터는 z 축을 따라서 볼 때 오른쪽으로 회전하는 벡터의 표현이기 때문에 우리는 이를 오른쪽으로 편광된 빛이라 부른다. 다음으로 $\lambda = e^{-i\theta}$ 일 때, 두 선형방정식은 $b = ia$ 를 만족하기 때문에

$$\begin{pmatrix} a \\ b \end{pmatrix} = \begin{pmatrix} 1 \\ i \end{pmatrix} \tag{2.45}$$

이고 규격화에 의해,

$$\begin{pmatrix} a \\ b \end{pmatrix} = \frac{1}{\sqrt{2}}\begin{pmatrix} 1 \\ i \end{pmatrix} \tag{2.46}$$

이며 이 벡터는 왼쪽으로 편광된 빛 (left circularly polarized: LCP) 상태를 나타내는 존스 벡터 Jones vector 이다. 물론 두 고유벡터는 서로 직교함을 다음과 같이 수학적으로 증명할 수 있다.

$$u_1^\dagger u_2 = \frac{1}{\sqrt{2}}\begin{pmatrix} 1 \\ -i \end{pmatrix}^\dagger \cdot \frac{1}{\sqrt{2}}\begin{pmatrix} 1 \\ i \end{pmatrix} = \frac{1}{2}\begin{pmatrix} 1 & i \end{pmatrix}\begin{pmatrix} 1 \\ i \end{pmatrix} = 0 \tag{2.47}$$

위 사실로부터 직관적으로 이해할 수 있는 바와 같이 2 차원 평면에서 회전에 대한 특성 방향은 시계방향으로 회전 하거나 시계의 반대방향으로 회전하는 두 가지 방향만이 존재하므로 이 두 벡터가 고유벡터 eigenvector (고유방향 eigendirection 이라 불러도 좋다고 저자는 생각한다.)가 된다.

Remark:

$\pm\theta$ 만큼 회전을 나타내는 연산자 operator 의 고유값 eigenvalues 은 $e^{\pm i\theta}$ 이다.

보기 4: 광학에서 $\frac{\lambda}{4}$ 판

광학에서 쉽게 만날 수 있는 $\frac{\lambda}{4}$ 판에 대한 존스 벡터 Jones matrix 는 $\begin{pmatrix} 1 & 0 \\ 0 & i \end{pmatrix}$ 로 주어진다. 이 행렬에 대한 고유값과 고유벡터에 대해 알아보자. 고유방정식

$$\begin{pmatrix} 1 & 0 \\ 0 & i \end{pmatrix}\begin{pmatrix} \alpha \\ \beta \end{pmatrix} = \lambda\begin{pmatrix} \alpha \\ \beta \end{pmatrix} \tag{2.48}$$

로부터 고유값을 구하면,

$$\begin{vmatrix} 1-\lambda & 0 \\ 0 & i-\lambda \end{vmatrix} = 0 \quad \rightarrow \quad (1-\lambda)(i-\lambda) = 0 \qquad \therefore \quad \lambda = 1 \text{ 또는 } i \tag{2.49}$$

이 된다. 보기 3 에서와 같은 방법을 이용하면 두 존스 벡터는

$$\begin{pmatrix} 1 \\ 0 \end{pmatrix} \text{ 또는 } \begin{pmatrix} 0 \\ 1 \end{pmatrix} \tag{2.50}$$

로 주어진다. 이들이 서로 직교함은 쉽게 알 수 있고 이 $\frac{\lambda}{4}$ 판을 통과하는 빛은 빠른 광축 optic axis 이나 느린 광축을 통과할 때 편광의 변화없이 전달됨을 의미한다. 더 나아가 $\frac{\lambda_2}{\lambda_1} = i = e^{i\frac{\pi}{2}}$ 로부터

$\frac{\pi}{2}$ 의 위상 차이가 있음을 알 수 있다. 좀 더 자세한 설명은 광학책을 참고하기 바란다.

보기 5: 수소원자의 고유에너지 궤도 eigenenergy orbitals

양자역학에서 계의 전체에너지(운동에너지+포텐셜에너지)에 대응하는 연산자를 해밀토니안 Hamiltonian 이라 부른다. 거의 모든 현대물리학이나 양자역학책에는 수소원자에 대한 슈레딩거방정식의 해가 나와 있기 때문에 여기서는 논의를 하지 않겠다. 다만 그 결과는 잘 알려져 있기 때문에 헤밀토니안 H 의 고유값과 고유벡터 (여기서는 energy eigenfunctions 또는 energy eigenstates 라 부른다.)에 대한 개념을 이해하기 위해 다음 고유값방정식과 같이 그 결과를 이용하도록 하자.

$$H\psi_n = E_n\psi_n \quad \text{where } E_n = \frac{-13.6eV}{n^2} \tag{2.51}$$

여기서 n 은 주 양자수 principal quantum number 로 알려져 있고 수소원자에서 전자의 여러 궤도를 나타낸다. E_n 은 전자궤도의 에너지의 고유값 eigenenergies 들이고 ψ_n 은 고유함수 eigenfunction (또는 고유벡터)이 된다. 여기서 고유함수 eigenfunctions 는 다음과 같이 서로 직교조건 orthogonality condition 을 만족한다.

$$\int_0^\infty\int_0^\pi\int_0^{2\pi} \psi_n^*\psi_{n'}r^2\sin\theta drd\theta d\varphi = \delta_{nn'} \tag{2.52}$$

2.5.2 행렬의 대각화 matrix diagonalization

앞절 보기 1 에서 변환에 대한 핵심 정보는 행렬 $M = \begin{pmatrix} 5 & -2 \\ -2 & 2 \end{pmatrix}$ 에 있다고 볼 수 있다. 이제 두 고유벡터를 합하여 새로운 행렬 U 를 식 (2.53)과 같이 취해 보자.

$$\begin{pmatrix} 1/\sqrt{5} \\ 2/\sqrt{5} \end{pmatrix} \text{과} \begin{pmatrix} 2/\sqrt{5} \\ -1/\sqrt{5} \end{pmatrix} \quad \rightarrow \quad U = \begin{pmatrix} 1/\sqrt{5} & 2/\sqrt{5} \\ 2/\sqrt{5} & -1/\sqrt{5} \end{pmatrix} \tag{2.53}$$

보통 eigenvector U 를 이용하여 행렬 M 에 적용하여 유사변환 similarity transformation 과정 ($M' = U^{-1}MU$)을 거치면 우리는 비대각선 요소들 off-diagnoal elements 은 모두 0 이 되고 대각선 요소 diagonal elements 가 고유값들 eigenvalues 로 구성된 M' 를 바꿀 수 있는데 이를 행렬의 대각화 diagonalization 라고 한다. 즉,

$$\begin{aligned} U^{-1}MU &= \begin{pmatrix} 1/\sqrt{5} & 2/\sqrt{5} \\ 2/\sqrt{5} & -1/\sqrt{5} \end{pmatrix} \begin{pmatrix} 5 & -2 \\ -2 & 2 \end{pmatrix} \begin{pmatrix} 1/\sqrt{5} & 2/\sqrt{5} \\ 2/\sqrt{5} & -1/\sqrt{5} \end{pmatrix} \\ &= \begin{pmatrix} 1/\sqrt{5} & 2/\sqrt{5} \\ 2/\sqrt{5} & -1/\sqrt{5} \end{pmatrix} \begin{pmatrix} 1/\sqrt{5} & 12/\sqrt{5} \\ 2/\sqrt{5} & -6/\sqrt{5} \end{pmatrix} \\ &= \begin{pmatrix} 1 & 0 \\ 0 & 6 \end{pmatrix} \end{aligned}$$

Remark:

1. $\text{Trace}(A) = Tr(A) = \sum_{j=1}^{n} a_{jj} = \sum_i \lambda_i \quad \Leftrightarrow$ $\quad \sum \text{diagonal elements} = \sum \text{eigenvalues}$

   즉, $\quad 5 + 2 = 1 + 6$

   또한 $Tr(AB) = Tr(BA)$

2. $\text{Determinant}(A) = \det A = \prod_{i=1}^{n} \lambda_i \quad \Leftrightarrow$ $\quad$ Determinant = product of eigenvalues

   즉, $\quad 5 \times 2 - (-2)(-2) = 1 \times 6$

   또한 $\det AB = \det A \det B$

3. 대칭행렬 symmetric matrices (orthogonal, symmetric, unitary, Hermitian matrices)들은 모두 정규행렬 normal matrix 로써 대각화가 가능하다.

   - 만일 $AA^\dagger = A^\dagger A$ 이면 이 선형변환은 normal 이라고 부른다.
   - 모든 self-adjoint (Hermitian and symmetric)과 isometries (unitary and orthogonal) 선형변환은 normal 이다.

- 어떤 행렬이 유사변환에 의해 대각화될 수 있는 필요충분 조건은 정규행렬 normal matrix 이 되어야 한다.

앞에서 2 차원 실공간에서 고유값방정식 eigenvalue equation 을 다루었는데 이제 좀 더 추상적인 공간에 익숙해 지기 위해 복소공간에서 유사한 문제를 다루어 보자. 이는 양자역학에서 반드시 숙지 해야 할 내용이며 전자가 결정 속에서 어떠한 양자상태 (quantum states 또는 eigenfunctions)에 있는지를 아는데 무척이나 중요하므로 숙달되도록 연습해 보자.

Example 2.1

아래와 같이 주어진 행렬에 대해 다음 질문들에 답하시오.

$$A = \begin{pmatrix} 1 & i & 1 \\ -i & 0 & 0 \\ 1 & 0 & 0 \end{pmatrix}$$

(*a*) A 는 Hermitian matrix 인가?

(*b*) A 의 eigenvalues 를 구하시오.

(*c*) A 를 대각화시키는 고유벡터의 집합으로 구성된 변환행렬 U 를 구하시오.

(*d*) U 를 구성하는 두 고유벡터는 서로 직교 orthogonal 함을 보이시오.

(*e*) U 는 unitary 행렬(즉, $UU^{\dagger} = 1$)이 됨을 보이시오.

(*f*) 유사변환행렬 U 를 이용하여 $U^{-1}AU$ 는 대각행렬이 됨을 보이시오. 참고로 $U^{-1} = U^{\dagger}$ 이다.

Solution

$$(a)\quad A^{\dagger}=\tilde{A}^{*}=\begin{pmatrix}1 & i & 1\\ -i & 0 & 0\\ 1 & 0 & 0\end{pmatrix}^{*T}=\begin{pmatrix}1 & -i & 1\\ i & 0 & 0\\ 1 & 0 & 0\end{pmatrix}^{T}=\begin{pmatrix}1 & i & 1\\ -i & 0 & 0\\ 1 & 0 & 0\end{pmatrix}=A$$

주의: T 또는 ~는 transpose를 의미한다.

$$(b)\quad \begin{vmatrix}1-\lambda & i & 1\\ -i & -\lambda & 0\\ 1 & 0 & -\lambda\end{vmatrix}=0 \;\rightarrow\; (-1)^{1+3}1\times\lambda+(-1)^{3+3}(-\lambda)\times\{(1-\lambda)\times(-\lambda)-i\times(-i)\}=0$$

$$\therefore\; \lambda=0,-1,2$$

$$(c)\quad \begin{pmatrix}1 & i & 1\\ -i & 0 & 0\\ 1 & 0 & 0\end{pmatrix}\begin{pmatrix}u_1\\ u_2\\ u_3\end{pmatrix}=\lambda\begin{pmatrix}u_1\\ u_2\\ u_3\end{pmatrix} \;\rightarrow\; \begin{cases}u_1+iu_2+u_3=\lambda u_1\\ -iu_1=\lambda u_2\\ u_1=\lambda u_3\end{cases}$$

1) $\lambda=0,\ u_1=0,\ iu_2+u_3=0 \;\rightarrow\; u_2=1,\ u_3=-i.$ $\quad\therefore\ U^{(1)}=\dfrac{1}{\sqrt{2}}\begin{pmatrix}0\\ 1\\ -i\end{pmatrix}$

2) $\lambda=-1,\ u_1=-u_3,\ iu_2=-u_1 \;\rightarrow\; u_1=1,\ u_3=-1,\ u_2=i.$ $\quad\therefore\ U^{(2)}=\dfrac{1}{\sqrt{3}}\begin{pmatrix}1\\ i\\ -1\end{pmatrix}$

3) $\lambda=2,\ u_1=2u_3,\ iu_2=u_3 \;\rightarrow\; u_3=1,\ u_1=2,\ u_2=-i.$ $\quad\therefore\ U^{(3)}=\dfrac{1}{\sqrt{6}}\begin{pmatrix}2\\ -i\\ 1\end{pmatrix}$

$$\Rightarrow\quad U=\left(U^{(1)}\quad U^{(2)}\quad U^{(3)}\right)=\begin{pmatrix}0 & \dfrac{1}{\sqrt{3}} & \dfrac{2}{\sqrt{6}}\\ \dfrac{1}{\sqrt{2}} & \dfrac{i}{\sqrt{3}} & -\dfrac{i}{\sqrt{3}}\\ -\dfrac{i}{\sqrt{2}} & -\dfrac{1}{\sqrt{3}} & \dfrac{1}{\sqrt{6}}\end{pmatrix}$$

Remark :

$\lambda=0$ 인 경우, $\begin{cases}u_1=0\\ iu_2+u_3=0\end{cases}$ $\Rightarrow$ ***Q :*** How can we get u_2 and u_3?

$\Rightarrow$ $\begin{cases}\text{변수가 3개이나 규격조건을 이용하여 풀자. 즉, } |u_1|^2+|u_2|^2+|u_3|^2=1\\ u_1,u_2,u_3 \text{ 는 복소수임에 주의하자.}\end{cases}$

$$\begin{cases}iu_2+u_3=0\\ |u_2|^2+|u_3|^2=1\end{cases} \rightarrow \begin{cases}u_3=-iu_2\\ u_2u_2^*+u_3u_3^*=1\end{cases} \rightarrow u_2u_2^*+(-iu_2)(iu_2^*)-1$$

$$\rightarrow\; |u_2|^2+|u_2|^2=1 \;\rightarrow\; |u_2|^2=\frac{1}{2} \;\Rightarrow\; u_2=\frac{1}{\sqrt{2}}\ \text{과}\ u_3=\frac{-i}{\sqrt{2}}$$

$$\therefore \quad U^{(1)} = \frac{1}{\sqrt{2}}\begin{pmatrix} 0 \\ 1 \\ -i \end{pmatrix}$$

$$(d) \quad U^{(1)\dagger}U^{(2)} = \begin{pmatrix} 0 & \frac{1}{\sqrt{2}} & \frac{i}{\sqrt{2}} \end{pmatrix}\begin{pmatrix} \frac{1}{\sqrt{3}} \\ \frac{i}{\sqrt{3}} \\ -\frac{1}{\sqrt{3}} \end{pmatrix} = 0 + \frac{1}{\sqrt{2}}\cdot\frac{i}{\sqrt{3}} + \frac{i}{\sqrt{2}}\cdot\left(-\frac{1}{\sqrt{3}}\right) = 0$$

같은 방법으로, $\left.\begin{array}{r} U^{(1)\dagger}U^{(3)} = 0 \quad \text{and} \quad U^{(2)\dagger}U^{(3)} = 0 \\ U^{(1)\dagger}U^{(1)} = U^{(2)\dagger}U^{(2)} = U^{(3)\dagger}U^{(3)} = 1 \end{array}\right\}$ 즉, $U^{(i)\dagger}U^{(j)} = \delta_{ij}$

⇒ 따라서 고유벡터들은 각각 서로 직교orthogonal이다.

$$(e) \quad U^{\dagger} = \tilde{U}^{*} = \begin{pmatrix} 0 & \frac{1}{\sqrt{3}} & \frac{2}{\sqrt{6}} \\ \frac{1}{\sqrt{2}} & \frac{-i}{\sqrt{3}} & \frac{i}{\sqrt{6}} \\ \frac{i}{\sqrt{2}} & -\frac{1}{\sqrt{3}} & \frac{1}{\sqrt{6}} \end{pmatrix}^{T} = \begin{pmatrix} 0 & \frac{1}{\sqrt{2}} & \frac{i}{\sqrt{2}} \\ \frac{1}{\sqrt{3}} & \frac{-i}{\sqrt{3}} & -\frac{1}{\sqrt{3}} \\ \frac{2}{\sqrt{6}} & \frac{i}{\sqrt{6}} & \frac{1}{\sqrt{6}} \end{pmatrix}, \quad \operatorname{cof} U = \begin{pmatrix} 0 & -\frac{1}{\sqrt{3}} & -\frac{2}{\sqrt{6}} \\ -\frac{1}{\sqrt{2}} & \frac{i}{\sqrt{3}} & -\frac{i}{\sqrt{6}} \\ -\frac{i}{\sqrt{2}} & \frac{1}{\sqrt{3}} & -\frac{1}{\sqrt{6}} \end{pmatrix},$$

$$\therefore \quad U^{-1} = \frac{(\operatorname{cof} U)^{T}}{|U|} = \frac{\begin{pmatrix} 0 & -\frac{1}{\sqrt{2}} & -\frac{i}{\sqrt{2}} \\ -\frac{1}{\sqrt{3}} & \frac{i}{\sqrt{3}} & \frac{1}{\sqrt{3}} \\ -\frac{2}{\sqrt{6}} & -\frac{i}{\sqrt{6}} & -\frac{1}{\sqrt{6}} \end{pmatrix}}{-1} = \begin{pmatrix} 0 & \frac{1}{\sqrt{2}} & \frac{i}{\sqrt{2}} \\ \frac{1}{\sqrt{3}} & \frac{-i}{\sqrt{3}} & -\frac{1}{\sqrt{3}} \\ \frac{2}{\sqrt{6}} & \frac{i}{\sqrt{6}} & \frac{1}{\sqrt{6}} \end{pmatrix}$$

$$UU^{\dagger} = \begin{pmatrix} 0 & \frac{1}{\sqrt{3}} & \frac{2}{\sqrt{6}} \\ \frac{1}{\sqrt{2}} & \frac{i}{\sqrt{3}} & -\frac{i}{\sqrt{6}} \\ -\frac{i}{\sqrt{2}} & -\frac{1}{\sqrt{3}} & \frac{1}{\sqrt{6}} \end{pmatrix}\begin{pmatrix} 0 & \frac{1}{\sqrt{2}} & \frac{i}{\sqrt{2}} \\ \frac{1}{\sqrt{3}} & \frac{-i}{\sqrt{3}} & -\frac{1}{\sqrt{3}} \\ \frac{2}{\sqrt{6}} & \frac{i}{\sqrt{6}} & \frac{1}{\sqrt{6}} \end{pmatrix} = \begin{pmatrix} 1 & 0 & 0 \\ 0 & 1 & 0 \\ 0 & 0 & 1 \end{pmatrix} = 1$$

참고로 $U^{-1} = U^{\dagger}$

$$(f)\ U^{-1}AU=\begin{pmatrix} 0 & \frac{1}{\sqrt{2}} & \frac{i}{\sqrt{2}} \\ \frac{1}{\sqrt{3}} & \frac{-i}{\sqrt{3}} & -\frac{1}{\sqrt{3}} \\ \frac{2}{\sqrt{6}} & \frac{i}{\sqrt{6}} & \frac{1}{\sqrt{6}} \end{pmatrix}\begin{pmatrix} 1 & i & 1 \\ -i & 0 & 0 \\ 1 & 0 & 0 \end{pmatrix}\begin{pmatrix} 0 & \frac{1}{\sqrt{3}} & \frac{2}{\sqrt{6}} \\ \frac{1}{\sqrt{2}} & \frac{i}{\sqrt{3}} & -\frac{i}{\sqrt{6}} \\ -\frac{i}{\sqrt{2}} & -\frac{1}{\sqrt{3}} & \frac{1}{\sqrt{6}} \end{pmatrix}$$

$$=\begin{pmatrix} 0 & \frac{1}{\sqrt{2}} & \frac{i}{\sqrt{2}} \\ \frac{1}{\sqrt{3}} & \frac{-i}{\sqrt{3}} & -\frac{1}{\sqrt{3}} \\ \frac{2}{\sqrt{6}} & \frac{i}{\sqrt{6}} & \frac{1}{\sqrt{6}} \end{pmatrix}\begin{pmatrix} 0 & \frac{-1}{\sqrt{3}} & \frac{4}{\sqrt{6}} \\ 0 & \frac{-i}{\sqrt{3}} & -\frac{2i}{\sqrt{6}} \\ 0 & \frac{1}{\sqrt{3}} & \frac{2}{\sqrt{6}} \end{pmatrix}=\begin{pmatrix} 0 & 0 & 0 \\ 0 & -1 & 0 \\ 0 & 0 & 2 \end{pmatrix}$$

Summary

- linearity(선형성) $\Uparrow$ independency(독립) $\leftrightarrow$ perpendicularity(직각) $\leftrightarrow$ normality(수직성) $\Downarrow$ orthogonality(직교성)

- $$\begin{cases} \psi(x)=\dfrac{1}{\sqrt{2}}\displaystyle\int_{-\infty}^{\infty}\varphi(k)e^{ikx}dk \\ \varphi(k)=\dfrac{1}{\sqrt{2}}\displaystyle\int_{-\infty}^{\infty}\psi(x)e^{-ikx}dx \end{cases}$$; 푸리에 변환식 (Fourier transforms)

-

	(real space)	(complex space)
[isometry]	Orthogonal $(O^T=O^{-1})$	Unitary $(U^\dagger=U^{-1})$
[self-adjoint]	Symmetric $(S^T=S)$	Hermitian $(H^\dagger=H)$

Chapter 3

현대물리학 기본개념

Fundamental Concepts in Modern Physics

Chapter 3 현대물리학 기본개념 Fundamental Concepts in Modern Physics

Key concepts:

1. Worlds
2. Scaling effect
3. Wave number
4. Classical states
5. Quantum states
6. Superposition
7. Schrödinger equation
8. Ensemble average
9. Expectation value
10. Wave-particle duality
11. Uncertainty principle
12. Single particle interference
13. Exclusion principle
14. Entanglement

이 장에서는 반도체에서 에너지 밴드 구조 energy band structure 를 이해하기 위한 현대물리학과 양자역학 내용중 가장 기초적인 개념들을 알아보려 한다. 이 장을 공부하고 나서 학생들이 양자상태 quantum states 와 중첩 superposition 및 양자화 quantization 등에 대한 개념을 특별히 잘 이해할 수 있기 바라며 5 장에서 이들 개념이 에너지 밴드를 이해하는데 어떻게 이용되는지 살펴보기 바란다. 양자역학 과목을 깊이 있게 공부한 적이 없더라도 기본적인 필수 개념을 여기서 소개할 예정이니 일반 물리학에서 간략히 나오는 현대물리학 개념을 어느정도 알고 있는 학생은 전자밴드구조를 이해하는데 큰 어려움이 없으니 과감히 도전해서 익히도록 하자.

3.1 물리적 세계 physical worlds

3.1.1 거시세계와 미시세계 macroscopic world and microscopic world

물리적 세계는 크게 거시 세계 macroscopic world 와 미시 세계 microscopic world 로 나눈다. 이를 쉽게 구분하기 위해 보통 오감 (시각, 청각, 후각, 미각, 촉각)을 이용하여 인지할 수 있는 대상을 다루는 세계를 거시 세계 macroscopic world 라 부르도록 하자. 이 세계에서 물체의 운동은 뉴튼역학 Newton mechanics 에 의해 기술되며 다른 한편 고전역학 classical mechanics 이라고도 부른다. 예를 들면 야구공의 운동, 기차의 움직임, 지구의 운동 등을 들 수 있겠다. 물리학 발전과정에 따르면, 대략 1900 년을 기준으로 그 이전을 고전물리학 classical physics 시대 그리고 그 이후를 현대물리학 modern physics 시대로 나누어 구분하는데 이 는 1900 년을 전후로 전자와 원자등 미시적인 입자들에 대한 물리적 이해가 크게 발전했기 때문이다. 더불어 우주에 대한 관심도 발전해 왔는데 이를 앞선 두 세계와 달리 구분한다면 굳이 초거시 세계 supermacroscopic world 라 부를 수도 있겠다. 논의를 수월하게 하기 위해 일반적으로 미시 세계와 거시 세계 둘로 구분하여 논의 하기로 하자.

전기와 자기의 물리적 현상에 대한 전자기학 Electromagnetism 이론은 1870 년대에 맥스웰 Maxwell 에 의해 소위 4 개의 맥스웰 방정식 Maxwell's equations 에 의해 완성되었다. 이에 앞서 거시세계 물체들의 운동을 다루는 고전역학 classical mechanics 은 뉴튼역학 Newtonian mechanics 과 더불어 라그랑제 역학 Lagrangian mechanics 및 해밀튼 역학 Hamiltonian mechanics 과 함께 완성이 되었다. 이렇게 1900 년에 이르기 전에 고전역학과 전자기학 두 분야가 완성이 되었고 이를 보통 고전물리학 classical physics 이라고 부른다. 간단히 표로 나타내 보면 다음과 같다.

표 3.1 물리적 세계 physical worlds

(1900 년을 기준으로 구분)	
거시 세계 macroscopic world	미시 세계 microscopic world
고전물리학 classical physics ⇓ • 고전역학classical mechanics Newtonian mechanics - Lagrangian mechanics - Hamiltonian mechanics • 전자기학electromagnetism	현대물리학 modern physics ⇓ • 양자역학quantum mechanics • 상대성이론relativity *etc.*

3.1.2 규모효과 scaling effect

거시세계에서의 물체와 미시세계에서의 물체는 그 크기와 질량등 규모에 있어 엄청난 차이가 있고 또한 운동속도도 매우 다르다. 따라서 두 세계에서 물체의 운동을 기술하는 운동방정식 equation of motion 이 같을 수 없다는 점을 우리는 주목하게 된다. 간단한 예를 들어 태양 주위를 도는 지구의 운동을 기술하는 역학 mechanics 과 원자 주위를 도는 전자의 운동을 기술하는 역학은 서로 같은 방식으로 기술하기가 어렵다. 이를 간단히 '규모효과 scaling effect' 라고 부를 수 있겠다. 즉, 대상의 규모가 크게 다르기 때문에 나타나는 효과로 보면 된다. 따라서 각 세계에서 물체의 운동을 기술하는 역학은 다르게 표현된다. 다음절에서 설명하겠지만 거시세계에서 물체의 운동방정식은 뉴튼 Newton 의 제 2 법칙으로 주어지고 미시세계에서는 슈레딩거 방정식 Schrödinger equation 이라 불리는 운동방정식으로 주어진다. 한편, 원자 내에서 궤도를 돌고 있는 전자의 속도는 간단히 $v = \alpha c$ 로 표현될 수 있고 여기서 $\alpha \cong \frac{1}{137}$ 는 '미세구조 상수 fine structure constant'라 불리우고 c 는 빛의 속도이다. 사실 전자의 속도가 빛의 속도에 비견될 정도로 빠르기 때문에 우리는 상대성 이론을 고려하여야 한다. 이 는 폴 디락 Paul Dirac 이 만든 '상대론적 양자역학 relativistic quantum mechanics'으로 설명되는데 이 내용을 여기서 다루기에는 여의치 않기 때문에 이 자료에서는 소위 '비상대론적 양자역학 nonrelativistic quantum mechanics'에서의 운동방정식인 Schrödinger equation 만을 다루고자 한다.

3.2 상태, 운동 및 운동방정식 states, motion and equation of motion

3.2.1 고전상태와 양자상태 classical state and quantum state

'사물이나 현상이 놓여 있는 형편이나 모양'을 상태라 한다. 이를 보통 Γ 로 나타내며 고전물리학 classical mechanics 에서 질량이 m 인 입자의 '고전상태 classical states'는 보통 $\Gamma(\vec{r},\vec{p})$ 로 표시한다. 즉, t=0 일 때 위치 position $(\vec{r})$ 와 운동량 momentum ($\vec{p}$ 또는 속도 $\vec{v}$) 을 알면 시간 t 후에 입자가 어떤 상태에 있을지 우리는 뉴튼의 운동방정식을 적용하여 완벽히 운동을 기술할 수 있게 된다. 열역학에서는 운동방정식 대신 열적 평형상태 thermal equilibrium 에서 '상태방정식 equation of state' 을 통해 열역학계 thermodynamic system 의 상태를 정확히 기술할 수 있다. 이러한 열역학계는 압력 P, 체적 V, 온도 T 를 이용하여 그 상태를 기술하는데 우리에게 익숙한 이상기체의 상태 방정식이 $PV = nRT$ 로 쓰여 졌음을 기억하자. 나아가 미시세계 입자의 운동을 기술하는 양자역학에서 입자의 '양자상태 quantum states'는 파동함수(ψ) 로 나타낸다. 물리계 physical system 의 상태 state 와 물리적 변수들은 수학적으로 다음과 같이 나타낸다.

$$\begin{aligned} &\text{classical states} &&\rightarrow \quad \Gamma(\vec{r},\vec{p}) \\ &\text{quantum states} &&\rightarrow \quad \psi(\vec{r},t),\ \psi(\vec{p},t) \\ &\text{thermodynamical states} &&\rightarrow \quad \Gamma(P,V,T) \end{aligned}$$

고전상태 classical states 는 위치 position 와 운동량 momentum 에 대한 정보로 주어지며 $\Gamma(\vec{r},\vec{p})$ 로 나타낸다. 반면 양자역학에서는 Γ 표기 대신 파동함수라고 불리는 ψ 를 사용하여 양자상태 quantum states 를 나타낸다. 고전상태와 달리 양자상태는 불확정성원리 uncertainty principle 에 따라 위치와 운동량에 대한 정보를 동시에 정확히 알 수 없는 한계가 존재한다.

$$\Delta x \Delta p \geq \frac{\hbar}{2} \tag{3.1}$$

따라서 양자상태는 $\psi(\vec{r},\vec{p})$ 로 주어질 수 없고 $\psi(\vec{r})$ 또는 $\psi(\vec{p})$ 로 주어져야 한다. 첫번째 것을 '위치 표현 position representation'으로 나타낸다고 하고 두번째 것은 '운동량 표현 momentum representation'으로 나타낸다고 한다. 단, 이 양자 상태의 실체는 어느 표현을 사용하든지 같은 상태를 나타내야 함으로 $\psi_{\vec{r}}(\vec{r}) \Leftrightarrow \psi_{\vec{p}}(\vec{p})$ 라고 볼 수 있다. 폴 디락 Paul Dirac 은 이와 달리 표현에 무관계한 representation free 양자상태 quantum state 를 나타내기 위해 $|\psi\rangle$ 와 같이 ket vector[1] 라고 부르는 중괄호를 이용하여 상태를 나타내었다. 이 같은 표현은 고등한 쪽으로 진행해 나가면서 우리가 그 편리성을 알게 되겠지만 당분간 우리는 파동함수 $\psi(\vec{r})$ 자체에 대해서만 주의를 하고 있으면 된다. 어찌 되었든 양자상태 quantum state 는 양자역학에서 가장 근본적인 실체 fundamental entity 이나 그 개념을 우리의 의식 속에 익숙하게 되기 까지 시간이 걸리므로 조건없이 자주 이에 대해 생각해 보며 점점 익숙해 지도록 노력하자.

Remark:

선형대수학과 양자역학에서 벡터 vector 는 일반적으로 3 차원 물리적인 벡터 개념을 나타내지 않고 물리계 physical system 의 상태 state 를 표현하는데 사용된다고 보면 된다. 즉, vector=state 라고 간주하자.

[1] ket vector=ket state 즉, vector=state=wavefunction 를 의미한다.

3.2.2 운동과 운동방정식 motion and equation of motion

모든 운동은 motion 은 크게 병진운동 translational motion 과 회전운동 rotational motion 으로 분류할 수 있다. 회전운동은 다시 궤도운동 orbital motion 과 물체가 자신의 축을 중심으로 회전하는 스핀운동 spin motion 으로 분류할 수 있다. 그림 3.1 에서 보여주는 바와 같이 물체가 처음 위치에서

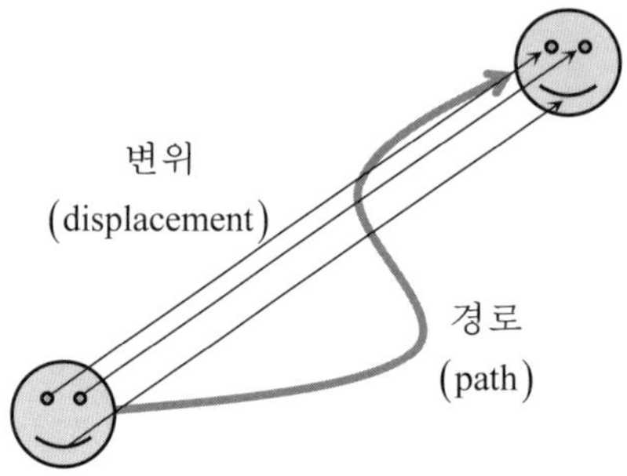

그림 3.1 병진운동만을 하는 경우와 서로 평행한 변위들.

나중 위치로 옮겨졌을 때 물체의 임의 점의 처음과 나중 궤적을 이었을 때 그 선들이 모두 평행한 직선들을 형성하면 (즉, 두 변위 displacement 를 나타내는 선들이 평행하면) 그 운동을 병진운동이라고 한다. 그렇지 않고 그림 3.2 에서와 같이 변위를 나타내는 선들이 평행하지 않은 경우 병진운동뿐만 아니라 물체가 회전운동도 포함하고 있음을 알 수 있다. 따라서 병진운동과 회전운동을 2 장의 선형대수학적 표현을 빌린다면 운동의 '고유모드 eigenmodes'라고 표현해도 된다고 저자는 생각한다. 이 두 종류 운동의 서로 대응하는 관계식을 정리하면 표 3.2 와 같다.

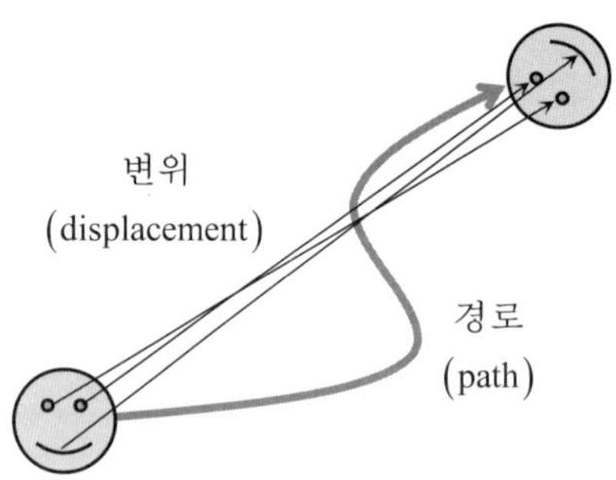

그림 3.2 병진과 회전운동을 하는 경우와 서로 평행하지 않은 변위들.

표 3.2 병진운동과 회전운동 사이의 대응관계

병진운동 translational motion	**회전운동** rotational motion [궤도운동 orbital motion +스핀 spin]
위치 position $\vec{r}$	각 angle $\vec{\theta}$
속도 velocity $\vec{v} = \frac{d\vec{r}}{dt}$	각속도 angular velocity $\vec{\omega} = \frac{d\vec{\theta}}{dt}$
가속도 acceleration $\vec{a} = \frac{d\vec{v}}{dt} = \frac{d^2\vec{r}}{dt^2}$	각가속도 angular acceleration $\vec{\alpha} = \frac{d\vec{\omega}}{dt} = \frac{d^2\vec{\theta}}{dt^2}$
질량 mass m	관성모멘트 moment of inertia I
운동량 momentum $\vec{p} = m\vec{v}$	각운동량 angular momentum $\vec{L} = I\vec{\omega}$
힘 force $\vec{F} = m\vec{a} = m\frac{d^2\vec{r}}{dt^2}$	회전력 torque $\vec{\tau} = I\vec{\alpha} = m\frac{d^2\vec{\theta}}{dt^2}$
운동에너지 kinetic energy $E_k = \frac{1}{2}mv^2$	회전운동에너지 rotational energy $E = \frac{1}{2}I\omega^2$

Remark:

팽이가 제자리에서 움직이지 않고 돌고 있다. 운동에너지는 얼마인가? 이 같은 질문을 했을 때 많은 학생들은 $\frac{1}{2}mv^2$ 만 암기하고 있기 때문에 0 이라고 대답을 잘못하고 있는 경우가 많다. 하지만 이 팽이의 병진운동에너지는 0 이지만 회전운동에너지가 있기 때문에 그 에너지는 $\frac{1}{2}I\omega^2$ 이다.

거시세계에서 물체의 운동은 뉴튼의 제 2 법칙 Newton's 2nd law 이라 불리며 다음 식 (3.2) 으로 주어지는 '가속도의 법칙'을 따라 결정된다.

$$\vec{F} = m\frac{d^2 r(t)}{dt^2} \tag{3.2}$$

이 거시세계에서 운동방정식이 어떻게 운동에 관한 정보를 제공하는지 알기 위해 다음 보기의 단조화진동 simple harmonic oscillation(SHO) 문제를 생각해 보자.

Example 3.1

질량 m 인 물체가 탄성상수가 k 인 용수철에 매달려 진동을 하고 있다. $t=0$ 에서 $x(0)=0$ 이고 $v(0)=V_0$ 일 때 이 방정식의 해를 구하시오.

Solution

거시계에서 물체의 운동방정식은 Newton 의 제 2 운동법칙에 따라 기술되므로, $F = m\frac{d^2x}{dt^2}$ 이다. 물체의 변위 x 에 반대방향으로 복원력이 용수철에 의해 주어지기 때문에 잘 알려진 Hooke's law 에 따라 운동방정식은 $-kx = m\frac{d^2x}{dt^2}$ 로 주어지게 되고 쉽게 얻을 수 있는 이 2 차 미분 방정식의 해는

$$\frac{d^2x}{dt^2} + \frac{k}{m}x = 0 \quad \rightarrow \quad \frac{d^2x}{dt^2} + \omega^2 x = 0 \quad \rightarrow \quad \therefore \; x(t) = A\sin\omega t$$

가 된다 (2.5.1 절 보기2 참조). $t=0$ 에서 주어진 위치와 속도에 대한 조건 $\Gamma\left(x(0)=0, v(0)=V_0\right)$ 을 바로 $t=0$ 에서의 상태 state 를 나타내기 위해 위치와 운동량을 이용하여 표현한다면

$$\Gamma\left(x(0)=0, p(0)=mV_0\right)$$

와 같이 쓸 수 있겠다. $v(t) = \frac{dx(t)}{dt}$ 를 이용하여 속도를 구하고 이 초기조건을 이용하면 우리가 원하는 운동방정식의 해는

$$x(t)=\frac{V_0}{\omega}\sin\omega t$$

가 된다.

Remark:

1. 위 보기문제에서와 같이 거시세계에서 물체의 운동은 고전상태 classical state 가 주어지고 (이 문제에서는 초기조건=초기상태가 주어졌다.) 운동방정식을 풀어 그 해를 우리가 구하게 되면 이후의 운동을 완벽하게 기술할 수 있게 된다.

2. 물체의 속도, 가속도, 운동량 및 에너지 등에 대한 정보도 다음과 같은 계산을 통해 완벽하게 구할 수 있게 된다.

$$\begin{aligned}
&x(t)=A\sin\omega t\\
&v(t)=\frac{dx}{dt}=A\cos\omega t\\
&a(t)=\frac{d^2x}{dt^2}=\frac{dv}{dt}=-A\sin\omega t\\
&p=mv=mA\cos\omega t\\
&E=\frac{1}{2}mv^2+\frac{1}{2}kx^2=\frac{1}{2}mA^2\cos^2\omega t+\frac{1}{2}m\omega^2A^2\sin^2\omega t\\
&\qquad=\frac{1}{2}mA^2\left(\cos^2\omega t+\omega^2\sin^2\omega t\right)
\end{aligned}$$

3. 상태 states 와 운동방정식 equation of motion 으로부터 운동에 대한 모든 정보를 얻을 수 있다.

다른 한편 미시세계에서 물체의 운동은 다음 식 (3.3) 으로 주어지는 슈레딩거 방정식 Schrödinger equation 에 따라 입자의 운동에 대한 정보가 결정된다.

$$i\hbar\frac{\partial\Psi(\vec{r},t)}{\partial t}=-\frac{\hbar^2}{2m}\nabla^2\Psi(\vec{r},t)+V(\vec{r},t)\Psi(\vec{r},t) \tag{3.3}$$

거시세계에서 물체의 운동은 '시간에 따른 물체의 위치 position 의 변화'를 의미한다. 하지만 미시세계에서 양자역학을 따를 때 불확정성 원리에 의해 입자의 위치를 정확히 알 수 없기 때문에 위치의 개념을 적용할 수 없게 된다. 따라서 고전역학에서와 달리 양자역학에서 원자나 전자와 같은 양자입자 quantum particles 에 대한 운동은 '시간에 따른 위치 position 의 변화'보다는 '시간에 따른 입자의 양자상태 state 변화'를 거시세계에서의 운동과 같은 개념으로 파악해야 된다. 예를 들면 수소 원자에서 전자의 궤도상태 orbitals 는 시간에 따라 변하지 않기 때문에 명백한 definite[2] 정상상태 stationary states 에 있다. 궤도에 따른 정상상태 에너지가 $E_n = -13.6/n^2\ eV$ 로 주어지는 바와 같이 $\Delta E = 0$ 이기 때문에 불확정성 원리 $\Delta t \Delta E \geq \frac{\hbar}{2}$ 에 따라 $\Delta t = \infty$ 라는 의미인가? 물론 이는 맞지 않다. '운동' 및 정상상태등과 연관된 이 같은 상황을 이해하기 위해 다음과 같은 상황을 고려해 보자.

수소원자에서 들뜬상태 excited states 에 있는 전자가 바닥상태 ground state 로 전이 transition 하는 경우를 생각하자. 이 때 전이하는 동안의 시간을 수명 lifetime 이라고 부르는데 전형적으로 10^{-8} 초 정도이고 Bohr 반경을 도는데 걸리는 시간은 대략 10^{-15} 정도가 된다. 따라서 전자가 전이transition하기 직전까지 들뜬상태의 궤도에 머무르며 원자핵 주변을 도는 회전수는 10^7 정도가 된다. 이 회전수를 태양계에서 공전하는 행성들과 상대적인 비교를 하면 10 만년 정도로 추산될 수 있다. 그렇기 때문에 전자가 궤도에 존재하고 있는 상태는 상대적으로 매우 안정된 정상상태 stationary states 라고 말할 수 있다. 이와 더불어 전자가 Δt 라는 전이시간동안 ('운동'하는 동안) 에는 전자의 에너지가 $E_2\,(\text{excited state})$ 나 $E_1\,(\text{ground state})$ 중 어느 값을 취하는지 알 수 없기 때문에 이 같은 상황에서는 여전히 불확정성 원리가 적용되어 $\Delta E = E_2 - E_1$ 가 된다. 달리 보자면 이 짧은 전이시간 transition time 동안에는 에너지 보존 법칙이 성립하지 않게 된다고 말할 수 있다.

Remark:

거시세계에서 물체의 '운동 motion'은 시간에 따른 물체의 '위치의 변화 change of position'를 의미하지만 미시세계에서 양자 입자의 운동은 시간에 따른 입자의 '상태의 변화 change of state'를 의미한다.

[2] 1. 한정된 clearly defined; precise 2. 명확한 clear; with no uncertainty

3.2.3 '포텐셜'의 의미 meaning of 'potential'

포텐셜 potential 은 영한사전에 나오는 말 그대로 '잠재적인'이라는 말이다. 이 말의 의미를 이해하기 위해 질량 m 인 '나'를 생각하자. 내가 아무것도 존재하지 않는 우주공간에서 v 의 속도로 운동을 하고 있다면 나의 운동에너지는 뉴튼역학을 따를 때 $E_{\text{kinetic}} = \frac{1}{2}mv^2$ 이 됨을 우리는 알고 있다. 이제 내가 지구 가까이 오게 되면 나의 운동은 지구의 영향을 무시할 수 없게 된다. 일반물리학에서 배웠듯이 만일 내가 지상 위에서 운동을 하고 있을 때 어느 순간 h 높이에서 나의 총 에너지는 $E_{\text{total}} = \frac{1}{2}mv^2 + mgh$ 가 된다고 배웠다. 여기서 mgh 를 위치에너지라고 하였다. 이 에너지는 내가 가지고 있는 에너지가 아니고 '나' 밖에서 존재하는 실체가 나에게 영향을 미쳐서 즉, 주변환경 environment 이 마치 나에게 간접적으로 갖게 하는 에너지이다. 단, 이 에너지는 양(+)일수도 있고 음(-)일수도 있다. 따라서 이 위치에너지는 '잠재적'일 수 밖에 없다. 이와 같이 질량을 갖는 물체의 중력에 의한 '위치에너지'나 용수철에 의해 진동하고 있는 물체의 '탄성에너지'등 '나' 밖의 실체에 의해 야기되는 에너지를 '포텐셜 에너지 potential energy'라고 부른다. 따라서 우리가 고려하는 물체의 전체에너지는 물체 자체의 운동에너지 kinetic energy 와 계의 밖 영향을 받아 물체가 얻게 되는 포텐셜 에너지 potential energy 의 합 $E_{\text{total}} = E_{\text{kinetic}} + E_{\text{potential}}$ 으로 항상 표현 되어야 한다.

'포텐셜 에너지 potential energy'를 때로 '포텐셜 potential'로 종종 사용하기도 하므로 문맥에 따라 해석하여야 될 경우도 생긴다. 물론 전자기학에서 전기 포텐셜 에너지 (주울 Joule 단위)와 전기 포텐셜 (볼트 V 단위)은 항상 구분되어야 하니 주의 바란다. '포텐셜 potential'의 정확한 의미는 포텐셜을 일으키는 실체의 단위당 포텐셜 에너지를 말한다. 앞의 예에서와 같이 중력을 일으키는 질량의 단위당 에너지는 중력 포텐셜 에너지인 mgh 를 m 으로 나누어 주면 된다. 따라서 단위 질량 mass 당 에너지인 gh 가 중력 포텐셜이 된다. 전기 포텐셜은 $V = -\int_{\infty}^{\vec{r}} \vec{E} \cdot d\vec{l}$ 와 같이 주어진다. 이는 전기포텐셜을 일으키는 전하의 단위당 에너지에 해당된다. 왜냐하면 전기장 $\vec{E}$ 가 단위 전하당 힘을 나타내므로 거리에 대해 적분한 양은 단위 전하당 일 (에너지)이 되기 때문이다.

일반적으로 어떤 포텐셜 차이가 있게 되면 여기에 운동을 일으키는 힘 force 이 연관되게 된다. 예를 들어 중력 포텐셜 ϕ 의 차이가 있을 경우 높은 위치에서 낮은 위치로 물체는 이동하게 된다. 이를 수학적으로 표현하면 $\vec{F} = -\nabla\phi \quad \rightarrow \quad F_x = -\frac{d\phi}{dx}$ 와 같이 나타내고 여기서 음$(-)$ 부호는 힘의 방향이 포텐셜차이의 반대방향임을 의미하고 있다. 전기 포텐셜이 V 라면 $\vec{E} = -\nabla V \quad \rightarrow \quad E_x = -\frac{dV}{dx}$ 로 주어짐도 마찬가지다. 열역학에서 온도를 때로 '열역학적 포텐셜 thermodynamic potential'이라고 부른다. 왜냐하면 어떤 열역학적 계에서 온도차 ΔT 가 존재하는 경우 열은 온도가 높은 곳에서 낮은 곳으로 자발적으로 흐르게 되기 때문이다. 이 같은 개념을 확대해 보면 인구밀도도 포텐셜이라고 볼 수 있다. 왜냐하면 인구밀도가 높은 곳에서 낮은 곳으로 사람들이 이주하게 되는 성향이 일어나기 때문이다.

위에서 설명한 바와 같이 '포텐셜 차이'와 '힘'은 서로 다른 개념이며 차원도 다르지만 본질적으로 어떤 실체에 대한 '표현의 차이' 또는 '관점의 차이' 정도로 이해하면 되겠다. 또한 힘은 벡터 vector 이나 포텐셜은 스칼라 scalar 이기 때문에 중력장내에서 물체의 운동에 관한 문제를 풀 때 힘의 관점 보다는 계의 전체 에너지는 일정해야 된다는 에너지 보존법칙을 이용하여 문제를 푸는 것이 편리하다. 이같이 점점 복잡한 물리계의 운동에 관한 문제를 풀 때 우리는 주로 포텐셜 에너지를 고려하여 문제를 다루게 된다. 참고로 말하자면 물리학에서는 일반적으로 포텐셜을 더 기본적인 물리량 fundamental physical quantity 으로 보고 있다.

3.2.4 슈레딩거 방정식 Schrödinger equation

미시세계 microscopic world 에서 입자의 운동을 기술하는 학문을 양자역학 quantum mechanics 이라하고 이 입자를 보통 '양자 quantum' 이라 하는데 이 입자의 양자상태 quantum state 는 파동함수 $\psi(\vec{r},t)$ 로 주어진다고 하였다. 이 입자의 상태는 양자의 운동방정식인 슈레딩거 방정식의 해를 구함으로 얻어진다. 따라서 우리는 통상 이 파동함수에 우리가 원하는 모든 물리적 정보가 포함되어 있다고 가정한다. 시공간에서 슈레딩거 방정식은 위 식 (3.3)과 같이 주어지고 이를 '시간에 의존하는 슈레딩거 방정식 time-dependent Schrödinger equation (TDSE)'이라고 한다. 이 방정식이 어떻게 이끌어 지게 되었는지에 관해서는 긴 설명을 필요로 하기 때문에 생략하기로 하고 당분간 그저 받아들이기를 원한다.

식 (3.3)을 살펴보면 이는 2 차 미분방정식 형태로 쉽게 풀리지 않을 것이라는 것을 알 수 있다. 하지만 당분간 우리가 다루는 문제들은 포텐셜 $V(\vec{r},t)$ 가 시간에 무관계한 형태로 주어지는 경우가 대부분이기 때문에 $V(\vec{r})$ 이라 놓자. 이렇게 가정한 경우 미분반정식의 해를 구하기 위한 전략(?)중 하나인 소위 '변수분리방법 method of separation variables'을 적용해 보자. 즉, '공간파동함수 spatial wave function $\psi(x)$ '와 '시간파동함수 temporal wave function $\varphi(t)$ '를 이용해 $\Psi(x,t)=\psi(x)\varphi(t)$ 라고 놓아보자. 이렇게 놓을 수 있는 이유는 선험적 *a priori* 으로 타당하지 않을지라도 결과가 의미가 있다면 우리는 이를 받아들이면 되기 때문이고 바로 이점이 변수분리방법을 이용하는 가장 큰 이유이기도 하다. 이제 $\frac{\partial \Psi}{\partial t}=\psi\frac{d\varphi}{dt}$ 이고 $\frac{\partial^2 \Psi}{\partial x^2}=\frac{d^2\psi}{dx^2}\varphi$ 이기 때문에

$$i\hbar\psi\frac{d\varphi}{dt}=-\frac{\hbar^2}{2m}\frac{d^2\psi}{dx^2}\varphi+V\psi\varphi$$

이 되며 양변을 $\psi\varphi$ 로 나누어 주면

$$i\hbar\frac{1}{\varphi}\frac{d\varphi}{dt}=-\frac{\hbar^2}{2m}\frac{1}{\psi}\frac{d^2\psi}{dx^2}+V \tag{3.4}$$

으로 쓸 수 있다. 위 식에서 좌측은 시간에만 의존하는 함수이고 오른쪽은 공간만의 함수이므로 이 식이 성립할 수 있는 유일한 조건은 양변의 식이 둘 다 상수일 경우뿐이다. 이 상수를 E 라고 하면 다음과 같이 놓을 수 있다.

$$\begin{cases} i\hbar\frac{1}{\varphi}\frac{d\varphi}{dt}=E \\ -\frac{\hbar^2}{2m}\frac{1}{\psi}\frac{d^2\psi}{dx^2}+V=E \end{cases} \tag{3.5}$$

위 식에서 첫번째 식의 해는 직접 적분을 통해 쉽게 얻을 수 있으며

$$\varphi(t) = e^{-\frac{E}{\hbar}t} \tag{3.6}$$

가 되고 이를 앞서 언급한 바와 같이 '시간파동함수 temporal wave function'라고 부른다. 식 (3.5)의 두번째 식을 정리하면

$$-\frac{\hbar^2}{2m}\frac{d^2\psi}{dx^2} + V\psi = E\psi \tag{3.7}$$

가 되는데 이 식은 시간에 대한 변수를 포함하고 있지 않기 때문에 '시간에 무관계한 슈레딩거 방정식 time-independent Schrödinger equation (TISE)'라고 부르며 초급양자역학 내용에서 우리가 마주하게 될 대부분의 문제에서 다루어지게 된다. 고전역학과 양자역학에서 상태와 운동 및 운동방정식을 요약하면 다음 표 3.3 과 같다.

Remark:

고전역학의 상태 $\Gamma(\vec{r},\vec{p})$ 와 달리 양자상태 quantum state 는 ψ 로 표시되며 파동함수 자체는 실함수가 아니라 복소함수이기 때문에 직접 측정할 수는 없고 물리적인 양들 (관측 가능한 양들)을 계산 할 경우에만 이용될 수 있음에 주의하자. 이에 관한 설명은 다음의 무한양자우물 문제의 결과를 해석하면서 다시 설명하도록 하겠다.

표 3.3 고전역학과 양자역학에서 상태와 운동방정식의 대응관계

	상태 (states)	운동방정식 (equation of motion)
고전역학	$\Gamma(\vec{r},\vec{p})$	$\vec{F} = m\frac{d^2\vec{r}(t)}{dt^2}$
양자역학	$\begin{cases}\psi(\vec{r},t) \text{ or} \\ \psi(\vec{p},t) \text{ or} \\ \lvert\psi\rangle\end{cases}$	$\begin{cases} i\hbar\frac{\partial\Psi(\vec{r},t)}{\partial t} = -\frac{\hbar^2}{2m}\nabla^2\Psi(\vec{r},t) + V(\vec{r},t)\Psi(\vec{r},t) & \text{; TDSE} \\ -\frac{\hbar^2}{2m}\nabla^2\psi(\vec{r}) + V(\vec{r})\psi(\vec{r}) = E\psi(\vec{r}) & \text{; TISE}\end{cases}$

3.3 해석학적 문제풀이 analytical method: 무한 포텐셜 우물 infinite potential well

양자역학에서 운동방정식인 슈레딩거 방정식을 푸는 방법은 해석학적인 방법 analytical method 과 대수학적인 방법 algebraic method 으로 나뉠 수 있다. 대부분의 양자역학 교재를 살펴보면 이 두 가지 방법을 소개하고 있다. 이 절에서 먼저 해석학적인 방법을 사용하여 문제를 푸는 방법을 소개하고자 한다. 이 해석학적인 방법은 쉽게 설명하여 보통 미분방정식을 푸는 방법과 동일하다고 생각하면 된다. 3.4 절에서는 대수학적인 방법을 이용하는 방법을 간략히 소개할 예정이다.

3.3.1 문제풀이 solution

앞에서 논의한 상태 state 와 운동방정식인 슈레딩거 방정식 Schrödinger equation 을 어떻게 적용하고 양자역학과 관련된 다양한 물리 개념을 이해하기 위해 대표적인 문제인 무한 포텐셜 우물 infinite potential well (또는 '무한 양자 우물 infinite quantum well'이라고도 함.) 문제를 풀어 보기로 하자. 이 문제는 거의 모든 양자역학 교재에 나오는 문제이며 다양한 양자역학 개념을 설명하거나 이해하는데 좋은 문제이기 때문에 자세히 살펴 보도록 하자. 특별히 Griffiths 의 책을 참고하기 바란다.

아래 그림 3.3 에서 보여주는 바와 같이 질량 m 인 양자 quantum 가 폭의 크기가 a 이고 무한히 높은 에너지 장벽 energy barrier 에 속박 confined 되었다고 가정할 때 이 입자의 양자상태 quantum states 를 알아보고자 한다. 우물의 폭 a 는 일반적으로 ~ 100 Å 정도로 아주 좁다. 여기서 우물의 에너지 장벽은 다음 조건을 따른다.

$$V(x)=\begin{cases}0 & \text{if } 0 \le x \le a, \\ \infty & \text{otherwise}\end{cases} \tag{3.8}$$

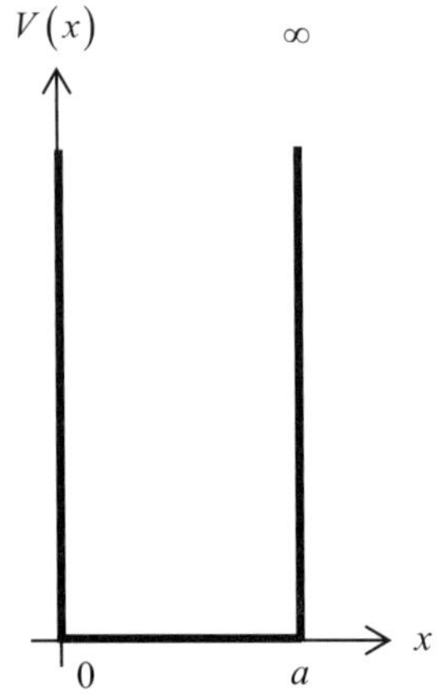

그림 3.3 무한 포텐셜 우물에 속박된 입자.

이제 미시세계 입자의 상태를 알기 위해서는 그 입자의 운동을 기술하는 운동방정식인 슈레딩거 방정식 Schrödinger equation 을 풀어야 하기 때문에 이를 문제에 적용해 나가보자. 편의상 시간에 무 관계한 time-independent 슈레딩거 방정식 (TISE)을 경계조건을 이용하여 풀면 된다.

$$-\frac{\hbar^2}{2m}\frac{d^2\psi}{dx^2} + V\psi = E\psi \qquad ;\text{TISE} \tag{3.9}$$

무한양자우물의 안에서 포텐셜 V=0 이고 바깥은 무한대 이므로 입자가 존재할 확률이 0 이기 때문에 파동함수 (또는 양자상태)도 당연히 0 이다.

$$\begin{cases} \psi(x) = 0 & ;\text{ outside} \\ -\dfrac{\hbar^2}{2m}\dfrac{d^2\psi}{dx^2} = E\psi & ;\text{ inside} \end{cases} \tag{3.10}$$

위 두번째의 우물 내에서 고려되는 2 차 미분방정식은

$$\frac{d^2\psi}{dx^2} = -k^2\psi \tag{3.11}$$

형태로 바꿔 쓸 수 있고 여기서

$$k \equiv \frac{\sqrt{2mE}}{\hbar} \tag{3.12}$$

로 놓자. 이 2 차 미분방정식인 식 (3.11)의 일반해는 앞에서 여러 번 나온 바와 같이

$$\begin{aligned} \psi(x) &= A\sin kx + B\cos kx \text{ 또는} \\ \psi(x) &= Ce^{ikx} + De^{-ikx} \end{aligned} \tag{3.13}$$

로 주어진다.

이어서 서로 이웃하는 영역 I과 영역 II의 경계에서 파동함수와 파동함수의 1 차 도함수 derivative 가 같아야 되는 경계조건을 고려하자

$$\begin{aligned} &\bullet\ \psi_I = \psi_{II} \\ &\bullet\ \left.\frac{d\psi}{dx}\right|_I = \left.\frac{d\psi}{dx}\right|_{II} \end{aligned} \tag{3.14}$$

Remark:

$x = \pm\infty$ 에서 입자가 존재한다고 하는 것은 물리적으로 타당하지 않기 때문에 모든 문제에서 항상 암묵적으로 $\psi(x = \pm\infty) = 0$ 이라고 놓는다. 따라서 경계조건을 다룰 때 항상 이 조건이 명백히 언급되지 않을 지라도 기본적으로 성립되어야 할 조건임을 잊지 않도록 하자. 또한 이 조건은 경계에서 파동함수가 부드러운 함수 smooth function (또는 엄밀한 수학적 개념은 조금 다르지만 소위 well-behaved function 이라고도 함.)가 되어야 되는 조건을 내포하기 때문에 엄밀히 하자면 아마도 함수와 1 차 도함수가 연속이어야 될 뿐 아니라 2 차, 3 차 등등의 도함수도 연속이어야 될 것 같다 [Penrose].

이제 $x = 0$ 와 $x = a$ 에서 경계조건인 $\psi(0) = \psi(a) = 0$ 을 적용하면, $B = 0$ 이 되어야 하기 때문에 파동함수는

$$\psi(x) = A\sin ka \tag{3.15}$$

이 되어야 하고 $\sin ka = 0$ 인 경계조건으로부터

$$ka = 0, \pm\pi, \pm 2\pi, \pm 3\pi, \cdots \tag{3.16}$$

를 얻게 된다. 이 결과로부터 우리는 k 값이 연속적인 continuous 값을 갖기 보다는 불연속적인 discrete 값을 취하게 됨을 알 수 있다. 단, 여기서 $k=0$ 인 경우는 파동함수 자체가 0 이 되기 때문에 제외시켜야 한다. 더 나아가 음의 해 negative solutions 는 $\sin(-\theta) = -\sin\theta$ 이고 음 부호는 상수 A 에 포함시킬 수 있기 때문에 식 (3.16)를 다음과 같이 놓을 수 있다.

$$k_n = \frac{n\pi}{a}, \quad n = 1, 2, 3, \cdots \tag{3.17}$$

이 불연속적인 k 값을 식 (3.12)에 대입하면 무한양자우물에 속박된 입자의 에너지가 연속적인 값을 갖는 것이 아니라 다음과 같이 구분이 가능하고 distinct 허용된 allowed 에너지 값만을 갖게 되는데 이 값들을 '에너지 고유값 energy eigenvalues'이라고 부른다.

$$E_n = \frac{\hbar^2 k_n^2}{2m} = \frac{n^2\pi^2\hbar^2}{2ma} = Kn^2, \quad n = 1, 2, 3, \cdots \tag{3.18}$$

이 결과를 '에너지 양자화 energy quantization'라고 하며 n 을 양자수 quantum number 라고 부른다.

식 (3.15)에서 주어진 파동함수의 진폭 A 를 얻기 위해 이 파동함수의 다음과 같은 '규격화 normalization 조건'을 이용하자.

$$\int_0^a |\psi|^2\, dx = 1 \tag{3.19}$$

위 조건에 식 (3.15)을 대입하면,

$$\int_0^a |A|^2 \sin^2(kx)\,dx = |A|^2 \int_0^a \left[\frac{1}{2}\left(1-\cos(2kx)\right)\right]dx = |A|^2 \left[\frac{1}{2}\left(x - \frac{\sin(2kx)}{2k}\right)\right]_0^a = |A|^2 \frac{a}{2} = 1$$

이 되고 $A = \sqrt{\frac{2}{a}}$ 를 얻는다. 따라서,

$$\psi_n(x) = \sqrt{\frac{2}{a}} \sin\left(\frac{n\pi}{a}x\right), \quad n = 1, 2, 3, \cdots \tag{3.20}$$

으로 주어지고 양자수 n 으로 표현된 파동함수들을 '에너지 고유상태 energy eigenstates' 또는 '에너지 고유함수 energy eigefunctions' 라고 부른다. 고유함수 몇가지를 나타내 보면,

$$\psi_1(x)=\sqrt{\frac{2}{a}}\sin\left(\frac{\pi}{a}x\right),\quad \psi_2(x)=\sqrt{\frac{2}{a}}\sin\left(\frac{2\pi}{a}x\right),\quad \psi_3(x)=\sqrt{\frac{2}{a}}\sin\left(\frac{3\pi}{a}x\right),\quad \cdots$$

이고 첫번째 파동함수 $\psi_1(x)$ 을 바닥상태 ground state, 두번째 파동함수 $\psi_2(x)$ 를 첫번째 들뜸상태 first excited state, 세번째 파동함수 $\psi_3(x)$ 를 두번째 들뜸상태 second excited state 등으로 부른다. 이 고유함수들을 나타내 보면 그림 3.4 와 같고 그림 3.5 에서는 우물에 속박된 입자의 에너지 상태를 E vs. x 와 같이 나타내거나 E vs. k 와 같이 입자의 양자상태 $\Gamma(k_n, E_n)$ 를 나타내었다.

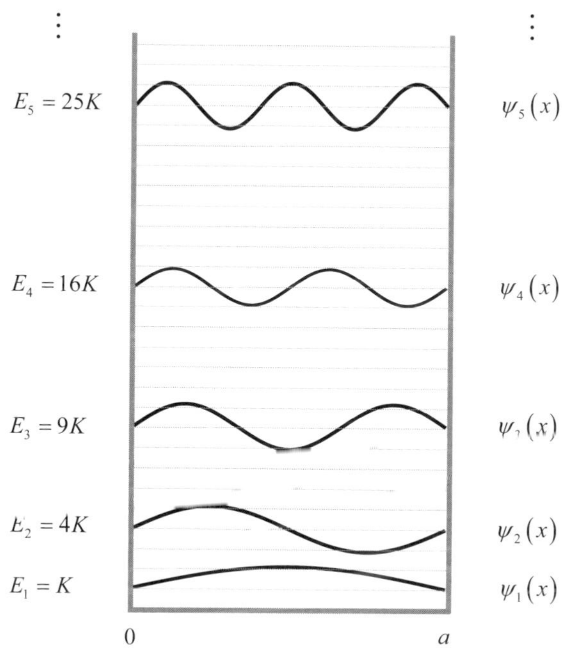

그림 3.4 무한 포텐셜 우물에 속박된 입자의 고유상태와 고유에너지.

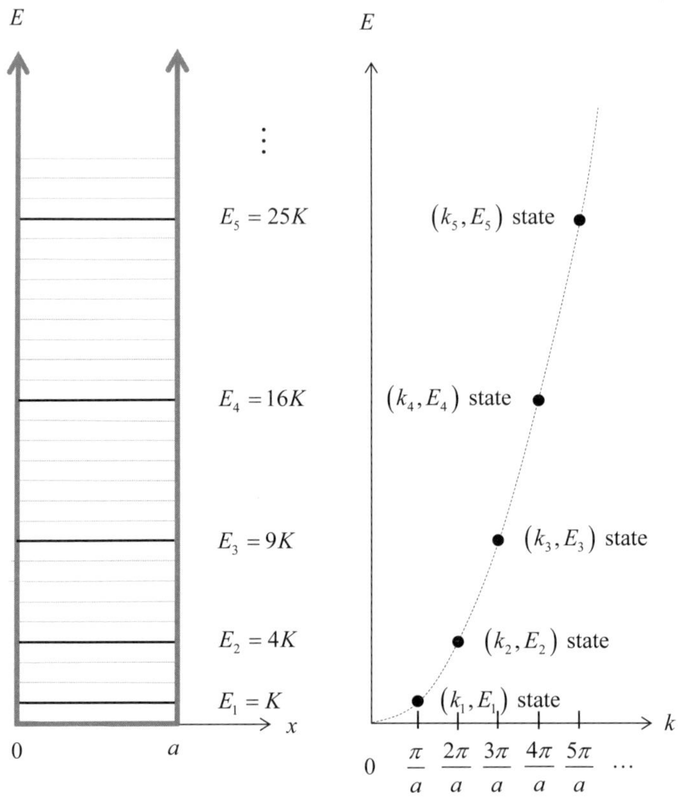

그림 3.5 고유에너지의 E 와 x 및 E 와 k 관계.

.3.3.2 문제풀이 결과의 해석 interpretation

(1) 양자화와 양자속박효과 quantization and quantum confinement effect

식 (3.18)에서 주어진 바와 같이 에너지 값이 연속적이지 continuous 않고 불연속적인 discrete 값을 나타내는 것을 일반적으로 에너지가 '양자화 quantization'되었다고 말한다. 이와 더불어 양자역학 교과서에서 때로 만나게 되는 양자화와 관련된 또 다른 의미가 있다. 소위 정준교환관계 canonical commutation relation 라고 부르는 $[x, p_x] = i\hbar$ 을 양자화 (특별히 이를 '제 1 양자화' 라고 한다.)라고도 한다. 이에 대해서는 다음의 연산자 대수학부분에서 다시 설명하겠다.

여기서 우물의 크기 a는 대표적으로 약 100 옹스트롬 Å 크기를 갖는데 이같이 아주 작은 공간에 속박된 입자의 에너지가 양자화 되는 것을 다른 한편으로 '양자속박효과 quantum confinement effect'라고 부른다.

(2) 규격화 normalization

식 (3.19)에서 규격화를 언급하였다. 입자가 dx에 존재할 확률은 Max Born 의 해석에 따라

$$|\psi|^2 dx \tag{3.21}$$

로 간주한다. 여기서 $|\psi|^2$ 은 단위 거리당 '확률밀도 probability density'로 볼 수 있다. 입자가 존재할 모든 공간에 대한 적분식 (3.19)의 결과는 따라서 1 (100%)을 만족해야 됨을 알 수 있다. 이 조건을 이용하여 파동함수를 규격화 normalization 한다고 말한다.

Remark:

규격화가 필요한 이유를 다음과 같은 두 가지 경우에 대해 설명하겠다.

1. 위 에서와 같이 입자가 발견될 확률이 전체 공간에 대해 적분할 경우 1 (100%) 이 되어야 하는 조건을 만족하게 하기 위함이다. 즉,

$$\int_{-\infty}^{\infty} |\psi(x)|^2 dx = 1$$

만일 위 조건을 만족하지 않고

$$\int_{-\infty}^{\infty} |\psi(x)|^2 dx = N \neq 1$$

이 된다면 우리는 이 파동함수를 다음과 같이 규격화 하자. 즉,

$$\varphi(x) = \frac{\psi(x)}{\sqrt{N}}$$

로 놓으면 규격화된 함수 φ 는

$$\int_{-\infty}^{\infty} |\varphi(x)|^2 dx = 1$$

가 되어 규격화 조건을 만족하게 된다.

2. 두 번째 예로 우리가 어떤 스펙트럼 spectrum 을 진동수 ω 의 함수 $f(\omega)$ 로 측정한다고 가정하자. 모든 같은 종류의 측정 장비나 실험 조건이 완벽하게 같지 않기 때문에 각 측정된 함수들은 결과가 정확히 일치한다고 볼 수 없다. 이럴 경우 우리는 이 스펙트럼의 측정치에 대한 규격화 (즉, 표준화)가 필요하다. 이를 위해 이 진동수에 따라 측정된 스펙트럼 함수값을 전체 적분값으로 나누어 규격화를 시킨다. 즉,

$$g(\omega) = \frac{f(\omega)}{\int_0^{\infty} f(\omega) d\omega} = \frac{f(\omega)}{A}$$

이 경우 물론 전체 진동수에 대한 적분을 수행하면

$$\int_0^{\infty} g(\omega) d\omega = \int_0^{\infty} \frac{f(\omega)}{A} d\omega = \frac{1}{A} \int_0^{\infty} f(\omega) d\omega = 1$$

이 된다.

Example 3.2

파동함수를 규격화를 하는데 자주 유용하게 쓰이는 다음과 같은 가우스 적분 Gaussian integral 을 이미 알고 있는 방법을 이용하여 계산해 보자.

$$\int_{-\infty}^{\infty} e^{-ax^2+bx+c}\,dx$$

Hint: $\int_{-\infty}^{\infty} e^{-ax^2}\,dy = \sqrt{\frac{\pi}{a}}$

Solution

$$\int_{-\infty}^{\infty} e^{-ax^2+bx+c}\,dx = \int_{-\infty}^{\infty} e^{-a\left(x-\frac{b}{2a}\right)^2+\frac{b^2}{4a}+c}\,dx = \int_{-\infty}^{\infty} e^{-ay^2+\frac{b^2+4ac}{4a}}\,dy = e^{\frac{b^2+4ac}{4a}}\int_{-\infty}^{\infty} e^{-ay^2}\,dy = e^{\frac{b^2+4ac}{4a}}\sqrt{\frac{\pi}{a}}$$

(3) 홀과 짝 고유함수 odd and even eigenfunctions

식 (3.20)에서 양자수 $n=1,3,5,\ldots$ 등이 홀수일지라도 이 에 대응하는 고유함수 $\psi_1,\psi_3,\psi_5,\cdots$ 를 짝 고유함수 even solutions 라고 하며 $n=2,4,6,\ldots$ 등이 짝수일지라도 이 에 대응하는 고유함수 $\psi_2,\psi_4,\psi_6,\cdots$를 홀 고유함수 odd solutions 라고 한다. 왜냐하면 고유함수 모양이 $x=\frac{a}{2}$ 인 지점을 중심으로 대칭 even 과 반대칭 odd 을 보여주기 때문이다. 더불어 양자수가 증가함에 따라 우리는 마디 node 가 하나씩 증가함을 알 수 있다.

(4) 직교성 orthogonality

제 2 장의 선형대수학의 함수공간에서 논의한 바와 같이 고유함수들은 서로 직교한다. 즉,

$$\int_0^a \psi_m(x)^* \psi_n(x)\,dx = \delta_{mn} \tag{3.22}$$

인 직교성 orthogonality 을 만족한다. 여기서 δ_{mn} 는 Kronecker delta 라고 불리우며 다음과 같이 정의된다.

$$\delta_{mn} = \begin{cases} 0, & \text{if } m \neq n \\ 1, & \text{if } m = n \end{cases} \tag{3.23}$$

에너지 고유함수인 식 (3.22)의 직교성 orthogonality 에 대한 증명은 다음과 같다.

$$\begin{aligned}
&\int_0^a \psi_m(x)^* \psi_n(x)\,dx \\
&= \frac{2}{a}\int_0^a \sin\left(\frac{m\pi}{a}x\right)\sin\left(\frac{n\pi}{a}x\right)dx \\
&= \frac{1}{a}\int_0^a \left[\cos\left(\frac{(m-n)\pi}{a}x\right) - \cos\left(\frac{(m+n)\pi}{a}x\right)\right]dx \\
&= \frac{1}{\pi}\left\{\frac{\sin\left[(m-n)\pi\right]}{(m-n)} - \frac{\sin\left[(m+n)\pi\right]}{(m+n)}\right\} = \delta_{mn}
\end{aligned}$$

첫째로 만일 m과 n이 서로 다르면 결과는 0이된다. 이제 m과 n이 같을 경우를 살펴보자. 이 경우 두번째 항은 당연히 0이 된다. 하지만 첫번째 항은

$$\frac{\sin\left[(m-n)\pi\right]}{(m-n)} = \pi \times \frac{\sin\left[(m-n)\pi\right]}{(m-n)\pi}$$

과 같이 쓸 수 있고 그 결과는 π가 된다.

Remark:

위 에서 $(m-n)\pi$ 를 상수값이 아니라 변수 x와 같이 취급해 보자. 그러면 위 분수 형태의 식은

$$\frac{\sin x}{x} = \operatorname{sinc} x \tag{3.24}$$

꼴이 되는데 이 식을 소위 '씽크 함수 sinc function'라고 한다. x 가 0 에 접근할 경우 L'Hopital's rule 에 따라 이 함수는 1 로 수렴함을 보여줄 수 있다.

$$\lim_{x\to 0}\operatorname{sinc} x = \lim_{x\to 0}\frac{\sin x}{x} = \lim_{x\to 0}\frac{(\sin x)'}{x'} = \lim_{x\to 0}\frac{\cos x}{1} = 1$$

따라서 고유함수들 사이에 직교성 orthogonality 이 성립함을 알 수 있다.

(5) 선형결합과 중첩원리 linear combination and superposition principle

먼저 다음과 같은 질문으로부터 논의를 시작하자.

***Q*:** 이 무한 포텐셜 우물에 속박된 입자의 가능한 에너지와 양자상태 quantum state 는 무엇 일가?

***A*:** 우리가 쉽게 추측할 수 있는 예상 대답은 양자화된 에너지중 하나 (예를들면 $n=3$ 에 해당하는 $E_3=\dfrac{9\pi^2\hbar^2}{2ma}$)와 그에 대응하는 양자상태($\psi_3(x)=\sqrt{\dfrac{2}{a}}\sin\left(\dfrac{3\pi}{a}x\right)$)가 될 거라고 짐작하기 쉽다. 물론 그게 답 일수도 있다. 하지만 전통적인 코펜하겐 해석 Copenhagen interpretation 을 따를 경우, 측정하기전에 일반적인 양자상태는 에너지 고유상태 energy eigenstates 의 선형결합으로 주어진다고 본다. 이를 '중첩상태 superposition state' 또는 단순히 '중첩 superposition'이라고 한다. 즉, 입자의 양자상태는

$$\begin{aligned}\Psi(x) &= c_1\psi_1(x)+c_2\psi_2(x)+c_3\psi_3(x)+\cdots \\ &= \sum_{n=1}^{\infty} c_n\psi_n(x)\end{aligned} \tag{3.25}$$

로 주어져야만 한다. 이 점이 고전역학과 양자역학의 가장 중요한 차이점이므로 잘 기억하고 있자. 다시 말하자면 일반적으로 이 입자의 상태는 에너지 고유상태(또는 고유함수)중 하나의 상태에 있지 않고 이론적으로는 각각의 모든 에너지 고유상태들에 동시에 존재할 수 있다고 보며 각 양자상태 n 에 대응하는 에너지 E_n 를 얻을 수 있는 확률은 계수의 제곱 $|c_n|^2$ 에 비례한다고 본다.

$$\begin{aligned} &E_1 \text{ 을 얻을 수 있을 확률} = |c_1|^2 \\ &E_2 \text{ 을 얻을 수 있을 확률} = |c_2|^2 \\ &E_3 \text{ 을 얻을 수 있을 확률} = |c_3|^2 \\ &\vdots \end{aligned} \tag{3.26}$$

이러한 해석(진실인지 아닌지는 지금도 논란 중에 있고 이는 단지 이렇게 해석 하여야만 실험적인 결과와 일치한 결과를 얻을 수 있기 때문이다.)이 고전물리학과 양자물리학의 가장 근본적인 차이점 중의 하나임을 기억하도록 하자.

Remark:

1. 실험적으로 측정하기전에 계의 양자상태가 중첩의 상태에 있다는 주장은 이해하기 힘든 면이 있다. 이와 더불어 계의 상태함수 (또는 파동함수) $\Psi(x)$ 에 대해서도 심오한 철학적 논의가 현재까지 진행되고 있다. 간단하게 상황을 설명하기 위해 다음 질문들을 생각해 보자.

- 어떻게 하나의 입자가 여러 상태 states 에 존재할 수 있는가?

- 계의 파동함수 $\Psi(x)$ 는 일반적으로 복소수도 포함 (무한 포텐셜 우물 문제에서는 고유파동함수가 모두 실함수 real function 형태이다. 수소원자 문제에서는 파동함수가 복소함수 complex function 로 나타나고 있으니 학생들이 가지고 있는 교과서에서 확인 바란다.) 하고 있는데 이를 어떻게 측정할 수 있는가?

위 문제에서 지적하고 있는 핵심사항은 '우리가 측정할 수도 없는 (다시 말하자면 존재하는지도 의심스러운) 파동함수를 어떻게 논의할 수 있다는 것인가?' 이다. 철학에서 소위 존재론적인 ontological 문제에 봉착하게 된다. 이와 관련한 유명한 두 가지 언급이 있다. 첫번째는 '입 닥치고 그저 계산해봐!Shut up and calculate!'라는 태도이고 다른 하나는 아인슈타인이 처음 언급하였고 Cornell 대학교의 Mermin 교수가 다시 표현한 '누구도 쳐다보지 않는다면 달은 없다는 말인가?Is the moon there when nobody looks?'[3]와 같은 언급들이다. 당분간 이런 철학적 논의가 있지만

[3] N. David Mermin, Physics Today, April (1985).

그저 파동함수를 이용하여 우리가 원하는 계산결과를 얻으면 된다는 것이 현재까지 양자역학에서 우리가 대하는 태도이다. 이러한 논의에 대해서는 다른 자료를 참고하기 바란다.

2. 전자의 여러 상태중 오직 스핀 spin 상태만을 고려할 경우 윗방향 스핀 spin up 과 아랫방향 스핀 spin down 상태만 존재함을 우리는 알고 있다. 이 두 상태는 Dirac 의 표현을 사용하여 보통 $|\uparrow\rangle$ 과 $|\downarrow\rangle$ 으로 나타낸다. 우리 앞에 전자 하나가 놓여 있다고 가정할 때 이 전자의 스핀 상태는 측정 하기 전에

$$\psi_{\text{electron}} = c_{\text{up}}|\uparrow\rangle + c_{\text{down}}|\downarrow\rangle \tag{3.27}$$

와 같이 주어지며 두 상태가 중첩된 상태로 주어지고 이 전자에 대한 스핀을 측정하였을 경우 스핀 업으로 판명될 확률은 $|c_{\text{up}}|^2$ 이 되고 스핀 다운으로 판명될 확률은 $|c_{\text{down}}|^2$ 으로 주어지게 된다.

무한포텐셜우물 문제에서 가장 일반적인 양자상태는 시간파동함수와 공간파동함수의 곱의 형태로 다음과 같이 주어진다.

$$\begin{aligned}
\Psi(x,t) &= \sum_{n=1}^{\infty} b_n(t) \underbrace{\psi_n(x)}_{t\text{-independent eigenstates=basis}} \\
&= \sum_{n=1}^{\infty} c_n \psi_n(x) e^{-iE_n t/\hbar} \\
&= \sum_{n=1}^{\infty} c_n \underbrace{\psi_n(x,t)}_{t\text{-dependent eigenstates=basis}} \\
&= \sqrt{\frac{2}{a}} \sum_{n=1}^{\infty} c_n \sin\left(\frac{n\pi}{a}x\right)
\end{aligned} \tag{3.28}$$

참고로 고유상태 (또는 고유함수)들은 2 장에서 논의한 기저 basis 와 근본적으로 동일한 수학적 의미를 갖는다고 보면 된다. 위 식에서 $\psi_n(x)$ 은 시간에 무관계한 기저 basis 이고 $\psi_n(x,t)$ 은 시간에 따른 기저 basis 라고 간주하면 된다.

시간 t, 상태 $\Psi(x,t)$ 에 있는 입자의 에너지를 측정하였을 경우 그 값이 E_n 일 확률은

$$P(E_n) = |b_n(t)|^2 \tag{3.29}$$

로 주어진다. 더 나아가 이 무한 포텐셜 우물 문제에서 시간과 공간 파동함수가 분리될 수 있기 때문에 위 확률은

$$P(E_n) = |b_n(t)|^2 = b_n^*(t) b_n(t) = c_n^* e^{+iE_n t/\hbar} c_n e^{-iE_n t/\hbar} = c_n^* c_n = |c_n|^2 \tag{3.30}$$

와 같이 주어짐에도 주의하자. 이 는 시간에 무관하게 되기 때문에 이 에너지 고유상태를 '정상상태 stationary states'라고 부른다. 다른 한편, 파동함수의 규격화됨을 이용하면,

$$\begin{aligned} 1 &= \int |\Psi(x,0)|^2 dx = \int \left(\sum_{m=1}^{\infty} c_m \psi_m(x) \right)^* \left(\sum_{n=1}^{\infty} c_n \psi_n(x) \right) dx = \sum_{m=1}^{\infty} \sum_{n=1}^{\infty} c_m^* c_n \int \psi_m(x)^* \psi_n(x) dx \\ &= \sum_{m=1}^{\infty} \sum_{n=1}^{\infty} c_m^* c_n \delta_{mn} = \sum_{n=1}^{\infty} |c_n|^2 \quad \Rightarrow \quad \sum_{n=1}^{\infty} |c_n|^2 = 1 \end{aligned} \tag{3.31}$$

이 됨을 알 수 있다.

(6) 기대값과 앙상블 평균 expectation value and ensemble average

그러면 이제 중첩상태에 있는 계에 대한 에너지를 측정하였다고 가정할 때 우리는 어떠한 값을 얻게 될 수 있을까? 코펜하겐 해석에 따를 경우 계는 중첩된 여러 상태중 어느 하나의 고유상태로 바뀌어 지게 된다. 이 경우 나머지 다른 고유상태들은 모두 측정 순간 사라지게 된다고 해석하며 이를 '파동함수 붕괴 wave function collapse'라고 부른다. 이 때 측정된 에너지값은 바뀐 상태에 해당하는 고유값 eigenvalue 이 된다. 물론 측정 직후 곧바로 계속하여 측정을 수행하면 상태와 측정값은 변하지 않고 같은 상태와 같은 값을 유지할 것이다. 하지만 어느정도 시간이 지나면(?) 이 계는 운동방정식인 '시간에 의존하는 슈레딩거 방정식 time-dependent Schrödinger equation'에 따라 진전되면서 다시 새로운 중첩의 상태가 된다고 간주하자.

양자계는 일반적으로 이렇게 중첩인 상태에 있기 때문에 우리는 이 계의 에너지가 어떤 값을 갖는지 알 수가 없다. 같은 물리계에 대한 측정이 충분한 시간 간격을 두고 여러 번 이루어 졌을 때 그 결과들은 똑 같은 값을 나타내지 않는다. 식 (3.25)은 측정된 값은 모든 에너지 고유값 중의 하나가 될 수 있고 그 값을 우리가 측정할 확률은 $|c_n|^2$ 으로 주어질 뿐이라는 점을 상기시키고 있다. 이는 확률적 사건이며 따라서 통계학적인 접근을 우리에게 요구하고 있다고 볼

수 있다. 앞에서도 언급한 바와 같이 물리계에 대한 측정을 하면 파동함수 붕괴 (또는 양자상태)에 따라 계속적인 측정의 결과는 모두 동일하게 된다. 이 결과는 물론 타당하지 않다. 따라서 우리는 추상적으로 이 물리계와 동일한 무수한 계를 가정하고 이 계에 대한 측정을 동시에 수행했을때 일어나는 결과를 보자고 가정한다. 이 추상적인 무수한 계를 '앙상블 ensemble'이라고 한다. 이 앙상블에 대한 통계적인 평균값을 양자역학에서는 '기대값 expectation value'이라고 하며 괄호 $\langle\ \rangle$를 이용하여 표현한다. 이제 에너지에 대한 기대값을 통계학적인 관점에서 기술해 보자면

$$\langle E\rangle = \sum_n P(E_n)E_n \tag{3.32}$$

으로 주어진다.

이해를 돕기 위하여 전자의 스핀을 이용하여 설명해 보고자 한다. 우리가 잘 알다시피 전지의 스핀을 알기 위해 측정을 할 경우 (보통 N 과 S 극 사이를 통과 시키면 된다.) 전자는 윗방향 스핀 spin up 이나 아랫방향 스핀 spin down 두 가지 상태중 하나로 판명된다. 주의하여야 할 점은 측정전 스핀 상태는 두 상태중 한 상태로 존재하는 것이 아니라 다음과 같이 윗방향 스핀과 아랫방향 스핀 두 양자상태가 선형적으로 중첩 linearly superposition 되어 있다.

$$\psi_{\text{spin}} = \alpha\psi_{\text{up}} + \beta\psi_{\text{down}} \quad \rightarrow \quad \begin{cases} \alpha,\ \beta = \text{임의의 복소수} \\ \alpha^*\alpha + \beta^*\beta = |\alpha|^2 + |\beta|^2 = 1 \end{cases} \tag{3.33}$$

거시세계에 익숙한 우리는 이 사실을 받아들이기 힘들겠지만 현재까지의 모든 실험적 사실들은 이를 뒷받침하고 있다. 측정을 하여 하나의 상태인 윗방향 스핀 spin up 으로 판명난 경우 우리는 아랫방향 스핀상태가 사라졌다고 보며 파동함수가 붕괴 wavefunction collapse 되었다고 말한다. 윗방향 스핀으로 판명된 전자는 어느 정도의 시간이 시나면 운동방정식인 시간에 의존하는 슈레딩거 방정식 time-dependent Schrödinger equation 에 따라 다시 중첩 superposition 상태로 돌아간다고 생각하며 이를 '유니테리 과정 unitary process (또는 간단히 U-process)'라고 한다.

만일 우리가 이 두 상태중 각각의 상태가 무엇인지 알고 싶어 $\left(\text{즉, } |\alpha|^2 \text{ 와 } |\beta|^2 \text{ 값}\right)$ 측정을 한다고 가정하자. 여기서 주의할 점은 α 와 β 는 복소수이기 때문에 측정 가능하지 않다. 잘 알다시피 각각의 값은 $\frac{1}{2}$ $\left(50\%\ \text{확률}\right)$ 로 알려져 있기 때문에 다음 식으로 주어진다.

$$\psi_{\text{spin}} = \frac{1}{\sqrt{2}}\psi_{\text{up}} + \frac{1}{\sqrt{2}}\psi_{\text{down}} \text{ 또는}$$
$$= \frac{1}{\sqrt{2}}|\uparrow\rangle + \frac{1}{\sqrt{2}}|\downarrow\rangle \tag{3.34}$$

만일 이 하나의 전자에 대해 처음 측정을 해서 윗방향 스핀이 나왔다고 가정하자. 위에서 언급한 바와 같이 첫 번 측정 후 짧은 시간 안에 측정을 하면 물론 윗방향이 나올 것이다. 곧바로 계속해서 측정을 하여 총 100 번을 측정할 경우 이 전자의 스핀은 전부 윗방향이 될 것이다. 그래서 결론은 100% 윗방향이라고 결론 내려질 수 있다. 따라서 윗방향 스핀과 아랫방향 스핀이 각각 50% 인 일반적인 스핀의 측정 결과와 배치된다. 왜 이런 추론에 도달했을까?

다시 또 한번 언급하지만 스핀 상태를 알기 위해 보통의 통계학에서 평균을 취하듯이 '하나'의 전자에 대해 여러 번 측정을 하면 위와 같은 결과를 얻게 된다. 이 같은 논리적인 허점을 극복하기 위해 초기 상태가 모두 같은 많은 수로 이루어진 계 ensemble 를 가정하고 이 많은 수로 이루어진 전체에 대해 동시에 측정을 한다고 생각하며 동시에 앙상블의 각각의 전자는 모두 중첩 superposition 상태에 있다고 간주하는 것이다. 따라서 측정이 동시에 이루어질 경우 윗방향과 아랫방향이 각각 50% 가까이 나오게 될 것이다. 이와 같은 추상적인 앙상블응 상정하고 평균을 취하는 것을 '앙상블 평균 ensemble average' 또는 '기대값 expectation value' 이라고 부른다. 결론으로,

1. 양자역학적인 예측 prediction 은 확률 probability 의 형태를 취한다.
2. 양자역학적인 실험의 결과는 확실성 certainty 을 가질 수 없다.
3. 양자역학적 계산의 최종목표는 측정결과에 대해 확률적 예측을 얻는 것이다.

(7) 계수 구하기 coefficient determination

자 이제 고유함수 eigenfunctions 앞에 있는 계수 c_n 를 어떻게 구하는지 알아보자. 2.3.1 푸리에 변환 절에서 설명한 바와 같이 벡터 $\vec{V} = \sum_n V_n \hat{e}_n$ 가 주어졌을 때 i 번째 성분 V_i 은

$$\hat{e}_i \cdot \vec{V} = \hat{e}_i \cdot \left(\sum_n V_n \hat{e}_n \right) = V_i$$

을 이용한 것과 같은 방법을 유추하여 $\Psi(x)$ 의 왼쪽에 $\psi_i^*(x) = \langle \psi_i(x) |$ 을 곱하여

$$\int \psi_i(x)^* \Psi(x) dx = \sum_{n=1}^{\infty} c_n \int \psi_i(x)^* \psi_n(x) dx = \sum_{n=1}^{\infty} c_n \delta_{in} = c_i \tag{3.35}$$

와 같이 구할 수 있다.

Remark:

위 식에서 벡터와 달리 파동함수는 복소함수로 주어지기 때문에 $\psi_i(x)$ 대신 $\psi_i^*(x)$ 로 곱해져야 된다. 또한 $\psi_i(x) = |\psi_i(x)\rangle$ 이며 $\psi_i^*(x) = \langle \psi_i(x)|$ 임에 주의하자.

얻어진 결과를 요약하여 나타내면 다음과 같다.

- 정상상태: $\psi_n(x,t) = \sqrt{\frac{2}{a}} \sin\left(\frac{n\pi}{a}x\right) e^{-i\frac{n^2\pi^2\hbar}{2ma^2}t}$
- 가장 일반적인 해: $\Psi(x,t) = \sum_{n=1}^{\infty} c_n \sqrt{\frac{2}{a}} \sin\left(\frac{n\pi}{a}x\right) e^{-i\frac{n^2\pi^2\hbar}{2ma^2}t}$ (3.36)
- $\Psi(x,0) = \sum_{n=1}^{\infty} c_n \psi_n(x) \quad \rightarrow \quad c_n = \sqrt{\frac{2}{a}} \int_0^a \sin\left(\frac{n\pi}{a}x\right) \Psi(x,0) dx$

(8) 연산자 대수학 operator algebra

양자역학에서 우리에게 관심있는 물리적인 양들을 '동역학적 변수들 dynamical variables'라고 한다. 간단히 이러한 동역학적 변수들중 측정이 가능한 양들을 '관측 가능한 양 observables'이라고 부른다. 양자역학 문제는 결국 관측 가능한 양에 대한 슈레딩거 방정식을 푸는 문제로 귀결되는데 이를 해결하는 방안으로 보통 두 가지 방법이 사용된다. 첫째는 무한 포텐셜문제를 풀 때와 같이 미분방정식의 해를 구하는 해석적인 방법 analytical method 이 있고 다른

하나는 미분방정식을 연산자를 이용하여 풀 때와 같이 대수학적인 방법 algebraic method 을 이용하는 것이다. 문제가 복잡해질수록 이 미분방정식은 해석적인 방식보다는 연산자를 이용하는 방식이 효과적이다. 몇가지 동역학적 변수를 나타내 보면 다음과 같은 양들이고 이들은 각각 모자표시 ∧ 를 씌운 대응하는 연산자로 나타내며 이같이 고전적인 물리량이 양자역학에서 연산자 operators 로 대응되는 관계를 '대응원리 correspondence principle'라 부른다.

	고전역학		양자역학
위치	x, y, z	$\rightarrow$	$\hat{x}, \hat{y}, \hat{z}$
운동량	$\vec{p} = m\vec{v}$	$\rightarrow$	$\frac{\hbar}{i}\nabla$
각운동량	$\vec{L} = \vec{r} \times \vec{p}$	$\rightarrow$	$\hat{L}$
에너지	E	$\rightarrow$	$\hat{H}$
스핀	S	$\rightarrow$	$\hat{S}$

(3.37)

지금까지 우리는 연산자 대수학적 방법보다는 대부분 해석적 접근 방법만을 다루었다. 연산자 대수학 방법은 많은 책에서 단조화진동 simple harmonic oscillation 문제의 해를 얻는데 편리하게 이용되고 있으니 그 부분을 간단히 알아보자.

단조화 진동을 하는 계의 전체 에너지에 대응하는 연산자는 해밀토니언 Hamiltonian 이라 하고

$$-\frac{\hbar^2}{2m}\frac{d^2}{dx^2} + \hat{V} \quad \Rightarrow \quad \hat{H} \tag{3.38}$$

로 주어진다. 첫번째 항은 운동에너지에 대응하는 연산자이고 두번째 항은 포텐셜 에너지에 대응하는 연산자이다. 따라서 시간에 무관계한 슈레딩거 방정식을 연산자를 이용해 나타내면

$$\hat{H}\psi = E\psi \tag{3.39}$$

이 되고 이 문제는 결국 고유값 방정식 eigenvalue equation 이 됨을 알 수 있다. 위 식을 고유값 eigenvalues E_n 과 고유상태 eigenstates ψ_n 를 이용해 표현하면

$$\hat{H}\psi_n = E_n\psi_n \tag{3.40}$$

로 나타낼 수 있다.

두 연산자의 교환자 commutator 라고 불리는 다음 관계식은 연산자를 이용하는 방법에 있어 가장 기본이 되는 식이며 이를 '정준교환법칙 canonical commutation rule'이라고 부른다.

$$[x, p_x] = i\hbar \tag{3.41}$$

이를 특별히 '제 1 양자화 first quantization'라고도 부른다. 여기서 '양자화'라는 의미는 식 (3.18)에서와 같이 불연속적인 에너지 값을 취한다는 의미가 아니고 관측 가능한 양들을 포함한 연산자를 이 관계식을 근간으로 하여 나타낼 수 있게 됨으로 써 해석적 접근보다는 연산자만을 이용하여 '양자역학 화'한다는 의미로 받아들이면 타당할 것이다. 예를 들어 식 (3.37)에 나오는 모든 동역학적 변수들은 $\hat{x}$ 와 $\hat{p}$ 를 이용하여 모두 나타낼 수 있기 때문에 식 (3.41)의 정준교환법칙은 연산자를 이용한 양자역학의 가장 기본이 되는 관계식으로 볼 수 있다. 따라서 이 관계식을 단순히 '제 1 양자화'라고 부른다. 나아가 제 1 양자화가 있기 때문에 '제 2 양자화 second quantization' 개념이 있을 것이라고 생각이 있는 학생은 질문할 것이다. 맞다! 하지만 양자역학의 고등 분야인 양자장 이론 quantum field theory 에 나오는 개념이니 참고로 기억하고 있자.

표 3.4 양자화 quantization **의 두 가지 의미**

첫번째 의미	$E_n = \dfrac{n^2\pi^2\hbar^2}{2ma}, \quad n = 1, 2, 3, \cdots$	에너지, 각운동량, 스핀등이 불연속적인 값 discretized values 을 취하는 것을 말한다.
두번째 의미	$[\hat{x}, \hat{p}_x] = i\hbar$	정준교환법칙 canonical commutation relation 을 '제 1 양자화'라고 한다.

기대값에 대한 식 (3.32)의 표현을 좀 더 일반적으로 나타내기 위해 식 (3.40)을 이용한 다음 결과를 살펴보자.

$$\begin{aligned}\int \Psi^* \hat{H} \Psi dx &= \int \left(\sum c_m \psi_m\right)^* H \left(\sum c_n \psi_n\right) dx \\ &= \sum\sum c_m^* c_n \int \psi_m^* H \psi_n dx \\ &= \sum\sum c_m^* c_n E_n \underbrace{\int \psi_m^* \psi_n dx}_{\substack{\parallel \\ \delta_{mn}}} \\ &= \sum_{n=1}^{\infty} |c_n|^2 E_n\end{aligned}$$

이 결과로부터 우리는

$$\sum_{n=1}^{\infty} |c_n|^2 E_n = \sum_n P(E_n) E_n = \langle E \rangle = \langle \hat{H} \rangle \tag{3.42}$$

이기 때문에

$$\langle \Psi | \hat{H} | \Psi \rangle = \int \Psi^* \hat{H} \Psi dx \tag{3.43}$$

라 놓을 수 있다. 따라서 어느 한 연산자에 대한 기대값은 앞으로 다음과 같이 주어질 수 있다고 추론하여 일반적인 표현을 다음과 같이 정의하도록 하자.

$$\langle \hat{O} \rangle \equiv \langle \psi | \hat{O} | \psi \rangle = \int_{-\infty}^{\infty} \psi(x,t)^* \hat{O} \psi(x,t) dx \tag{3.44}$$

왜 이렇게 정의하는지에 대해 수학적인 근거를 묻지 말자. 양자역학은 수학적인 공리 axioms 나 정리 theorems 로부터 유도한 것이 아니라 많은 학자들이 몇가지 가정 postulates 을 기초로 삼아 다루기 쉽고 계산 결과가 타당한지만을 고려해 만들어 왔다고 알고 있자.

3.4 대수학적인 문제풀이 소개 algebraic method : 단조화 진동자 simple harmonic oscillator

앞 절에서 설명한 연산자 대수학을 이용해 단조화 진동자 simple harmonic oscillator 에 대한 문제를 풀어보도록 하자. 단조화 진동자의 포텐셜 에너지가 $\frac{1}{2}kx^2 = \frac{1}{2}m\omega^2x^2$ 로 주어지므로 이 계의 슈레딩거 방정식 Schrödinger equation 은

$$
\begin{aligned}
-\frac{\hbar^2}{2m}\frac{d^2\psi}{dx^2} + \frac{1}{2}m\omega^2x^2\psi = E\psi \\
\Updownarrow \\
\frac{1}{2m}\left[\hat{p}^2 + (m\omega\hat{x})^2\right]\psi = E\psi
\end{aligned}
\tag{3.45}
$$

로 주어진다. 이 2 차 미분방정식을 해석적으로 직접 풀기 보다는 동력학 변수들을 제 1 양자화를 이용한 연산자 방법을 이용하여 풀기 위해 가장 기본이 되는 동력학 변수 elementary operators 인 x 와 p 를 연산자 $\hat{x}$ 와 $\hat{p}$ 로 바꾸어 보자. 이같이 고전역학적 물리량을 나타내는 변수를 x 와 p 를 이용하여 연산자로 바꾸는 것을 양자화 한다고 말한다. 예를 들면 위 식 (3.45)에서 두번째 식은 첫번째 식의 에너지에 해당하는 해밀토니안 Hamiltonian $\hat{H}$ 을 양자화 했다고 말한다.

이제 연산자를 이용하여 슈레딩거 방정식을 풀기 위해서 우리는 새로운 연산자를 아래 식과 같이 도입하도록 한다.

$$
\hat{a}_{\pm} \equiv \frac{1}{\sqrt{2\hbar m\omega}}\left(\mp i\hat{p} + m\omega\hat{x}\right)
\tag{3.46}
$$

여기서 a_+ 와 a_- 는 각각 '오름연산자 raising operator' (또는 '생성연산자 creation operator')와 '내림연산자 lowering operator' (또는 '소멸연산자 annihilation operator')라 한다. 특별히 이 연산자의 차원이 없음 dimensionless 에 주목하자.

도입된 오름과 내림 연산자를 이용하여 우리는 이제 양자화된 모든 준위들의 상태를 구할 수 있게 된다. 따라서 이 방법은 해석적으로 (단순히 표현하자면 연필을 가지고 수학문제를 푸는 전통적인 방식이 아닌) 미분방정식을 푸는 방식과는 다르게 우리가 문제를 풀어나가는

방식을 제공하기 때문에 고급스러운 방식이며 특별히 양자화된 고유값들과 고유 상태들을 구하는 문제에 앞으로 매우 유용하게 사용되는 방식이라고 이해하면 되겠다.

Remark:

1. $\hat{x}$ 와 $\hat{p}$ 를 연산자라 하고 연산자임을 표시하기 위해 때로 변수 위에 모자 hat ^ 를 이용하여 표시 하고 주의할 점은 단위벡터를 나타내는 것이 아니다.

2. 이 연산자들의 곱은 교환법칙이 성립하지 않는다. 즉, 일반적으로 $\hat{x}\hat{p} \neq \hat{p}\hat{x}$ 이다.

3. 두 연산자 A 와 B 의 교환자 commutator 를 다음과 같이 정의한다.

$$\left[\hat{A},\hat{B}\right] \equiv \hat{A}\hat{B} - \hat{B}\hat{A} \tag{3.47}$$

이 교환자는 연산자를 이용한 대수학에 매우 중요한 역할을 하니 기억해 두자.

4. $\hat{a}_+^* = \hat{a}_-$ 이고 $\hat{a}_-^* = \hat{a}_+$ 이다. 따라서 $\hat{a}_\pm$ 는 각각 $\hat{a}_\mp$ 의 공액 conjugate 이라 한다.

5. $\hat{a}_-$ 와 $\hat{a}_+$ 의 교환자는 $\left[\hat{a}_-,\hat{a}_+\right]=1$ 를 만족함을 스스로 확인해 보자. 이 관계식은 연산자 대수학에 매우 유용하게 사용된다.

6. 어떤 함수를 고려할 때,

$$\begin{aligned}\left[\hat{x},\hat{p}\right]f(x) &= \left[\hat{x}\hat{p}-\hat{p}\hat{x}\right]f(x) = \left[\hat{x}\frac{\hbar}{i}\frac{d}{dx}-\frac{\hbar}{i}\frac{d}{dx}\hat{x}\right]f(x) = x\frac{\hbar}{i}\frac{df(x)}{dx}-\frac{\hbar}{i}\frac{d}{dx}\left(xf(x)\right)\\ &= \frac{\hbar}{i}\left(x\frac{df(x)}{dx}-f-x\frac{df(x)}{dx}\right) = i\hbar f(x)\end{aligned}$$

이므로

$$\left[\hat{x},\hat{p}\right] = i\hbar \tag{3.48}$$

$\hat{x}$ 와 $\hat{p}$ 사이의 교환자 관계식을 얻을 수 있는데 이를 정준교환관계 canonical commutation relation 라 부르며 양자역학에서 가장 중요한식중 하나이다. 때로 단순히 제 1 양자화 first quantization 라고 부르기도 한다고 하였다.

$\hat{a}_-$ 와 $\hat{a}_+$ 의 곱을 계산해 보자.

$$\begin{aligned}\hat{a}_-\hat{a}_+ &= \frac{1}{2\hbar m\omega}(i\hat{p}+m\omega\hat{x})(-i\hat{p}+m\omega\hat{x}) \\ &= \frac{1}{2\hbar m\omega}\left[\hat{p}^2+(m\omega\hat{x})^2-im\omega(\hat{x}\hat{p}-\hat{p}\hat{x})\right] \\ &= \frac{1}{2\hbar m\omega}\left[\hat{p}^2+(m\omega\hat{x})^2\right]-\frac{i}{2\hbar}[\hat{x},\hat{p}]\end{aligned}$$

이므로 $\hat{a}_-\hat{a}_+ = \frac{1}{\hbar\omega}\hat{H}+\frac{1}{2}$ 이 됨을 알 수 있고 따라서,

$$\hat{H} = \hbar\omega\left(\hat{a}_-\hat{a}_+ - \frac{1}{2}\right) \tag{3.49}$$

이 된다. 다른 한편, $\hat{a}_-$ 와 $\hat{a}_+$ 의 곱을 계산한 결과를 정리하면,

$$\hat{H} = \hbar\omega\left(\hat{a}_+\hat{a}_- + \frac{1}{2}\right) \tag{3.50}$$

를 얻을 수 있다. 슈레딩거 방정식 (3.2)대신 연산자를 이용한 식으로 바꿀 수 있다. 여기서 새로운 수연산자 number operator $\hat{N} = \hat{a}_+\hat{a}_-$ 를 정의하자. 그러면 위 식은

$$\hat{H} = \hbar\omega\left(\hat{N} + \frac{1}{2}\right) \tag{3.51}$$

으로 나타낼 수 있다. 이 해밀토니안의 고유값들은

$$E_n = \hbar\omega\left(n+\frac{1}{2}\right), \qquad n = 0, 1, 2, \cdots \tag{3.52}$$

으로 주어지는데 자세한 내용은 다른 교과서를 참고하기로 하자. 무한 포텐셜 우물 구조에서의 에너지를 나타내는 식 (3.18)과 더불어 단조화 진동자의 에너지를 나타내는 식 (3.52)은 모두 에너지가 연속적인 값을 취하는 것이 아니라 불연속적인 discrete 값을 취하고 있다. 앞절 3.3.2 (1)에서 설명하였듯이 이는 두 경우 모두 입자가 대략 수 옹스트롬 Å 에서 수백 옹스트롬 크기의 아주 작은 공간에 속박될 경우 나타나기 때문에 이를 양자속박효과 quantum confinement effect 라고 한다. 대수학적인 방법에 관한 자세한 풀이 내용은 거의 모든 양자역학책에 자세히 소개되어 있으니 여기서는 더 이상의 논의는 생략하기로 한다.

3.5 양자역학의 배경 가정 background postulates of quantum mechanics

앞절에서 논의한 무한 포텐셜 우물 문제의 풀이 계산으로부터 우리가 얻은 결과들의 내용은 실상 몇가지 가정 postulates 위에 구축되었다. 이러한 가정들의 타당성은 실험적인 결과들과 잘 부합하기 때문에 우리는 증명없이 이 가정들을 받아들인다. 이 부분을 읽는 동안 이해 하기가 힘든 부분도 있겠지만 나머지 부분을 공부하다가 때때로 다시 돌아와 다시 읽어 여기서 뜻하는 개념에 익숙해 지기를 권한다.

1. 양자계 quantum system 의 모든 가능한 상태는 복소공간 complex space 에서 표현된다. 역으로, 복소벡터공간은 계의 가능한 상태가 될 수 있다. 이 복소공간을 '힐베르트 공간 Hilbert space'이라 부른다.

2. 고전역학의 물리량은 양자역학에서 대응하는 연산자 operator 로 나타내어진다. 이를 대응원리 correspondence principle 라 부른다. 따라서, 양자역학에서 물리적으로 관측 가능한 양 obervables 에 대해 대응하는 operators 가 존재할 수 있는데 이를 '에르미트 연산자 Hermitian operators'라 부른다. 동역학적 변수 dynamical variables 이라 불리는 물리적인 양들중 측정가능한 양들은 특별히 관측가능한 양 observables (위치, 운동량, 각운동량, 에너지, 스핀등)이라 불린다.

3. 계에 대해 측정을 할 경우(즉, 연산자를 계의 상태 state 에 작용 시킬 경우), 어떤 관측가능한양의 측정값은 그에 대응하는 에르미트 연산자 Hermitian operator 의 고유값들중 하나의 값을 취하게 된다. 일반적으로 계는 측정 전에 중첩 superposition 인 상태에 존재하는데 측정 후 이 계는 중첩된 고유상태 eigenstates (또는 고유벡터 eigenvectors)중 하나의 상태로 바뀌게 되고 나머지 상태는 사라진다고 해석한다. 이를 특별히 파동함수 붕괴 wavefunction collapse 라고 한다.

4. 어떤 상태벡터 $|\psi(t)\rangle$ 에 대해 시간에 의존하는 운동방정식 time-dependent equation 은

$$i\hbar \frac{d}{dt}|\psi(t)\rangle = \hat{H}|\psi(t)\rangle \qquad ;\ \text{TDSE} \tag{3.53}$$

로 주어지고 여기서 $\hat{H}$ 는 에너지 연산자 energy operator. 이다. 덧붙여 이 표현은 양자계의 동역학 dynamics 이 유니테리 변환 unitary transformation 을 따른다는 의미로써 즉, 시간에 따른 계의 변화를 나타내는 개념으로 조금 어려운 개념이니 다음에 설명하기로 하자.

3.6 파 waves

3.6.1 평면파 plane wave

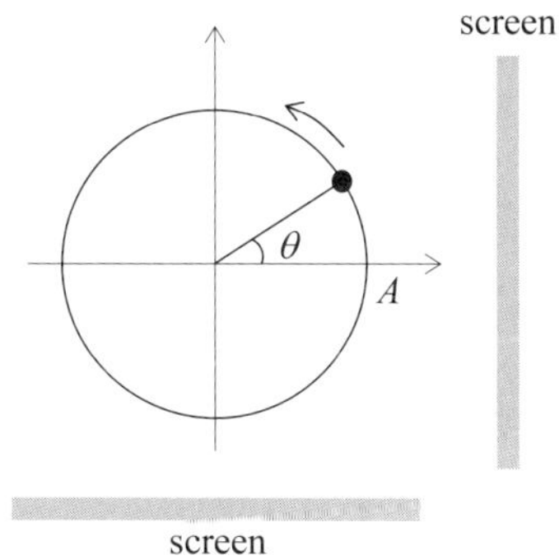

그림 3.6 등속 원운동을 하고 있는 물체.

그림 3.6 과 같이 반지름이 A 인 원 위를 등속 원운동을 하고 있는 물체를 생각하자. 두개의 수직과 수평 스크린에 투영된 물체의 그림자는 짐작할 수 있듯이 단조화진동 simple harmonic oscillation 을 하게 된다. 스크린 위에서 움직이고 있는 그림자의 1 차원 운동에 대해 우리가 거리와 시간에 따라 2 차원으로 나타내면 특정 시간 $t = t_0$ 에서 z-축을 따라 파의 스냅 사진을 찍었다고 했을 때 그림 3.7 과 같은 모양이 될 것이다. 다음으로 만약 특정 거리 $z = z_0$ 에서 t-축을 따라 스냅 사진을 찍었다면 이 파도 같은 모양이 될 것이다. 이 때 각각의 스크린에 투영된 그림자의 운동은 다음과 같이 쓸 수 있다.

$$\begin{aligned} y &= A\sin(kz-\omega t) \quad \text{수직스크린 위에 투영} \\ x &= A\cos(kz-\omega t) \quad \text{수평스크린 위에 투영} \end{aligned} \tag{3.54}$$

그림 3.7 과 같은 모양의 파는 결정구조를 파악하기 위하여 엑스선을 이용한 회절 실험의 설명과 같은 경우 부적절하다. 엑스선도 사실 위 그림과 같지 않고 소위 '빔허리 beam waist'가

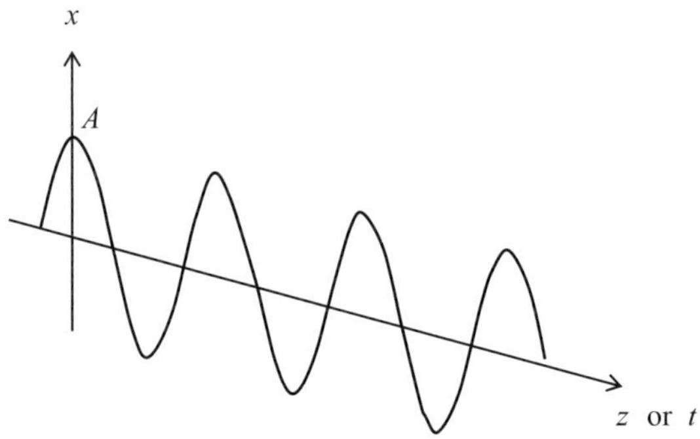

그림 3.7 단조화진동을 공간 또는 시간에 따라 펼친 모양.

어느정도 크기를 갖기 때문에 보통 그림 3.8 과 같이 파가 진행하는 방향의 수직인 면 (면광원 plane light source) 위 모든 지점에서 위상이 같은 빛의 빔 beam 을 우리는 가정할 수 있다. 실지로 우리가 실험에서 사용하는 레이저나 엑스선의 경우 빔의 진행방향에 수직인 빔의 아주 작은 허리 waist 면적을 통과하는 모든 빛의 위상은 같은데 이러한 파를 '평면파 plane wave'라고 부르며 이 같은 평면파를 특별히 면 위의 모든 위치에서 같은 위상을 갖기 때문에 '수직결맞는 빛 transverse coherent light'이라 부른다.

Remark:

그림 3.7 은 물결파 water wave 와 같은 모양을 보여준다. 따라서 z or $t = \frac{\pi}{2}$ 인 지점에서 진폭이 0 이 된다고 쉽게 오해하기 쉽다. 하지만 단조화진동을 나타내는 이 그림을 그림 3.6 의 원운동과 연관되어 생각할 때 z 나 t 축의 어느 지점에서나 진폭은 항상 A 임에 주의하자. 즉, 물결파와 단조화진동을 나타내는 파는 보통 설명의 편리를 위해 같은 모양으로 나타내지만 근본적인 차이점이 있음을 유의하자.

물리학에서 파를 다룰 때 많은 책에서 그림 3.7 과 같이 하나의 선을 물결파 모양으로 시각화하여 설명을 하는데 이용한다. 그림 3.6 에서 나타낸 위상 phase 을 그림 3.7 에서는 위와 아래로 진동하는 파 modulating wave 로써 나타낸 점에 유의하도록 하자. 빛은 일반적으로 '선 line'이 아니고 어느정도 '빔 허리 beam waist'라고 불리는 크기를 갖기 때문에 그림 3.8 과 같이 진행방향에 수직인 면 위에서 모두 위상이 같은 '면 광원 plane light source'으로 생각하는 것이 타당하며 이 를 '평면파 plane wave'라고 부른다. 그림에서 볼 수 있듯이 z 나 t 축 위 어디서든지 진폭은 항상 A 가 되고 위와 아래로 진동은 그 지점에서 대응하는 위상을 나타내기 때문에 파를 이해하는 시각적

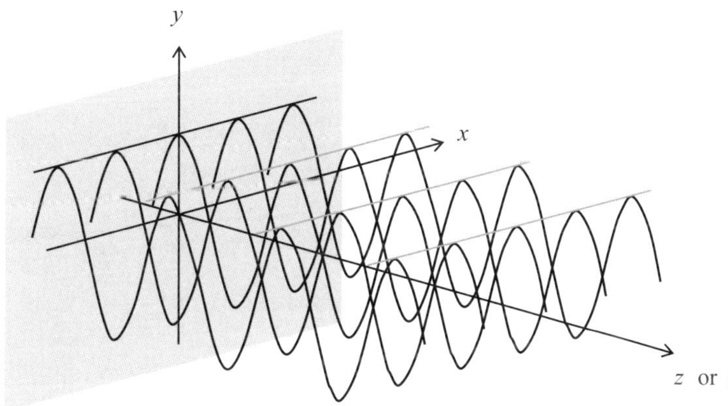

그림 3.8 평면파는 진행방향에 수직인 면에서 위상이 모두 같은 이상적인 파로 볼 수 있다.

그림으로 적절하다고 판단된다.

다시 그림 3.6 으로 돌아가서 물체 그림자의 운동은 $x-z$ 면 스크린이나 $y-z$ 면 스크린 위에서와 같이 2 차원 면 위에 나타내기 보다 특정 시간 $t=t_0$ 에서 z-축을 따라 진행하거나 또는 특정 위치 $z=z_0$ 에서 t-축을 따라 진행하는 파는 그림 3.9 과 같이 오른쪽으로 원형 편광된 빛 또는 왼쪽으로 편광된 빛으로 볼 수 있다. 이러한 경우를 염두에 둘 때 우리는 식 (3.54)의 두 스크린에 투사된 평면파를 나타낸 식을 복소수를 이용하여 다음과 같이 하나의 식으로 표현할 수 있다.

$$\psi = Ae^{i(kx-\omega t)} \\ = A\cos(kx-\omega t) + iA\sin(kx-\omega t) \tag{3.55}$$

이 식은 2장에서 복소수의 필요성에 대해 설명한 바와 같이 두 가지 실체를 하나의 형태로 나타낸 경우이다.

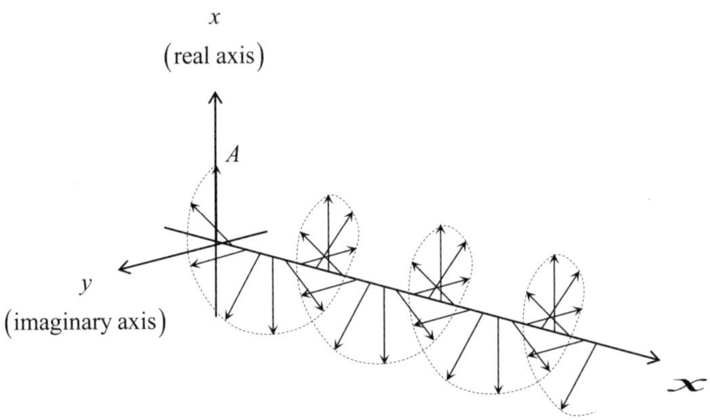

그림 3.9 진폭과 화살표를 이용한 위상 표현과 원형편광된 빛.

3.6.2 구형파 spherical wave

평면파와 더불어 광학에서 자주 이용되는 파는 점원 point source 에서 공간의 모든 방향으로 퍼져 나가는 구형파 spherical wave 를 들 수 있고 이 파는 다음과 같이 표현되며 그림 3.10 은 이를 나타낸다.

$$\psi = \frac{Ae^{i(\vec{k}\cdot\vec{r}-\omega t)}}{r} \tag{3.56}$$

위 식에서 알 수 있듯이 거리 r 이 멀어짐에 따라 구형파의 세기는 $1/r$ 로 줄어들게 된다. 이는 빛의 다발 flux[4]이 줄어들게 되기 때문임을 쉽게 추측할 수 있다. 또한 거리가 일정한 구의 표면 위에서 이 파의 위상이 모두 같고 진행방향에 수직이므로 위에서 설명했던 바와 같이 수직결맞는 빛 transverse coherent light 이라 부를 수 있겠다. 결맞는 빛에 대한 개념 또한 중요하니 각자 더 살펴보기 권한다.

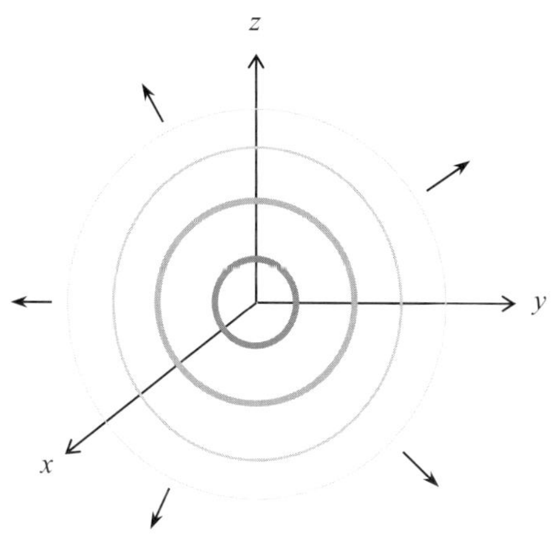

그림 3.10 원점에서 사방으로 퍼져나가는 구형파.

3.6.3 파수와 각진동수 wave number and angular frequency

먼저 평면파에 대한 식 (3.55)의 $\psi = Ae^{i(kx-\omega t)}$ 에 나타난 k 및 ω 와 연관된 변수들을 나타내면 아래 표와 같다.

---

4 flux $\Rightarrow \dfrac{\text{통과하는 입자의 수 (또는 화살표로 표시된 field line 의 수)}}{\text{단위면적} \times \text{단위시간}} = \left[\dfrac{\#}{m^2 \cdot \text{sec}}\right]$

주의: 전자기학에서 전기장과 자기장에 대한 flux ϕ_E와 ϕ_B는 위의 단위와 다르니 유의하기 바란다.

표 3.5 파와 관련된 변수들

파장 λ = 공간 주기 spatial period	주기 T = 시간 주기 temporal period
공간 진동수 spatial frequency $\nu = \dfrac{1}{\lambda}$	시간 진동수 temporal frequency $f = \dfrac{1}{T}$
파수 wave number $k = 2\pi\nu = \dfrac{2\pi}{\lambda}$	각진동수 angular frequency $\omega = 2\pi f = \dfrac{2\pi}{T}$

여기서 공간 진동수 ν 가 진행하는 단위 거리당 파장이 몇 개 있는지를 나타내고 하나의 파장이 2π 라디안 radian 에 해당하므로 파수 k 는 '파의 수 wave number'라는 표현 그대로 진행하는 단위 거리당 파의 수 (파장의 단위 또는 대응하는 라디안의 값)를 나타낸다고 볼 수 있다. 즉, 단순히 파장을 단위로 취했을 때 이것이 단위 거리당 몇 개나 존재하는지 그 밀도를 나타낸다고 보면 된다. 따라서 시간에 대응하는 각진동수 ω 도 파가 진행하는 단위 시간당 몇 번을 진동하는지를 나타낸다고 보면 된다.

수학에서 $ab=1$ 인 관계에 있을 때 집합 $\{a\}$ 와 집합 $\{b\}$ 는 서로 '역의 관계 reciprocal relation'에 있다고 말한다. 여기서 k 와 λ 그리고 ω 와 T 도 서로 역의 관계를 갖는다. 두 변수들을 곱하였을 때 위의 $ab=1$ 인 관계 에서와 같이 1 이 아닌 2π 로 주어졌으나 단조화 진동에서 단위는 2π 이라고 간주하면 이해될 수 있다. 일반적으로 두 변수집합 $\{A\}$ 와 $\{B\}$ 가 $AB = \text{constant}$ 인 관계에 있을 때 서로 역의 관계에 있다고 보면 된다.

$$\begin{aligned} k\lambda &= 2\pi \\ \omega T &= 2\pi \end{aligned} \tag{3.57}$$

3.7 파-입자 이중성 wave-particle duality

미시세계의 양자는 입자일 뿐만 아니라 파동의 특성을 보이기 때문에 실험 결과를 해석할 때 때로는 입자 때로는 파동의 관점에서 해석한다. 초급양자역학의 내용에서 우리는 주로 앞에서 언급한 제 1 양자화 개념만을 사용하는데 간단히 이는 입자를 파동으로 간주한다고 생각하면 된다. 제 2 양자화는 제 1 양자화된 파동을 다시 입자로 간주하여 논의를 한다고 당분간 생각하면 된다.

3.7.1 드 브로이의 물질파 de Broglie's matter wave

아인슈타인이 광전효과 photoelectric effect 실험으로부터 우리는 파(빛)가 입사의 특성을 갖는다는 것을 알게 되었다. 한편, Davisson 과 Germer 는 Ni 결정에 입사한 전자빔의 산란실험을 통해 이 전자빔(입자 특성)이 파의 특성인 회절현상(파의 특성)을 나타냄도 관찰하였다. 또한 Compton 이 수행한 산란실험결과에서도 이를 확증해 주는 결과를 보여주었다. 이러한 실험 결과들을 염두에 두고 드 브로이 de Broglie 는 이제 입자(전자)도 파의 특성(회절)을 나타낸다고 추론하여 과감히 다음과 제안을 하게 되었다.

$$p = \frac{h}{\lambda} \tag{3.58}$$

즉, 운동량 p 를 갖는 입자는 파동 λ 의 특성도 갖는다. 이같이 입자(물질)가 파의 특성을 나타내는 것을 '드 브로이의 물질파 de Broglie's matter wave' 관계식이라고 부른다. 위 식의 표현은 $p = \frac{h}{\lambda} = \frac{h/2\pi}{\lambda/2\pi} = \frac{\hbar}{1/k} = \hbar k$ 이 되기 때문에

$$p = \hbar k \tag{3.59}$$

로 놓을 수 있고 앞으로는 드 브로이의 관계식을 식 (3.58) 뿐 아니라 식 (3.59) 형태도 자주 이용하므로 이를 잘 기억하고 있자.

3.7.2 영의 이중슬릿 실험 Young's double slit experiment

일반물리학에서 배운 우리에게 익숙한 영 Young 의 이중 슬릿 실험 double-slit experiment 을 복습하자. 다음 그림에서 보는 바와 같이 좁은 두 슬릿을 지나는 평면파가 스크린 위에서 보강간섭 constructive interference 이나 소멸간섭 destruction interference 을 일으키면 스크린 상에 밝고 어두운 패턴이 나타남을 관측할 수 있다.

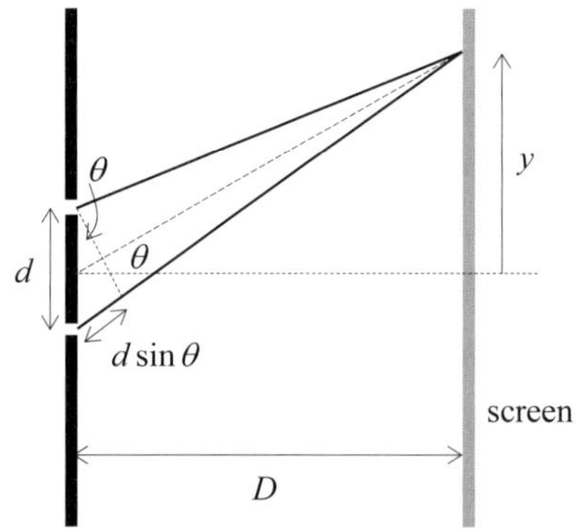

그림 3.11 영Young의 이중 슬릿 실험.

위와 아래 경로를 지나는 두 빛의 경로차가 보강간섭을 일으키는 다음 조건을 만족하면 밝은 점 spot 이 나타난다. 여기서 λ 는 입사하는 빛의 파장을 나타낸다.

$$2d\sin\theta = n\lambda, \quad n = 1, 2, 3, \cdots \tag{3.60}$$

3.7.3 단일입자 간섭 single particle interference

앞에서 논의한 영의 이중 슬릿 실험에서 빛을 사용하는 대신에 드 브로이가 주장하였듯이 입자가 파동의 특성을 갖는다면 양자를 가지고도 똑 같은 간섭 패턴을 얻을 수 있을 것 이라고 추론을 할 수 있다. 지난 20~30 여년 동안 많은 연구자들이 전자, 양성자를 비롯하여 이

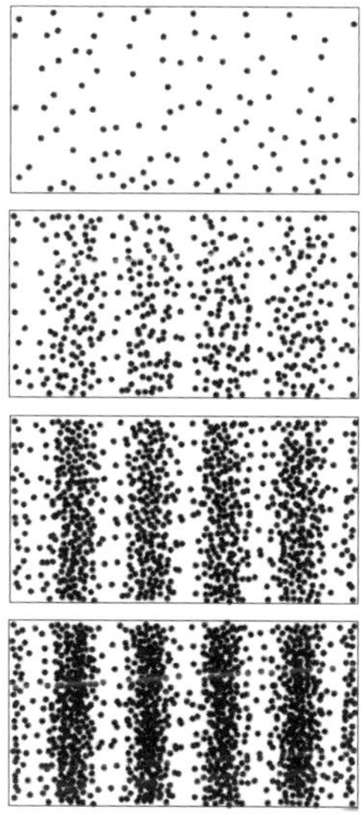

그림 3.12 오랜시간에 걸쳐 관측된 단일 입자 간섭 패턴.

보다 훨씬 큰 C_{60} 분자빔 molecular beam (많은 입자로 구성된)를 가지고도 실험을 실시하여 이 같은 간섭이 일어남을 보여 주었다. 하지만 더욱 흥미를 끌었던 사실은 기술의 발전에 힘입어 30 여년 전부터 양자를 몇 개씩 조절하여 실험을 실시할 수 있게 되었고 더 나아가서는 광자 photon 몇 개를 감지할 수 있는 소자도 개발할 수 있게 되었다. 이를 통해 이제 거의 한 개씩 입자를 이중 슬릿에 투사하여 간섭 실험을 할 수 있게 되었다. 더욱 더 놀라운 사실은 거의 한 개씩 전자나 광자를 슬릿에 투과시켜 오랜 시간에 걸쳐 관측된 패턴을 전체적으로 살펴 보니 밝고 어두운 부분이 교대로 나타나면서 빛을 이용한 실험과 똑같이 밝고 어두운 패턴이 나타남을 관측할 수 있게 되었다. 그림 3.12 에서 도식적으로 모여주는 바와 같이 이상적으로 하나씩 전자나 광자를 이중슬릿에 보내어 수행한 실험결과가 간섭패턴 interference pattern 을 보여주고 있음이 확인 되었다. 실제 그림이나 사진들을 이곳에 소개하는 것은 출판권리 문제가 발생하기 때문에 본인이 도식적으로 그린점 양해 바란다. 많은 실제 사진 real pictures 들이 요즘 인터넷에서 쉽게 확인 할 수 있으니 찾아보기 바란다.

전자나 광자를 하나씩 두 슬릿을 향해 보내었을 때 스크린에 나타난 모든 점들이 이루는 패턴으로부터 우리는 입자 하나가 두 슬릿을 동시에 통과하여 전자나 광자가 자기자신 itself 과

간섭을 일으킨 것으로 밖에 설명할 길이 없다. 이 결과를 '단일입자 간섭 single particle interference' 이라 부른다. 그러면 입자 한 개의 전자나 광자가 어떻게 자기 자신과 간섭을 일으킬 수 있는지 생각해 보자. 설명을 위해 두 슬릿의 위와 아래를 통과하는 입자의 양자상태 quantum state 를 중첩의 원리 superposition principle 를 적용하여 다음과 같이 놓자.

$$\Psi = \alpha\psi_{\mathrm{u}} + \beta\psi_{\mathrm{l}} \tag{3.61}$$

ψ_{u} 는 위 슬릿을 통과하는 상태이고 ψ_{l} 는 아래 슬릿을 통과하는 상태이며 α 와 β 는 상수(일반적으로 복소수)이다. 만약 입자가 두 슬릿중 하나를 통과하며 간섭을 일으키지 않는 경우 각 슬릿을 통과하는 확률은

$$\left.\begin{aligned} \mathrm{Prob}_u &= \int |\alpha|^2 |\psi_u| d\vec{r} = |\alpha|^2 \\ \mathrm{Prob}_l &= \int |\beta|^2 |\psi_l| d\vec{r} = |\beta|^2 \end{aligned}\right\} \quad \rightarrow \quad |\alpha|^2 + |\beta|^2 = 1 \tag{3.62}$$

로 주어질 것이며 두 확률의 합은 1(100%)이 될 것이다. 따라서 스크린 위에 오직 두개의 밝은 점만이 관측될 것이다. 하지만 이와 달리 실지로는 그림 3.12 에서와 같은 간섭패턴이 관측된다. 따라서 스크린 위에서 관측되는 입자의 확률밀도 probability density[5]는 $|\Psi|^2$ 로 주어지므로

$$\begin{aligned} P &= |\Psi|^2 \\ &= \left(\alpha^*\psi_u^* + \beta^*\psi_l^*\right)\left(\alpha\psi_u + \beta\psi_l\right) \\ &= |\alpha|^2 |\psi_u|^2 + |\beta|^2 |\psi_l|^2 + \alpha^*\beta\psi_u^*\psi_l + \alpha\beta^*\psi_u\psi_l^* \end{aligned} \tag{3.63}$$

과 같이 되어야 한다. 위 식의 마지막 줄의 처음과 두번째 항은 각각 위와 아래 슬릿을 통과할 확률과 대응됨을 식 (3.62)와 비교해 알 수 있고 세번째와 네번째의 추가적인 항들이 간섭과 연관된 항임을 알 수 있다. 물론 이 단일 전자나 광자를 입자로 파악하면 입자는 오직 한 슬릿만을 통과 하기 때문에 간섭은 설명이 될 수 없다. 따라서 대부분의 일반물리학 교과서에서 설명하는 영의 이중 슬릿 실험에 대한 해석은 광자 photon 를 기반으로 하는 양자광학 quantum optics 분야의 해석과는 본질적으로 다름에 주의하자. 사실 이러한 해석에 대해 오늘날에도 논란이 되고

---

5 확률밀도 $P = |\Psi|^2$, dx 에서 관측될 확률 $\mathrm{P} = |\Psi(\vec{r})|^2 d\vec{r}$

있으며 입자 particle 나 파 wave 의 개념을 이용한 해석 보다는 최근에는 양자장 quantum field 개념[6]을 바탕으로 이에 대한 해석이 이루어지고 있으니 최근의 논문이나 책을 참고하기 바란다.

3.7.4 자유입자와 파속 free particle and wave packet

자유입자는 입자의 운동을 구속하는 외부힘이 없는 (포텐셜 potential 이 $V=0$) 입자를 말한다. 따라서 입자의 에너지를 논할 때 입자 자체의 운동 에너지만을 갖고 있게 된다. 이때 이 자유입자의 1 차원 운동만을 고려한 Schrödinger 방정식은

$$-\frac{\hbar^2}{2m}\frac{d^2}{dx^2}\psi(x)=E\psi(x)$$

가 되고 이 미분방정식의 해 solution 로부터 파동함수와 에너지는 쉽게 다음과 같이 된다 (2.5.1 절 보기 2 참조).

$$\begin{aligned}\psi(x)&=Ae^{\pm ik_x x}\\ E&=\frac{p^2}{2m} \quad ;\ \text{classical point of view}\\ &=\frac{\hbar^2k_x^2}{2m} \quad ;\ \text{quantum point point of view}\end{aligned} \tag{3.64}$$

위 식에서 고전역학적인 운동에너지에 드 브로이의 물질파를 나타내는 관계식 (3.54)의 $p=\hbar k_x$ 을 이용하여 양자역학적인 에너지로 표현된 두번째식은 그림 3.13 과 같이 포물선으로 그려지고 이 선의 모든 점들은 자유입자의 양자상태 quantum state 를 표현한다.

하지만 이 평면파들은 입자를 나타내는데 있어 수학적인 표현으로는 적합하지 않다. 왜냐하면 이 평면파를 나타내는 식 $\psi(x)=Ae^{\pm ikx}$ 은 파가 공간에 무한대로 퍼져 있는 것을 나타내고 있다. 즉, $x=\pm\infty$ 에서도 파동함수가 0 이 아니기 때문에 모든 공간에 마치 입자가 존재하고 있다는 것을 암시하고 있다. 하지만 자유입자일지라도 입자는 공간 어딘가에 존재해야만

---

[6] M. G. Raymer, Quantum Physics, Oxford University Press, 2017.

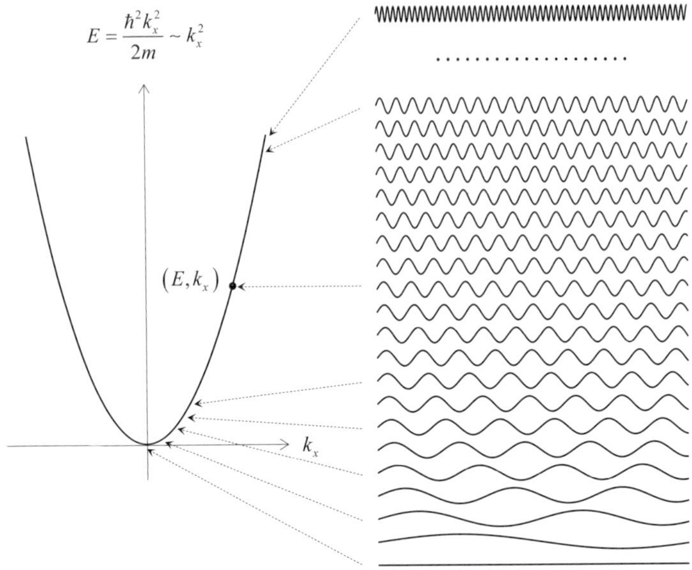

그림 3.13 자유입자의 양자상태 $\Gamma(E,k_x)$와 대응하는 도식적인 파형.

되는 소위 '국소화된 실체 localized entity'이어야 하기 때문이다. 이 같은 점들을 고려하여 의미 있는 수학적인 표현을 위하여 그림 3.13과 같이 많은 파가 중첩된 파속 wave packet으로 우리는 국소화된 실체를 나타내게 된다. 구체적으로 이를 수학적으로

$$\begin{aligned}\Psi &= \sum_{k_n=1}^{\infty} c_{k_n} e^{ik_n x} \quad \text{또는} \\ &= \int_{-\infty}^{\infty} \phi(k) e^{ikx} dk\end{aligned} \tag{3.65}$$

와 같이 나타낸다. 그림 3.13 의 무한히 많은 파들을 합하여, 달리 표현하자면 무한히 많은 파들의 선형결합을 통해 또는 푸리에 급수 Fourier series 를 통해, 그림 3.14 와 같이 파속 wave packet 을 형성하게 함으로 써 입자를 국소화된 실체로 구현시킬 수 있게 된다.

3 차원 파속 wave packet 은 그림 3.15 와 같은 모양으로 생각할 수 있다. 여기서 위상 phase 은 그림 3.9 에서와 같이 화살표가 x-y 면 내에서 회전하고 있다고 간주하면 시각적으로 도움이 될 것이다.

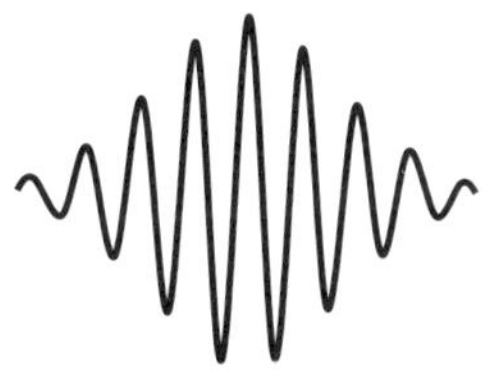

그림 3.14 파속wave packet 의 모양.

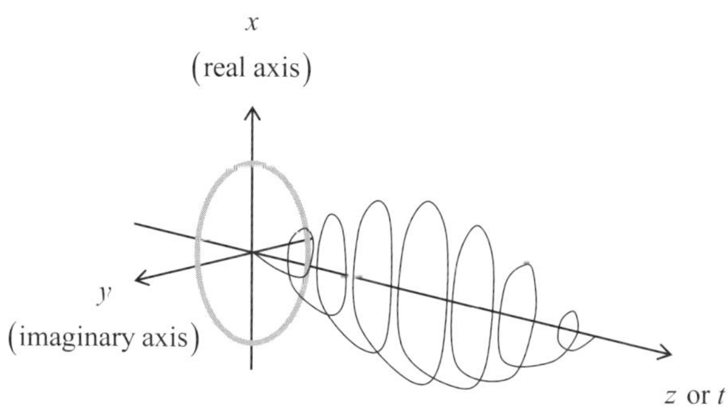

그림 3.15 3차원 파속의 모형.

Remark:

자유전자에 대한 momentum 과 energy 는 각각 $p=\hbar k$ 와 $E=\dfrac{p^2}{2m}=\dfrac{\hbar^2k^2}{2m}$ 로 쓸 수 있으나 광자 photon 는 질량을 갖지 않기 때문에 에너지를 고전역학에서와 같이 $E=\dfrac{p^2}{2m}$ 로 쓸 수 없다. 그래서 상대성이론에 따라 에너지 $E=\sqrt{m_0^2c^4+p^2c^2}$ 로부터 $m_0=0$ 으로 놓으면 $E=pc=(\hbar k)(\lambda f)=\left(\dfrac{h}{2\pi}\dfrac{2\pi}{\lambda}\right)(\lambda f)=hf$ 가 됨에 주목하자.

3.7.5 불확정성 원리 uncertainty principle

입자를 파속으로 간주할 때 그림 3.14 이 보여주듯이 파속의 정확한 위치는 파속의 폭 Δx 만큼의 불확정성이 존재하게 되며 파속은 또한 많은 파의 푸리에 급수로 표현되기 때문에 (많은 파수 wave number k 값을 갖는 파로 구성된) 이들 사이에 하이젠베르크의 불확정성 원리 Heisenberg's uncertainty principle $\Delta x \Delta p \geq \frac{\hbar}{2}$ 가 성립하여야 된다. 이에 대한 논의 역시 다른 교과서를 참고하기 바라며 여기서는 이 원리에 대한 다음 세가지 형태만을 소개하고자 한다.

$$\begin{aligned} \Delta x \Delta p &\geq \frac{\hbar}{2} \quad &&\text{; 위치와 운동량} \\ \Delta t \Delta E &\geq \frac{\hbar}{2} \quad &&\text{; 시간과 에너지} \\ \Delta \theta \Delta L &\geq \frac{\hbar}{2} \quad &&\text{; 회전각도와 각운동량} \end{aligned} \tag{3.66}$$

3.8 스핀과 동일입자 spin and identical particles

3.8.1 스핀과 양자수 spin and quantum numbers

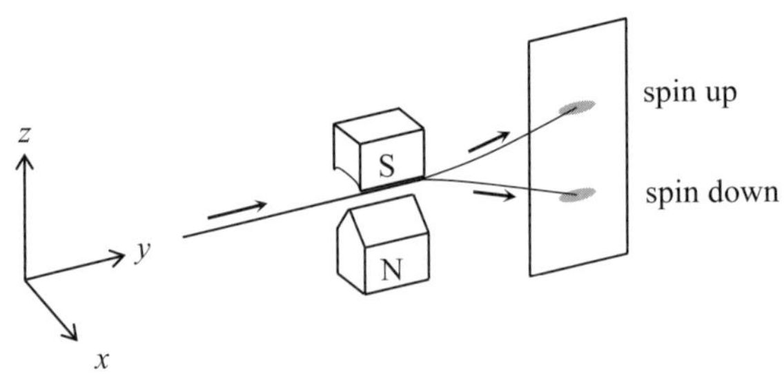

그림 3.16 Stern 과 Gerlach 의 실험장치 도식도.

1922 년 Otto Stern 과 Walter Gerlach 은 은 Ag 원자빔을 자석 사이로 통과 시킬 때 그림 3.16 과 같이 빔의 성분이 연속적이지 않고 두 패턴으로 갈라지는 것을 실험으로 관측하였고 이는 기존 각운동량이론으로 설명이 가능하지 않음을 알게 되었다. 이들의 실험 결과가 발표된 후 1925 년 Sam Goudsmlth 와 George Uhlenbeck 는 이를 설명하기 위하여 궤도 각운동량외에 입자 자체가 본질적으로 가지고 있는 또 하나의 각운동량으로서 스스로 회전하는 스핀 각운동량을 가정하여 이를 설명하였다. 전자의 스핀상태만을 고려할 때 우리는 윗방향 스핀 spin up 과 아랫방향 스핀 spin down 상태의 중첩으로 다음과 같이 나타낸다.

$$\Psi = \alpha\psi_{\text{up}} + \beta\psi_{\text{down}} \tag{3.67}$$

여기서 $|\alpha|^2$ 과 $|\beta|^2$ 은 윗방향 스핀 spin up 과 아랫방향 스핀 spin down 을 각각 관측할 확률을 나타낸다. 스핀물리학은 다루어야 될 내용이 많기 때문에 여기서는 간단한 역사만 살펴보는 것으로 만족하고 차후 학생들이 더 공부할 기회가 있길 바란다.

3.8.2 동일입자 identical particles

질량과 성분 및 모양이 전부 똑 같은 두개의 양자 quantum 를 고려하자. 그림 3.17 에서와 같이 만일 입자 1 이 경로 a 에 있을 때 그 양자상태를 $\psi_a(\vec{r}_1)$ 라 하고 다른 입자는 경로 b 에 있을 때 그 양자상태를 $\psi_b(\vec{r}_2)$ 라 가정 하자.

먼저 두 입자가 처음에 멀리 떨어져 있을 때 우리는 명백히 두 입자를 국소화된 실체 localized entity 로써 (또는 독립된 실체로써) 구분할 distinguishable 수 있기 때문에 두 입자계의 양자상태 system state 는

$$\Psi(\vec{r}_1, \vec{r}_2) = \psi_a(\vec{r}_1)\psi_b(\vec{r}_2) \tag{3.68}$$

과 같이 두 파동함수의 곱으로 놓을 수 있다.

이제 이 입자들의 경로가 아주 작은 거리를 두고 서로 교차한다고 생각하자. 고전물리학적 관점에서는 마치 당구공의 충돌에서 볼 수 있는 바와 같이 충돌 scattering (또는

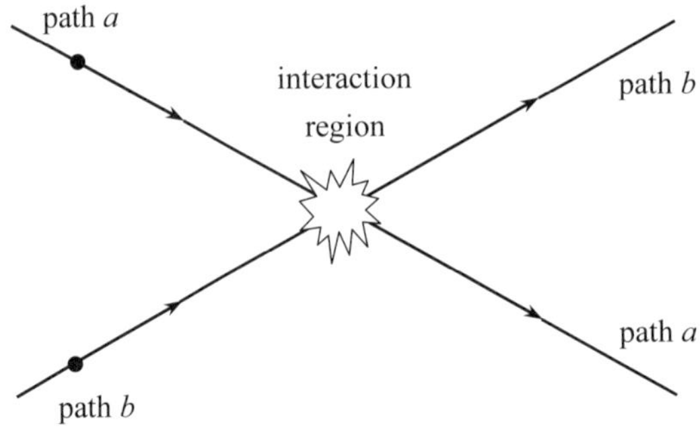

그림 3.17 두 양자가 매우 가까이 접근하여 상호작용을 한 경우.

상호작용 interaction)후 두 입자의 상태는 $\psi_a(\vec{r})$ 이거나 $\psi_b(\vec{r})$ 이 된다고 볼 수 있다. 하지만 현대물리학 관점에서는 이와 달리 이러한 결과를 나타내지 않는다. 그러면 어떠한 상태로 나타내어 져야할까? 고전물리학적 관점과 달리 충돌 후 두 입자계의 양자상태 system state 는 두 입자계의 고유상태 eigenstates 라 부르는 $\psi_a(\vec{r}_1)\psi_b(\vec{r}_2)$ 와 $\psi_a(\vec{r}_2)\psi_b(\vec{r}_1)$ 의 중첩 superposition (또는 선형결합 linear combination)에 의해 다음과 같이 주어진다.

$$\Psi(\vec{r}_1,\vec{r}_2)=\alpha\psi_a(\vec{r}_1)\psi_b(\vec{r}_2)+\beta\psi_b(\vec{r}_1)\psi_a(\vec{r}_2) \tag{3.69}$$

위에서 표현한 '상호작용 interaction'을 좀 더 양자역학적 관점에서 알아보자. 일반적으로 두 양자계가 서로 영향을 미치며(상호작용하는) 주고 받을 수 있는 최소한의 물리량을 '작용량 양자 quantum of action'이라고 하는데 이 값은 $\hbar$ 와 같고 단위는 $J\cdot\sec$ 이다. 위의 논의에서와 같이 두 양자가 서로 상호작용을 할 경우 이들은 서로 최소한 $\hbar$ 만큼 주고 받음으로 써 이들의 양자상태에 영향을 받는다고 생각하면 된다. 작용량 action 에 대한 내용은 먼저 고등 고전물리학에서 다루는 '최소작용의 원리 principle of least action' 부분을 공부해야 되기 때문에 당분간 위 주장을 받아들이도록 하자. 서로 멀리 떨어져 있을 때 국소화된 실체로 써 식 (3.68)과 같이 구분 가능한 상태 distinct states 에 머물러 있었지만 서로 충돌시 (상호작용 후) 최소한 $\hbar$ 만큼의 물리량을 주고 받음으로 인하여 이제는 그 상태를 식 (3.69)와 같이 나타내어야 된다. 따라서 이제 두 입자들은 구분불가능 indistinguishable 한 중첩 상태로 바뀌어 지게 되고 이를 양자입자의 구분불가능성 indistinguishability 이라고 한다. 전자나 원자들을 비롯하여 모든 양자들은 모든 물리적 특성이 똑같기 때문에 '동일입자 identical particle'라고 부른다. 양자역학에서 우리가 다루는 동일입자는 아래서 설명하겠지만 '보존 bosons'과 '페르미온 fermions' 두 가지 종류가 있다.

Remark:

구분불가능하다는 indistinguishable 말은 반드시 동일하다는 identical 의미는 아니다. 서로 멀리 떨어진 입자는 비록 동일 identical 하지만 국소적 실체 localized entity 로써 구분 가능하다. 하지만 두 입자가 서로 매우 근접한 후 상호작용 (또는 산란 scattering)을 거친 후에 (작용량 양자 quantum of action 를 교환한 후에) 각각의 입자는 경로 a 와 경로 b 의 중첩인 상태에 있게 되고 구분불가능 indistinguishable 하게 된다.

양자역학에서 다루는 입자는 위와 같은 중첩상태의 특성에 따라 다음식에서와 같이 두 종류로 분류된다.

$$\begin{aligned}\psi_+(\vec{r}_1,\vec{r}_2) &= A\left[\psi_a(\vec{r}_1)\psi_b(\vec{r}_2)+\psi_b(\vec{r}_1)\psi_a(\vec{r}_2)\right]\\ \psi_-(\vec{r}_1,\vec{r}_2) &= A\left[\psi_a(\vec{r}_1)\psi_b(\vec{r}_2)-\psi_b(\vec{r}_1)\psi_a(\vec{r}_2)\right]\end{aligned} \tag{3.70}$$

첫번째 식으로 표현되는 동일입자를 보존 bosons 이라하고 두번째 식으로 표현되는 동일입자는 페르미온 fermions 이라 한다. 대표적인 보존 입자들은 광자 photons 와 미존 mesons 이 있고 페르미온 입자들은 양성자 protons 와 전자 electrons 가 있다. 보존입자들의 스핀은 정수값 integer spin $(S=0,1,2,\cdots)$ 을 취하나 페르미온 입자들의 스핀은 반정수값 half-integer spin $\left(S=\frac{1}{2},\frac{3}{2},\cdots\right)$ 을 취한다.

$$\begin{aligned}\psi_+(\vec{r}_1,\vec{r}_2) &= \psi_+(\vec{r}_2,\vec{r}_1) \quad &&;\ \text{bosons}\\ \psi_-(\vec{r}_1,\vec{r}_2) &= -\psi_-(\vec{r}_2,\vec{r}_1) \quad &&;\ \text{fermions}\end{aligned} \tag{3.71}$$

위 식과 같이 동일양자입자들 identical quantum particles 의 파동함수가 서로의 위치 상태를 바꿀 때 (주의: 입자의 위치를 실제로 바꾼다는 의미 보다는 단순히 추상적으로 교환 permutation 이라고 생각하자.) 계의 파동함수가 짝 또는 홀 함수 even or odd function 를 만족해야만 하는 조건을 '대칭요구조건 symmetrization requirement'이라 한다.

전자로 대표되는 페르미온 입자에 대한 특성을 좀 더 알아보자. 만일 두 전자가 같은 양자상태에 놓여 있다면 $\psi_a = \psi_b$ 라 놓을 수 있다. 그러면 식 (3.70)의 두번째 식으로부터

$$\begin{aligned}\psi_-(\vec{r}_1,\vec{r}_2) &= A\left[\psi_a(\vec{r}_1)\psi_b(\vec{r}_2)-\psi_b(\vec{r}_1)\psi_a(\vec{r}_2)\right]\\ &= A\left[\psi_a(\vec{r}_1)\psi_a(\vec{r}_2)-\psi_a(\vec{r}_1)\psi_a(\vec{r}_2)\right]=0\end{aligned} \qquad (3.72)$$

이 된다. 파동함수가 0 이라는 의미는 그러한 양자상태는 존재할 수 없다는 의미이다. 달리 표현하면 페르미온 입자인 전자는 같은 양자상태에 오직 하나의 전자만이 대응한다. 이를 파울리 Pauli 의 '배타원리 exclusion principle'라고 한다. 양자상태를 나타내는데 사용되는 수를 양자수 quantum numbers 라고 하는데 보통 다음 4 가지 수 (n, l, m_l, m_s) 를 이용하여 완전 complete 하게 나타낼 수 있다.

n: 주양자수principal quantum number
l: 방위양자수azimuthal quantum number
m_l: 자기양자수magnetic quantum number
m_s: 스핀(자기)양자수spin(magnetic) quantum number

예를 들어 어떤 원자에 두개의 전자가 있을 때 하나의 상태가 양자수로 표현할 때 $(n, l, m_l, m_s) = \left(2, 1, 1, \frac{1}{2}\right)$ 로 주어지면 다른 하나는 $(n, l, m_l, m_s) = \left(2, 1, 1, -\frac{1}{2}\right)$ 로 주어져야만 한다.

3.8.3 스핀-스핀 결합과 얽힘 spin-spin coupling and entanglement

이 절의 내용은 양자컴퓨터 quantum computer 와 양자암호 quantum cryptography 와 연관이 있는 양자역학 내용을 소개하고자 한다. 지금 현재 세계적으로 가장 활발히 진행되고 있는 연구주제 research topic 는 아마도 양자컴퓨터가 아닐까 생각된다. 여러가지 제안된 양자컴퓨터중 고체기반 컴퓨터 solid state based computer 를 구현시키는데 응용되는 양자역학 내용은 스핀-스핀 상호작용이다. 따라서 이 절에서 이에 대한 기본 물리학에 대해 살펴보기로 하자. 핵심이 되는 내용만을 소개할 예정이니 더 자세한 사항은 다른 양자역학 책을 참고하기를 권한다.

수소원자에서 핵을 이루는 양성자 proton 와 그 주위를 회전하는 전자 electron 는 페르미온 입자들로써 스핀-1/2 입자라고 부른다. 이 입자들은 자기 쌍극자 모우멘트 magnetic dipole moment 를 갖는데 각각 다음과 같이 주어진다.

$$\vec{\mu}_p = \frac{g_p e}{2m_p}\vec{S}_p, \quad \vec{\mu}_e = -\frac{e}{m_e}\vec{S}_e \tag{3.73}$$

여기서 자기회전비율 gyromagnetic ratio 이라고 불리우는 지 인자 g-factor 는 $g_p = 5.59$ 와 $g_e = 2.0$ 로 각각 주어진다. 이 두 스핀 입자계에서 고전전자기학을 따를 때 양성자의 자기 모멘트 magnetic moment 가 다음 식으로 주어지는 자기장을 형성한다.

$$\vec{B} = \frac{\mu_0}{4\pi r^3}\left[3(\vec{\mu}\cdot\hat{r})\hat{r} - \vec{\mu}\right] + \frac{2\mu_0}{3}\vec{\mu}\delta^3(\vec{r}) \tag{3.74}$$

양성자에 의해 형성된 자기장내에 있는 전자의 해밀토니안은

$$H_{\text{hf}} = -\vec{\mu}\cdot\vec{B} = \frac{\mu_0 g_p e^2}{8\pi m_p m_e}\frac{\left[3\left(\vec{S}_p\cdot\hat{r}\right)\left(\vec{S}_e\cdot\hat{r}\right) - \vec{S}_p\cdot\vec{S}_e\right]}{r^3} + \frac{\mu_0 g_p e^2}{3m_p m_e}\vec{S}_p\cdot\vec{S}_e\delta^3(\vec{r}) \tag{3.75}$$

로 주어진다. 섭동이론 perturbation theory 을 따라 몇 단계를 건너 뛰고 정리를 하면[7] 바닥상태 ground state 에서

$$H_{\text{hf}} = \frac{\mu_0 g_p e^2}{3\pi m_p m_e a^3}\left\langle\vec{S}_p\cdot\vec{S}_e\right\rangle \tag{3.76}$$

로 놓을 수 있고 이 상호작용을 '스핀-스핀 결합 spin-spin coupling' (='스핀-스핀 상호작용 spin-spin interaction'='미세 상호작용 hyperfine interaction')이라 부른다.

---

7 D. J. Griffiths, Introduction to Quantum Mechanics, 6.5 Hyperfine splitting

스핀-스핀 결합이 있을 경우 입자 개개의 각운동량 모멘트 moment 는 더 이상 보존되지 않고 소위 '좋은 상태 good state'는 전체 스핀의 고유벡터 eigenvector 가 되어야 한다. 전체 스핀 모멘트는 $\vec{S} \equiv \vec{S}_e + \vec{S}_p$ 로 주어지고 $S^2 = S_e^2 + S_p^2 + 2\vec{S}_p \cdot \vec{S}_e$ 이므로

$$\vec{S}_p \cdot \vec{S}_e = \frac{1}{2}\left(S^2 - S_e^2 - S_p^2\right) \tag{3.77}$$

이 된다. 위 식에서 편의상 스핀을 갖는 입자 1 과 입자 2 를 나타내기 위해 p 와 e 대신 1과 2 로 바꾸어 보자.

$$H_{\text{hf}} = A\vec{S}_1 \cdot \vec{S}_2 \quad \text{where } A = \frac{\mu_0 g_p e^2}{3\pi m_p m_e a^3} \tag{3.78}$$

스핀과 연관된 연산자 대수학을 이용하여 스핀 오름연산자 raising operator 와 스핀 내림연산자 lowering operator 를 다음과 같이 놓을 수 있다.

$$S_+ = S_x + iS_y, \quad S_- = S_x - iS_y \tag{3.79}$$

$$S_x = \frac{1}{2}\left(S_+ + S_-\right), \quad S_y = \frac{-i}{2}\left(S_+ - S_-\right) \tag{3.80}$$

다시 두 스핀 연산자를 정리하면

$$\begin{aligned}
\vec{S}_1 \cdot \vec{S}_2 &= S_{1x}S_{2x} + S_{1y}S_{2y} + S_{1z}S_{2z} \\
&= \frac{1}{2}\left(S_{1+} + S_{1-}\right)\frac{1}{2}\left(S_{2+} + S_{2-}\right) + \frac{-i}{2}\left(S_{1+} - S_{1-}\right)\frac{-i}{2}\left(S_{2+} - S_{2-}\right) + S_{1z}S_{2z} \\
&= \frac{1}{4}\left(S_{1+} + S_{1-}\right)\left(S_{2+} + S_{2-}\right) + \frac{-1}{4}\left(S_{1+} - S_{1-}\right)\left(S_{2+} - S_{2-}\right) + S_{1z}S_{2z} \\
&= \frac{1}{2}\left(S_{1+}S_{2-} + S_{1-}S_{2+}\right) + S_{1z}S_{2z}
\end{aligned}$$

이 되고 이를 이용하여

$$H_{\text{hf}} = A\vec{S}_1 \cdot \vec{S}_2 = \frac{A}{2}\left(S_{1+}S_{2-} + S_{1-}S_{2+}\right) + AS_{1z}S_{2z} \tag{3.81}$$

로 놓을 수 있다.

이 두 입자계의 스핀 기저상태 basis states 는 다음과 같이 네 가지로 생각할 수 있다.

$$|S_1, S_2\rangle \quad \Rightarrow \quad \begin{cases} |\uparrow,\uparrow\rangle,\ |\uparrow,\downarrow\rangle,\ |\downarrow,\uparrow\rangle,\ |\downarrow,\downarrow\rangle \quad \text{또는} \\ |+z,+z\rangle,\ |+z,-z\rangle,\ |-z,+z\rangle,\ |-z,-z\rangle \end{cases} \tag{3.82}$$

물론 뒤에서 다시 설명하겠지만 이 기저상태들이 고유상태 eigenstates 는 아니다. 다시 말하면 두 스핀 입자계는 위와 같이 네 가지 스핀상태로 존재하지 않는다. 위 식 (3.82)의 상태를 좀 더 자세히 표현해 보면 다음과 같다.

$$\begin{aligned} |+z,+z\rangle &= |+z\rangle_1|+z\rangle_2 = \left|s_1=\frac{1}{2}, m_1=\frac{1}{2}, s_2=\frac{1}{2}, m_2=\frac{1}{2}\right\rangle = |\uparrow,\uparrow\rangle \\ |+z,-z\rangle &= |+z\rangle_1|-z\rangle_2 = \left|s_1=\frac{1}{2}, m_1=\frac{1}{2}, s_2=\frac{1}{2}, m_2=-\frac{1}{2}\right\rangle = |\uparrow,\downarrow\rangle \\ |-z,z\rangle &= |-z\rangle_1|+z\rangle_2 = \left|s_1=\frac{1}{2}, m_1=-\frac{1}{2}, s_2=\frac{1}{2}, m_2=\frac{1}{2}\right\rangle = |\downarrow,\uparrow\rangle \\ |-z,-z\rangle &= |-z\rangle_1|-z\rangle_2 = \left|s_1=\frac{1}{2}, m_1=-\frac{1}{2}, s_2=\frac{1}{2}, m_2=-\frac{1}{2}\right\rangle = |\downarrow,\downarrow\rangle \end{aligned} \tag{3.83}$$

이제 이 4 개의 고유상태를 기초로 스핀-스핀 결합의 헤밀토니안을 우리는 다음과 같이 놓을 수 있다.

$$H_{\text{hf}} = \begin{array}{c} \\ |+z,+z\rangle \\ |+z,-z\rangle \\ |-z,+z\rangle \\ |-z,-z\rangle \end{array} \begin{array}{c} \begin{array}{cccc} |+z,+z\rangle & |+z,-z\rangle & |-z,+z\rangle & |-z,-z\rangle \end{array} \\ \begin{pmatrix} H_{11} & H_{12} & H_{13} & H_{14} \\ H_{21} & H_{22} & H_{23} & H_{24} \\ H_{31} & H_{32} & H_{33} & H_{34} \\ H_{41} & H_{42} & H_{43} & H_{44} \end{pmatrix} \end{array} \tag{3.84}$$

우리에게 주어진 일은 해밀토니안 행렬의 각 요소 element 들을 계산하는 것이 되겠다. 먼저 H_{11} 에 대해 계산해 보면

$$\begin{aligned} H_{11} &= \langle +z,+z|H|+z,+z\rangle = \langle +z,+z|A\boldsymbol{S}_1\cdot\boldsymbol{S}_2|+z,+z\rangle \\ &= A\langle +z,+z|\frac{1}{2}\left(S_{1+}S_{2-}+S_{1-}S_{2+}\right)+S_{1z}S_{2z}|+z,+z\rangle \\ &= A\langle +z,+z|S_{1z}S_{2z}|+z,+z\rangle & \because\ S_+|+z\rangle = 0 \text{ and } S_-|-z\rangle = 0 \\ &= A\frac{\hbar^2}{4}\langle +z,+z|+z,+z\rangle = \frac{A\hbar^2}{4} & \because\ S_{zz}|+z,+z\rangle = \frac{\hbar}{2}|+z,+z\rangle \end{aligned}$$

같이 주어지고 나머지 요소들도 같은 방법을 이용하여 얻은 결과는

$$H_{22}=-\frac{A\hbar^2}{4},\quad H_{23}=\frac{A\hbar^2}{2},\ \cdots\ \text{etc.}$$

와 같이 주어짐을 알 수 있다.

이렇게 구한 해밀토니안 행렬의 결과는

$$H_{\text{hf}}=\begin{pmatrix}\frac{A\hbar^2}{4} & 0 & 0 & 0\\ 0 & \frac{-A\hbar^2}{4} & \frac{A\hbar^2}{2} & 0\\ 0 & \frac{A\hbar^2}{2} & \frac{-A\hbar^2}{4} & 0\\ 0 & 0 & 0 & \frac{A\hbar^2}{4}\end{pmatrix}=\frac{A\hbar^2}{4}\begin{pmatrix}1&0&0&0\\0&-1&2&0\\0&2&-1&0\\0&0&0&1\end{pmatrix}=\alpha\begin{pmatrix}1&0&0&0\\0&-1&2&0\\0&2&-1&0\\0&0&0&1\end{pmatrix} \tag{3.85}$$

이 된다. 어느 행렬이 주어질 때 그 고유값과 고유벡터를 구하는 문제는 2 장에서 자세히 설명하였으니 같은 방법을 이용하여 보자.

$$\begin{vmatrix}\alpha-\lambda & 0 & 0 & 0\\ 0 & -\alpha-\lambda & 2\alpha & 0\\ 0 & 2\alpha & -\alpha-\lambda & 0\\ 0 & 0 & 0 & \alpha-\lambda\end{vmatrix}=0$$

$$\begin{aligned}&(\alpha-\lambda)\begin{vmatrix}-\alpha-\lambda & 2\alpha & 0\\ 2\alpha & -\alpha-\lambda & 0\\ 0 & 0 & \alpha-\lambda\end{vmatrix}\\ &=(\alpha-\lambda)(\alpha-\lambda)\begin{vmatrix}-\alpha-\lambda & 2\alpha\\ 2\alpha & -\alpha-\lambda\end{vmatrix}\\ &=(\alpha-\lambda)^2\left[(\alpha+\lambda)^2-4\alpha^2\right]=0\end{aligned}$$

따라서 고유값들 eigenvalues 은

$$\lambda=\alpha,\ \alpha,\ \alpha,\ -3\alpha \tag{3.86}$$

이 된다. 여기서 세개의 고유값이 모두 α 임을 보여주고 있다. 이는 세개의 고유상태가 모두 똑같이 같은 고유값 α 를 가짐을 나타내는데 이 경우 우리는 세 상태가 '축퇴 degenerate'되었다고 말한다.

이제 고유상태 eigenstates (또는 고유벡터 eigenvectors)를 구해보자.

(1) $\lambda = \alpha$ 일 때,

$$\begin{pmatrix} \alpha & 0 & 0 & 0 \\ 0 & -\alpha & 2\alpha & 0 \\ 0 & 2\alpha & -\alpha & 0 \\ 0 & 0 & 0 & \alpha \end{pmatrix} \begin{pmatrix} a \\ b \\ c \\ d \end{pmatrix} = \alpha \begin{pmatrix} a \\ b \\ c \\ d \end{pmatrix} \quad \Rightarrow \quad \begin{cases} \alpha a = \alpha a \\ -\alpha b + 2\alpha c = \alpha b \\ 2\alpha b - \alpha c = \alpha c \\ \alpha d = \alpha d \end{cases}$$

$$\Rightarrow \quad \begin{cases} a = a \\ b = c \\ d = d \end{cases} \quad \Rightarrow \quad \begin{cases} a = \text{arbitrary} \\ b = c \\ d = \text{arbitrary} \\ \text{with } a^2 + b^2 + c^2 + d^2 = 1 \end{cases}$$

(1-1) $a = \text{arbitrary}$, $b = c$, $d = \text{arbitrary}$ 인 경우,

$$\text{if we let } a = 1, \quad \begin{cases} a = 1 \\ b = c = 0 \\ d = 0 \\ \text{with } a^2 + b^2 + c^2 + d^2 = 1 \end{cases} \qquad u_1 = \begin{pmatrix} 1 \\ 0 \\ 0 \\ 0 \end{pmatrix}$$

$$\text{if we let } d = 1, \quad \begin{cases} a = 0 \\ b = c = 0 \\ d = 1 \\ \text{with } a^2 + b^2 + c^2 + d^2 = 1 \end{cases} \qquad u_2 = \begin{pmatrix} 0 \\ 0 \\ 0 \\ 1 \end{pmatrix}$$

또는

$$\text{if we let } a^2 = d^2 = \frac{1}{2} \text{ and } b = c = 0, \quad u_1 = \frac{1}{\sqrt{2}} \begin{pmatrix} 1 \\ 0 \\ 0 \\ 1 \end{pmatrix} \text{ and } u_2 = \frac{1}{\sqrt{2}} \begin{pmatrix} 1 \\ 0 \\ 0 \\ -1 \end{pmatrix}$$

$$\text{if we let } b = c = 1, \quad \begin{cases} a = 0 \\ b = c = 1 \\ d = 0 \\ \text{with } a^2 + b^2 + c^2 + d^2 = 1 \end{cases} \qquad u_3 = \frac{1}{\sqrt{2}} \begin{pmatrix} 0 \\ 1 \\ 1 \\ 0 \end{pmatrix}$$

(1-2) $b=c=1$ 인 경우,

$$\begin{cases} a=0 \\ b=c=1 \\ d=0 \\ \text{with } a^2+b^2+c^2+d^2=1 \end{cases} \qquad u_3=\frac{1}{\sqrt{2}}\begin{pmatrix}0\\1\\1\\0\end{pmatrix}$$

(2) $\lambda=-3\alpha$ 일 때,

$$\begin{pmatrix}\alpha & 0 & 0 & 0\\ 0 & -\alpha & 2\alpha & 0\\ 0 & 2\alpha & -\alpha & 0\\ 0 & 0 & 0 & \alpha\end{pmatrix}\begin{pmatrix}a\\b\\c\\d\end{pmatrix}=-3\alpha\begin{pmatrix}a\\b\\c\\d\end{pmatrix} \quad\Rightarrow\quad \begin{cases}\alpha a=-3\alpha a\\ -\alpha b+2\alpha c=-3\alpha b\\ 2\alpha b-\alpha c=-3\alpha c\\ \alpha d=-3\alpha d\end{cases}$$

$$\Rightarrow\quad \begin{cases} a=-3a \\ b=-c \\ d=-3d \\ \text{with } a^2+b^2+c^2+d^2=1 \end{cases} \quad\Rightarrow\quad \begin{cases} a=\text{arbitrary} \\ b=-c \\ d=\text{arbitrary} \\ \text{with } a^2+b^2+c^2+d^2=1 \end{cases}$$

$$\text{if we let } b=c=1, \quad \begin{cases} a=0 \\ b=1=-c \\ d=0 \\ \text{with } a^2+b^2+c^2+d^2=1 \end{cases} \qquad u_4=\frac{1}{\sqrt{2}}\begin{pmatrix}0\\1\\-1\\0\end{pmatrix}$$

우리가 구한 고유값중 세개의 고유값은 α 로 모두 동일하고 나머지 하나는 -3α 이었다. 동일한 고유값에 대응하는 고유상태는 세개의 상태가 모두 동일한 고유값을 갖고 있어 분광학에서 '삼중항 상태 triplet state' 라고 부른다. 물론 나머지 고유값은 하나의 상태에 대응하기 때문에 '단일항 상태 singlet state'라고 부른다. 위에서 구한 고유상태를 규격화하면 단일항 상태는

$$\frac{1}{\sqrt{2}}\begin{pmatrix}0\\1\\-1\\0\end{pmatrix}=\frac{1}{\sqrt{2}}\left(\left|+z,-z\right\rangle-\left|-z,+z\right\rangle\right)$$

으로 표현할 수 있고 삼중항 상태는

$$\begin{pmatrix}1\\0\\0\\0\end{pmatrix}=|+z,+z\rangle \quad \text{or} \quad \frac{1}{\sqrt{2}}\begin{pmatrix}1\\0\\0\\1\end{pmatrix}=\frac{1}{\sqrt{2}}\left(|+z,+z\rangle+|-z,-z\rangle\right)$$

$$\begin{pmatrix}0\\0\\0\\1\end{pmatrix}=|-z,-z\rangle \quad \text{or} \quad \frac{1}{\sqrt{2}}\begin{pmatrix}1\\0\\0\\-1\end{pmatrix}=\frac{1}{\sqrt{2}}\left(|+z,+z\rangle-|-z,-z\rangle\right)$$

$$\frac{1}{\sqrt{2}}\begin{pmatrix}0\\1\\1\\0\end{pmatrix}=\frac{1}{\sqrt{2}}\left(|+z,-z\rangle+|-z,+z\rangle\right)$$

으로 주어진다. 따라서 스핀 1/2 인 두 페르미온 입자계의 전체 자성 모멘트 magnetic moment 를 $|s,m\rangle$ 으로 나타내고 지금까지의 결과를 요약하여 나타내면

$$\begin{cases}|1,1\rangle=|\uparrow\uparrow\rangle \\ |1,0\rangle=\frac{1}{\sqrt{2}}\left(|\uparrow\downarrow\rangle+|\downarrow\uparrow\rangle\right) & s=1 \ (\text{triplet}) \\ |1,-1\rangle=|\downarrow\downarrow\rangle\end{cases}$$
$$|0,0\rangle=\frac{1}{\sqrt{2}}\left(|\uparrow\downarrow\rangle-|\downarrow\uparrow\rangle\right) \qquad s=0 \ (\text{singlet}) \tag{3.87}$$

와 같이 4 개의 고유상태로 표현할 수가 있다.

Remark:

1. 스핀 스핀 상호작용 결과로부터 가장 중요한 점을 다시 한번 강조하자면 두 스핀 입자계 two spin particle system 의 기저상태 basis states 는 다음과 같은 네 가지 상태로 존재하지 않고

$$|S_1,S_2\rangle \quad \Rightarrow \quad |\uparrow,\uparrow\rangle,\ |\uparrow,\downarrow\rangle,\ |\downarrow,\uparrow\rangle,\ |\downarrow,\downarrow\rangle$$

대신 다음과 같은 네 가지 고유상태 eigenstates 를 기저 basis 로 하여 존재한다.

$$
|S_1, S_2\rangle \Rightarrow \left.\begin{array}{l} |\uparrow\uparrow\rangle \\ \frac{1}{\sqrt{2}}\left(|\uparrow\downarrow\rangle + |\downarrow\uparrow\rangle\right) \\ |\downarrow\downarrow\rangle \end{array}\right\} \quad s = 1 \ (\text{triplet})
$$
$$
\frac{1}{\sqrt{2}}\left(|\uparrow\downarrow\rangle - |\downarrow\uparrow\rangle\right) \qquad s = 0 \ (\text{singlet})
$$

2. 두 고유값은 $\alpha = \frac{A\hbar^2}{4}$ 와 $-3\alpha = \frac{-3A\hbar^2}{4}$ 로 주어진다.

3. 단일항과 삼중항 상태는 두 스핀이 서로 독립적인 상태로 존재하지 않고 밀접히 연관되어 있음을 나타내는 가장 좋은 본보기인데 이 상태를 특별히 '얽힘 entanglement'인 상태에 있다고 한다. 현재의 과학기술에서 이 물리적인 양자 얽힘 상태가 양자암호 quantum cryptography 와 양자컴퓨터 quantum computer 를 구현하기 위한 가장 중요한 물리적인 현상이다. 이같이 양자정보 과학에 이용되는 얽힘 상태 entangled states 를 특별히 '결맞는 중첩 coherent superposition' 상태에 있다고도 한다.

4. 보어 반경 $a = \frac{4\pi\varepsilon_0\hbar^2}{m_e e^2}$ 와 빛의 속도 $c = 1/\sqrt{\varepsilon_0\mu_0}$ 인 관계식을 이용하면

$$
H_{hf}^1 = \frac{4g_p\hbar^4}{3m_p m_e^2 c^2 a^4}\begin{cases} +\frac{1}{4} & ;\ \text{triplet} \\ -\frac{3}{4} & ;\ \text{singlet} \end{cases}
$$

이 되며 단일항과 축퇴 degenerate 된 삼중항의 에너지 준위는 그림 3.18 과 같다.

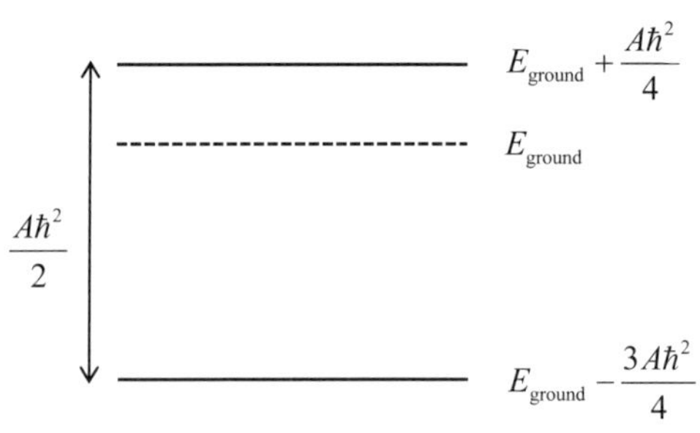

그림 3.18 스핀-스핀 상호작용에 의한 에너지 준위 분할.

5. 스핀 축퇴 degeneracy 된 바닥상태 ground state 는 위 그림에서 보여주는 바와 같이 스핀-스핀 결합에 의해 단일항과 삼중항으로 갈라지고 참고로 그들 사이의 에너지 갭은

$$\Delta E = \frac{4g_p\hbar^4}{3m_p m_e^2 c^2 a^4} = 5.88\times10^{-6}\,eV$$

와 같이 주어진다. 따라서 삼중항 상태에서 단일항 상태로 전이가 일어날 때 방출되는 빛의 진동수는

$$\nu = \frac{\Delta E}{\hbar} = 1420\ MHz$$

이고 대응하는 파장은 $\frac{c}{\nu} = 21\,cm$ 이 된다. 이를 '21 센티미터 선 $21\,cm$ line ' 이라 하는데 이는 우주의 어느 공간에서나 가장 널리 퍼져있어 쉽게 관측 되는 복사선이다. 이는 우주에 수소가 광범위하게 존재함을 직접적으로 증명하는 샘이다.

Summary

- 미시세계에서 계의 양자상태 quantum state $\Psi(x)$ 는

$$\Psi(x) = c_1\psi_1(x) + c_2\psi_2(x) + c_3\psi_3(x) + \cdots$$
$$= \sum_{n=1}^{\infty} c_n\psi_n(x)$$

  와 같이 고유함수들 eigenfunctions $\psi_i(x)$ 의 중첩 superposition 으로 주어진다

- 양자화 quantization 는 고유값 eigenvalues 과 고유상태 eigenstates 가 불연속적 discrete 이라는 의미도 있고 물리량을 연산자로 대체하여 양자역학을 구축하는 것을 의미하기도 한다.
- 미시세계에서 간섭은 궁극적으로 양자가 자신 itself 과의 간섭에 의하여 일어나며 이를 단일 입사 간섭 single particle interference 이라고한다.

- 하이젠베르크의 불확정성 원리 Heisenberg's uncertainty principle

$$\Delta x \Delta p \geq \frac{\hbar}{2} \qquad \text{; 위치와 운동량}$$

$$\Delta t \Delta E \geq \frac{\hbar}{2} \qquad \text{; 시간과 에너지}$$

$$\Delta \theta \Delta L \geq \frac{\hbar}{2} \qquad \text{; 회전각도와 각운동량}$$

- 양자역학에서 다루는 입자는 모든 물리적 특성이 같은 동일입자 identical particles 이고 페르미온 fermions 과 보존 bosons 두 가지 종류가 있다.
- 페르미온 입자는 양자수 quantum number 로 표현되는 하나의 양자상태에 오직 하나의 입자만이 존재함을 의미하며 이를 파울리 Pauli 의 배타원리 exclusion principle 라고 한다.
- 양자정보과학기술 quantum information science and technology 은 근본적으로 양자역학의 얽힘상태 entangled states 를 이용한다.

Chapter 4

고체물리학 기본개념

Fundamental Concepts in Solid State Physics

Chapter 4 고체물리학 기본개념 Fundamental Concepts in Solid State Physics

Key concepts:

1. Space
2. Reciprocal space
3. Isomorphism
4. Bragg's law
5. Bragg reflection condition
6. 1st Brillouin zone
7. Crystal momentum
8. Bloch theorem
9. Electronic band structure
10. BCF theory of crystal growth

고체물리학은 수학, 전자기학, 열 및 통계 물리학, 광학 그리고 양자역학을 포함한 많은 과목의 사전 지식을 필요로 하기 때문에 이공계 분야의 종합 학문이라 할 수 있다. 따라서 강의자의 인도를 따라가지 않으면 쉽게 흥미를 잃을 수 도 있다. 본 장에서도 많은 주제들 보다는 가장 핵심이 되는 내용을 중심으로 논의를 전개해 나가려고 한다. 특별히 주기적인 원자 배치로 이루어진 결정 crystal 속에서 전자가 어떠한 양자상태 quantum states 에 존재하는지 그리고 수학적으로 이를 어떻게 표현하는지 이해하기 바란다.

4.1 원자구조와 전자 구조 atomic structure and electronic structure

보통 고체물리학에서 나오는 '원자구조 atomic structure' 와 '전자구조 electronic structure' 용어는 말 그대로 원자 자체의 구조에 대한 언급 이기도 하고 전자구조도 전자 자체의 구조에 대한 언급일 수도 있지만 알다시피 전자는 구조를 가지고 있지 않은 점입자 point particle 로 보기 때문에 타당한 표현으로 보기 어렵다 (누구도 전자의 구조가 어떤 모양인지는 아직 확실히 모른다! 아주 최근에는 전자가 구 모형이라는 연구결과도 발표된적 있다!). 고체물리학에서 나오는 원자구조라는 용어는 보통 원자들이 어떻게 결합 bonding 되어 결정을 형성하고 있는지를 나타내는 즉, 결정구조 crystal structure 를 언급하는 용어를 말한다. 다른 한편, 최외각에 있는 원자가전자 valence electrons 들이 결정을 형성하기 위해 결합에 참여하고 있는데 이들 전자들의 양자상태 quantum states 를 전자구조 electronic structure 라고도 한다. 이 전자구조의 또 다른 의미는 앞으로 다룰 에너지 밴드에서와 같이 전자가 결정 속에서 어떠한 양자상태에 있는지를 나타내는 말 이기도 하다. 본 장에서는 원자구조atomic structure 는 결정구조crystal structure 로 전자구조electronic structure 는 전자밴드구조 electronic band structure 만을 의미하는 것으로 생각하자.

$$
\begin{aligned}
&\text{atomic structures} \quad \Rightarrow \quad \text{crystal structures} \\
&\text{electronic structures} \quad \Rightarrow \quad \begin{cases} \text{valence electron bondings} \\ \text{molecular orbitals} \\ \text{electronic band structures} \end{cases}
\end{aligned}
$$

4.1.1 결정 crystal

결정은 하나의 원자 또는 2 개 이상 원자들의 묶음 단위를 나타내는 '기저 basis'가 주기적으로 공간에 배치된 것을 말한다.

$$\text{crystal} = \text{lattice} + \text{basis} \tag{4.1}$$

이 기저 basis 의 위치를 하나의 점으로 나타낸다면 우리는 주기적인 많은 점으로 구성된 공간을 생각할 수 있고 이러한 점들의 집합 a set of points 으로 이루어진 공간을 격자 lattice 라 부른다.

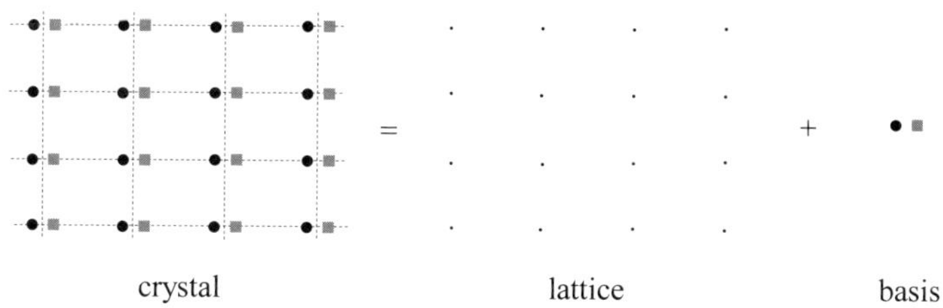

그림 4.1 결정의 정의.

결정에 대해 좀 더 이해하기 위하여 다음 보기 문제를 살펴보도록 하자.

Example 4.1 다음과 같이 원형과 사각형모양의 원자로 구성된 고체는 결정인가?

Solution

답은 네 yes 이다. 언뜻 원자 하나의 관점에서 보면 원형과 사각형 모양의 서로 다른 원자가 배치되어 주기성이 성립하지 않은 것 같으나 우리가 두 원자를 묶어 하나의 기저 basis 로 취하면 아래 그림과 같이 주기적으로 배열된 구조로 볼 수 있기 때문이다. 이 때 격자는 점 만 이용하여 나타낼 경우 시각적으로 혼란이 오기 때문에 (특히 3 차원 격자점 같은 경우) 그림에서 보여주는 바와 같이 종종 격자점은 직선으로 연결하여 나타내기도 한다. 위 그림에서 격자점을 취할 때

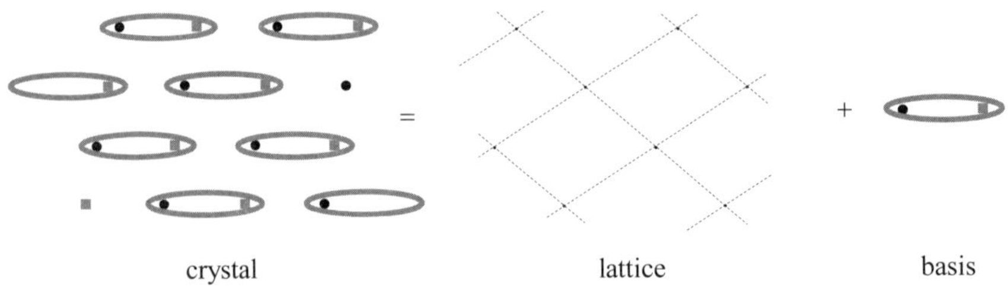

기저 basis 에 존재하는 두 원자중 하나의 위치를 격자점으로 선택하거나 다른 원자의 위치를 격자점으로 선택해도 되고 아니면 두 원자의 중간점을 선택하여도 격자 모양은 궁극적으로 변화가 없기 때문에 편리하게 취하면 된다. 보통은 두 원자 (또는 기저 basis 를 구성하는 그 이상의 원자들)의 가운데 위치를 격자점으로 취하면 나중에 계산이 편리해질 수 있다.

결정구조는 3 차원, 2 차원, 1 차원 형태로 존재할 수 있다. 3 차원 결정은 모두 7 종류의 결정계 crystal systems 와 각 계 system 에 속한 다른 종류의 격자구조를 고려하여 총 14 가지의 소위 브라베 격자 Bravais lattices 로 이루어져 있다[표 4.1]. 2 차원 결정은 표면구조로서 5 가지의 브라베 격자 Bravais lattices 로 구성되어 있다[표 4.2]. 1 차원 구조는 한가지 종류의 격자만 존재한다고 할 수 있다.

표 4.1 3차원 결정구조

3 - D crystals

7 lattice systems (14 Bravais lattices)

7 crystal systems	14 Bravais lattices primitive base-centered body-centered face-centered
Triclinic $\begin{bmatrix} a \neq b \neq c \\ \alpha \neq \beta \neq \gamma \end{bmatrix}$	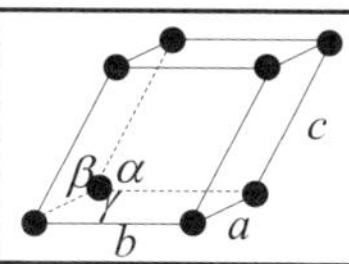
Monoclinic $\begin{bmatrix} a \neq b \neq c \\ \alpha = \gamma = \frac{\pi}{2} \neq \beta \end{bmatrix}$	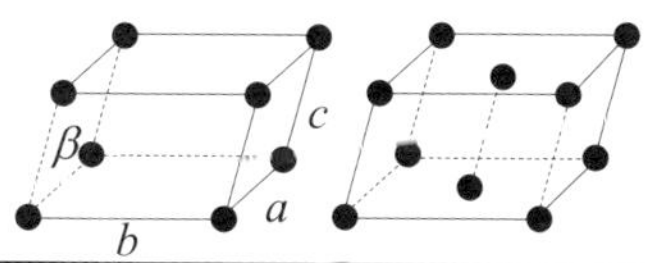
Orthorhombic $\begin{bmatrix} a \neq b \neq c \\ \alpha = \beta = \gamma = \frac{\pi}{2} \end{bmatrix}$	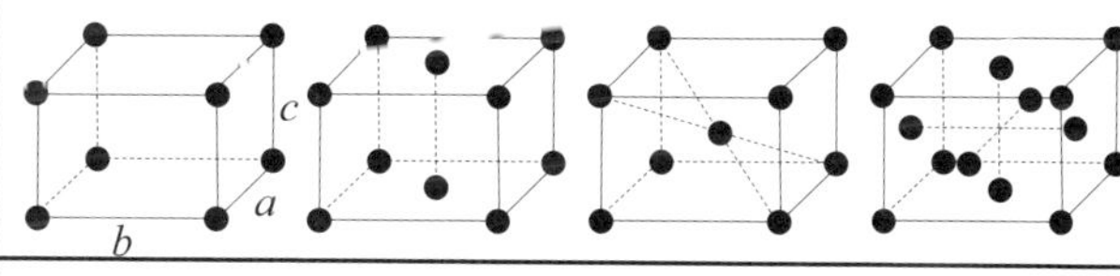
Trigonal $\begin{bmatrix} a = b = c \\ \alpha = \beta = \gamma \neq \frac{\pi}{2} \end{bmatrix}$	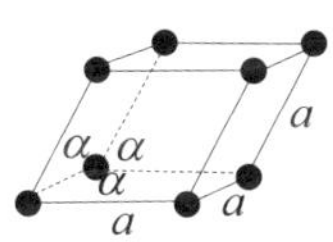
Tetragonal $\begin{bmatrix} a = b \neq c \\ \alpha = \beta = \gamma = \frac{\pi}{2} \end{bmatrix}$	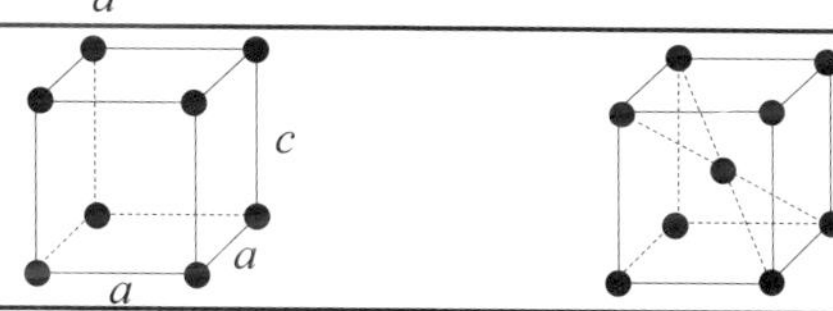
Hexagonal $\begin{bmatrix} a = b \neq c \\ \alpha = \beta = \frac{\pi}{2},\ \gamma = \frac{2\pi}{3} \end{bmatrix}$	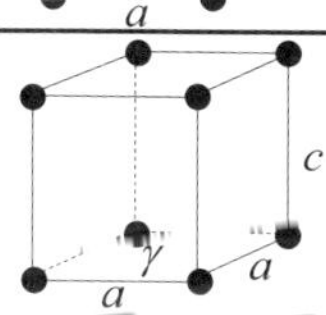
Cubic $\begin{bmatrix} a = b = c \\ \alpha = \beta = \gamma = \frac{\pi}{2} \end{bmatrix}$	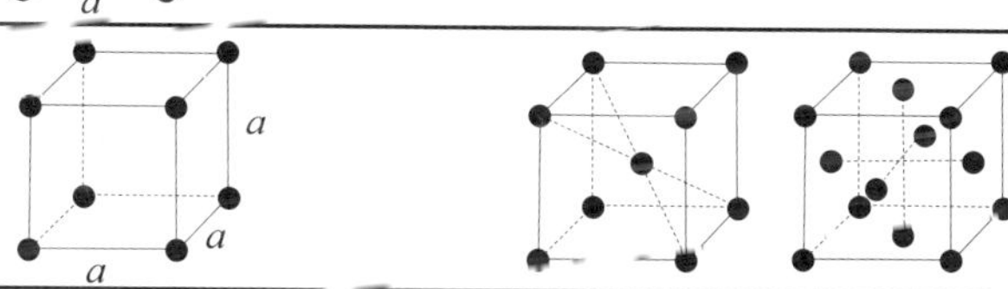

표 4.2 2차원 결정구조

2 - D crystals

4 lattice systems (5 Bravais lattices)

Oblique	$\left[a_1 \neq a_2,\ \ \gamma \neq \frac{\pi}{2}, \frac{\pi}{3}\right]$	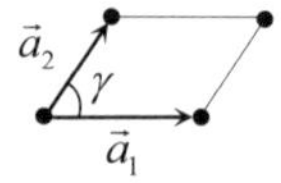
Rectangular	$\left[a_1 \neq a_2,\ \ \gamma = \frac{\pi}{2}\right]$	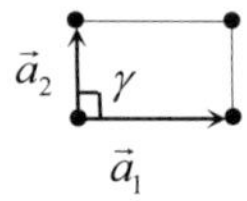
Centered rectangular (= Rhombic)	$\left[a_1 = a_2,\ \ \gamma \neq \frac{\pi}{2}, \frac{\pi}{3}\right]$	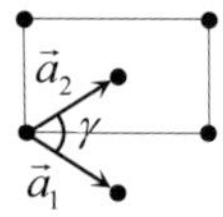
Square	$\left[a_1 = a_2,\ \ \gamma = \frac{\pi}{2}\right]$	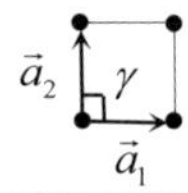
Hexagonal	$\left[a_1 = a_2,\ \ \gamma = \frac{\pi}{3}\right]$	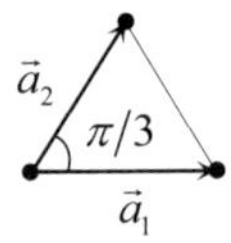

4.1.2 단위셀과 단위벡터 unit cells and unit vectors

격자점으로 구성된 가장 작은 단위의 셀을 단위셀 unit cell 이라 부른다. 단위셀의 종류는 다음과 같이 세 가지로 구분된다.

1. 원초적 단위셀 primitive unit cell (또는 primitive cell)
2. 재래식 단위셀 conventional unit cell
3. 위그너-사이쯔 셀 Wigner-Seitz cell

단위셀은 다양한 모양으로 정의할 수 있지만 '원초적 단위셀 primitive unit cell'은 ***셀 cell 당 단 하나의 격자점** only one lattice point* **만 존재하는 단위셀**을 말하며 기저 basis 를 구성하는 원자들의 수 와는 무관하다. '재래식 단위셀 conventional unit cell'은 어느 결정계 crystal system 에 속하는 브라베 Bravais 격자들이 갖는 공통된 단위셀을 말한다. 예를 들어 3 차원 cubic 격자는 세가지 종류(simple cubic: sc, body centered cubic: bcc, face centered cubic: fcc)가 있는데 이들은 공통으로 sc 구조를 갖는데 이를 재래식 단위셀이라고 한다. 다른 예를 들면 2 차원 결정계중 centered rectangular 에 속하는 아래 그림 4.2 와 같은 격자에서 실선으로 표시된 왼쪽의 단위셀은 단 하나의 격자점만 포함하기 때문에 원초적 단위셀 primitive unit cell 이라 한다면 오른쪽 직사각형은 재래식 단위셀 conventional unit cell 이라고 말한다. 우리는 원초적 단위셀을 이용하여 빈 공간없이 모든 공간을 채울 수 있으며 이 셀은 오직 하나의 격자점만 포함하기 때문에 어떤 공간을 이 셀로 나누면 그 공간에 존재하는

2-D 'centered cctangular' lattice

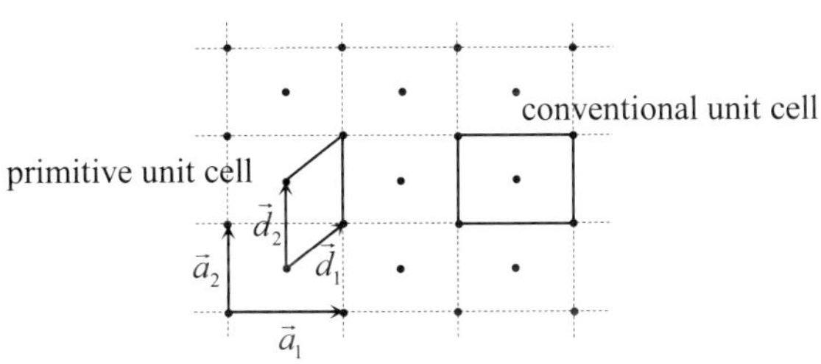

그림 4.2 원초적 단위셀과 재래식 단위셀.

격자점의 수 도 구할 수 있다.

위 그림에서 단위셀을 정의하는데 사용되는 벡터를 단위벡터라고 한다. $\vec{a}_1$ 과 $\vec{a}_2$ 는 재래식 단위 벡터 conventional unit vectors 라 하고 $\vec{d}_1$ 과 $\vec{d}_2$ 는 원초적 단위 벡터 primitive unit vectors 라 한다. 마지막으로 Wigner-Seitz cell 은 아래 그림 4.3 에서 보여주는 바와 같이 이웃하는 격자점을 연결한 후 이 선의 수직이등분을 취해 얻어지며 내부에 오직 하나의 격자점만을 갖게 되어 원초적 단위 셀 primitive unit cell 이기도 하다. 여기서 주의해야 될 점은 위그너-사이쯔 Wigner-Seitz 셀의 단위 벡터는 2 차원 구조에서 조차도 취하기가 쉽지 않다. 이 셀은 보통 실격자 공간 real lattice space 에서 보다는 역격자 공간 reciprocal lattice space 에서 단위셀을 정의하는데 주로 쓰이며 역격자

공간에서 위그너-사이쯔 셀을 특별히 브릴로인 영역 Brillouin zone 이라고 부르는데 나중에 전자밴드구조를 이해하는데 있어 핵심 개념이니 유념해 두자. 여기서는 단지 어떻게 위그너-사이쯔

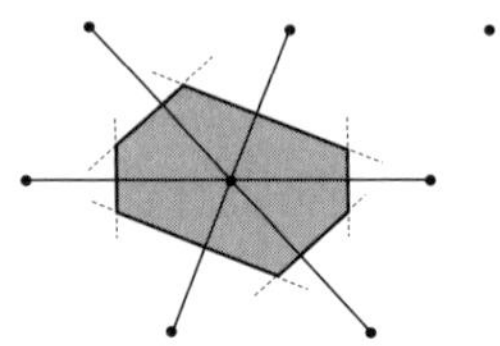

그림 4.3 Wigner-Seitz 셀을 취하는 방법.

셀을 취하였는지에 대해 잘 기억하고 있자.

다음으로 우리가 실리콘 Si 반도체의 전자밴드 구조를 이해하는데 필요하기 때문에 fcc 구조에서의 재래식 conventional 과 원초적 primitive 단위셀에 대해 살펴보도록 하자. fcc (또는 다이아몬드 diamond) 구조의 원초적 단위셀은 아래 그림에서 격자상수가 a 인 simple cubic 내에 있는 trigonal Bravais lattice $\left[a=b=c,\ \alpha=\beta=\gamma\neq\frac{\pi}{2}\right]$ 이다. 이 셀의 체적은 원초적 단위벡터를 이용하면 $V=\vec{a}_1\cdot\left(\vec{a}_2\times\vec{a}_3\right)=\frac{a^3}{4}$ 이고 체적이 a^3 인 fcc 는 4 개의 격자점(꼭지점: $8\times1/8=1$, 위 아래면: $2\times1/2=1$, 좌 우면: $2\times1/2=1$, 앞 뒤면: $2\times1/2=1$, 합계; 4 개)이 있음에 주목하자.

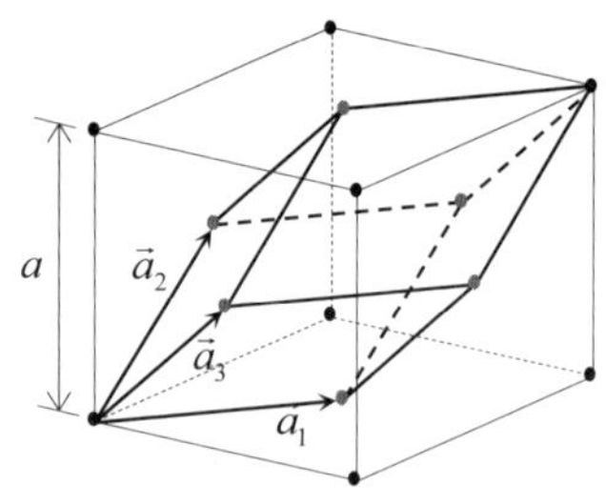

그림 4.4 fcc 격자의 재래식 단위셀과 원초적 단위셀.

Remark:

다이아몬드 diamond(Si)와 징크 블랜드 zinc blende (GaAs)구조의 원초적 단위셀 primitive unit cell 에는 2 개의 원자(하지만 1 개의 격자점만)가 있음에도 주의하자.

Example 4.2 다음과 같은 2 차원 그래핀 graphene 구조를 고려하자.

(*a*) 이 구조는 결정 crystal 인가?

(*b*) 결정이라면 원초적 단위벡터 primitive translational vectors 를 나타내시오.

Solution

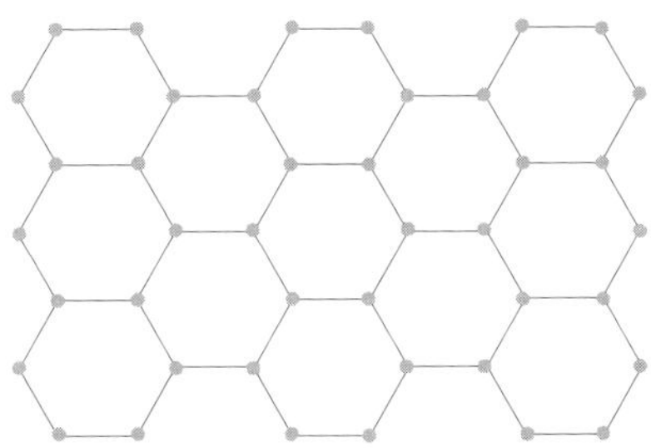

답은 yes 이다. 왜냐하면 아래 그림과 같이 두 개의 탄소원자를 묶어 하나의 기저 basis 로 취하면 주기적으로 배열된 구조로 볼 수 있기 때문이다. 벡터 $\vec{a}_1$ 와 $\vec{a}_2$ 는 원초적 단위벡터 primitive unit vectors 이다.

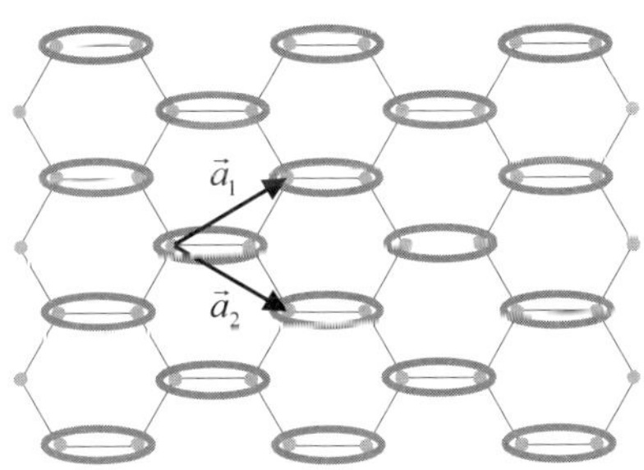

4.1.3 **격자상수와 결합길이** lattice constant and bonding length

이 절에서는 격자상수와 결합길이에 대해 그 차이점을 살펴보도록 하자. 그 차이를 이해하기 위해 cubic 결정계에 속하는 브라베 Bravais 격자를 고려하자.

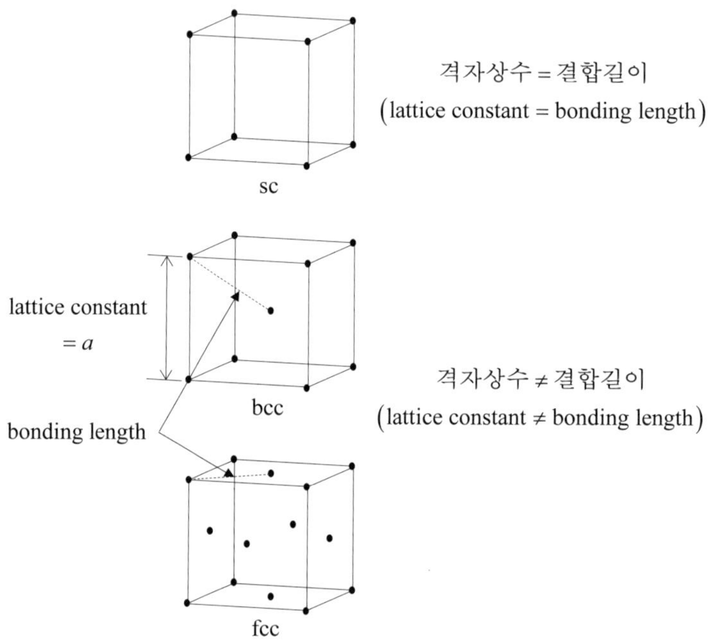

그림 4.5 세가지 cubic 격자구조에서 격자상수와 결합길이.

이 세가지(sc, bcc, fcc) 격자는 모두 정육면체 모양을 갖는 재래식 단위셀 conventional unit cell 을 갖는다. 이 셀의 크기가 모두 같다고 가정할 때 이 세 격자는 모두 같은 격자상수 a 를 갖는다. 즉, 결정계 crystal system 의 기본 격자 길이를 격자상수라고 말한다. 결합길이 bonding length 는 보통 이웃하는 원자 사이의 거리를 나타내며 재래식 단위셀 conventional unit cell 안에서도 여러가지 다른 결합길이 bonding length 를 가질 수 있다.

4.2 공간과 역공간 space and reciprocal space

고체물리학을 읽다 보면 역격자 reciprocal lattice 라는 용어가 나온다. 이 용어를 둘러싼 좀 더 기본적인 개념을 이해하는 것이 앞으로의 내용을 이해하는데 필요하므로 우리는 공간 space 에 대한 개념부터 시작해 보자. 우리에게 가장 친밀한 공간에 대한 개념은 보통 3 차원 물리적인 공간을 생각해 볼 수 있겠다. 이 공간에서 물리적인 실체를 나타내기 위해 우리는 친숙한 x-, y-, z-축을 이용하는 직교좌표계 rectangular Cartesian coordinate 를 이용한다. 여기서 Cartesian 은 이 좌표계를 처음 고안한 철학자 Descarte 단어 -carte 에서 왔다고 보면 된다. 우리의 경험에 비추어 볼 때 물체의 위치나 운동방향등을 이 좌표계를 이용하면 쉽게 시각화하고 인지할 수 있다.

하지만 우리가 사용하려는 좌표계는 반드시 직교좌표계를 이용해야만 되는 것은 아닐 뿐 아니라 좌표축들도 서로 수직일 필요가 없다. 결정계에서 알 수 있듯이 unit vectors 들은 반드시 서로 수직하지는 않다. 논의를 쉽게 하기 위해 2 차원 결정구조중 격자점들이 빗각을 이루는 oblique 구조를 생각해 보자. Oblique 구조로부터 알 수 있듯이 이 구조의 격자점의 위치를 나타내는데 있어 직교좌표계의 x-, y- 좌표축을 이용하기 보다는 그림 4.6 에서와 같이 두 좌표축이 서로 빗각을

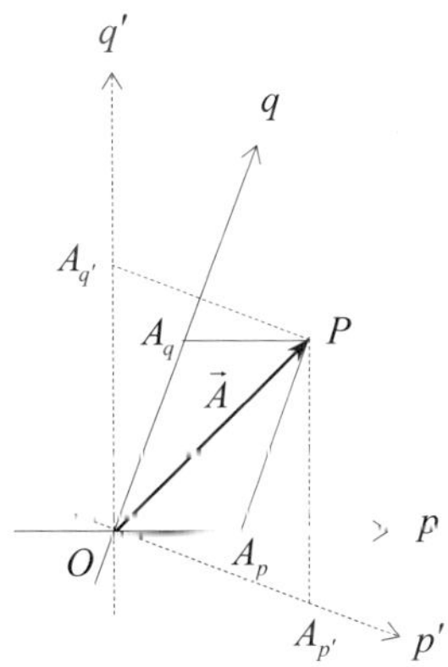

그림 4.6 2차원 표면 구조인 oblique 격자점들을 나타내는데 편리한 좌표계.

이루는 p-, q- 좌표축을 사용하는 것이 oblique 구조에서 편리하다는 것을 알 수 있다. 즉, 그림과

같이 기울어진 축을 좌표축으로 삼는 것이 훨씬 편리하다. 비직교 nonorthogonal 좌표계는 다양한 결정의 격자점 위치를 나타내는데 편리하다.

이제 비직교인 임의의 p-q 좌표계를 그림 4.6 과 같이 나타내고 원점 O 에서 p 축과 q 축에 각각 수직인 q' 축과 p' 축도 나타내자. 임의의 위치벡터 $\vec{A}$ 의 성분은 p-q 좌표계에서 축에 평행하게 직선을 그으면 각각 $\left(A_p, A_q\right)$ 으로 주어지고 p'-q' 좌표계에서는 점 P 로부터 p 축과 q 축에 수직하게 그으면 p' 축과 q' 축과 만나게 되는데 이렇게 구한 벡터성분은 각각 $\left(A_{p'}, A_{q'}\right)$ 으로 주어짐을 알 수 있다. 따라서 벡터 $\vec{A}$ 는 p-q 좌표계와 p'-q' 좌표계에서

$$\begin{aligned}\vec{A} &= \underbrace{A_p\hat{p} + A_q\hat{q}}_{\substack{\Downarrow \\ \text{representation in space}}} = \left(A_p, A_q\right) \\ &= \underbrace{A_{p'}\hat{p}' + A_{q'}\hat{q}'}_{\substack{\Downarrow \\ \text{representation in dual space}}} = \left(A_{p'}, A_{q'}\right)\end{aligned} \tag{4.2}$$

와 같이 표현된다. p-q 좌표계와 p'-q' 좌표계에서 벡터 $\vec{A}$ 는 표현 형식만 다를 뿐 벡터 실체 자체는 변함이 없다. 이 같이 우리는 어떤 실체를 두개의 다른 공간에서 변함없이 나타낼 수 있다. 다른 말로 표현하자면 진리 truth or reality 는 관점에 따라 달라지지 말아야 한다. 이 때 p-q 좌표계가 구성하는 영역을 '공간 space'이라 할 때 다른 p'-q' 좌표계가 구성하는 영역은 그의 '쌍대공간 dual space'이라고 부른다. 공간과 쌍대공간을 구성하는 축들 사이에는 다음 관계식을 만족시켜야 한다.

$$\begin{gathered}\hat{p} \perp \hat{q}' \text{ and } \hat{q} \perp \hat{p}' \\ \Downarrow \\ \hat{p}\cdot\hat{q}' = 0 \text{ and } \hat{q}\cdot\hat{p}' = 0\end{gathered} \tag{4.3}$$

p-q 좌표계와 p'-q' 좌표계 사이에는 직교 orthogonality 관계에 있다. 2 장의 선형벡터공간에서의 직교조건과 비교하면 다음과 같다.

- 공간과 쌍대공간 사이에서의 직교규격화 조건 orthonormality condition: $\hat{e}_i \cdot \hat{e}'_j = \delta_{ij}$
- 선형벡터공간에서 직교규격화 조건 orthonormality condition: $\hat{e}_i \cdot \hat{e}_j = \delta_{ij}$

이같이 보통 물리적인 실체는 공간과 쌍대공간 (또는 역공간 또는 *k*-공간 또는 Fourier 공간)에서 동등하게 표현할 수 있다. 어느 공간에 나타내어 지든지 벡터 자체 entity 의 크기는 변하지 않고 다만 표현만 달라졌을 뿐이다. 고체물리학에서는 이들이 실공간 real space (또는 real lattice)과 역공간 reciprocal space (또는 reciprocal lattice)으로 표현되고 있다. 인문학적으로 표현한다면 이들 공간을 관점 point of view 으로 생각해도 될 것 같다. '역지사지' 라고 생각해도 큰 무리는 없을 것 같다. 또 달리 표현한다면 진리는 보는 관점 (또는 좌표 또는 공간)에 따라 달라지지 말아야 한다. 이중성 duality 은 같은 실체를 다른 관점에서 본다는 의미이다. 이는 기하학, 대수학, 해석학등 수학에서 뿐만 아니라 물리학에서 자주 사용되는 개념이다. 즉, 진리(reality 가 관점에 따라 달리 보이면 안 된다)는 어떤 공간에 나타낼 지라도 다르면 안 된다. 여기서dual 은 보통 '쌍대'라는 말로 번역되고 있으며 의미를 살리기 위해서 '대응 corresponding, 보완 complementary'의 의미도 갖는다고 생각하면 된다. 이는 공간이 서로 똑같다 identical 는 의미 보다는 위 그림 4.6 에서 보여준 벡터와 같이 하나의 벡터라는 실체를 두 공간에 대해 본질적으로 동등하게 나타낼 수 있음을 의미한다. 이를 좀 더 전문적인 용어로 동형(同型, isomorphism)이라고 한다.

$$\text{isomorphism}(\text{同型}) = isos(\text{equal}) + morphe\ (\text{form } or \text{ shape})$$

여러 경우에 space 와 dual space 를 다른 표현으로 나타내 본다면 다음 표와 같다.

표에서 나타낸 바와 같이 공간 space 과 쌍대공간 dual space 사이의 관계는 일반적으로 푸리에 변환에 의해 서로 연결된다. 이에 관해서는 4.3.3 절에서 좀 더 구체적으로 설명하고자 하니 참고바란다.

표 4.3 공간 space 과 역공간 reciprocal space 에서 실체의 표현.

역공간에서의 표현 (reciprocal space 또는 dual space)		공간에서의 표현 (space)
reciprocal lattice =k-space =Fourier space	lattice ⇐ Fourier transforms 관계 ⇒ (고체물리학)	real lattice
bra vector $\langle\psi\vert=\vert\psi\rangle^*$	Quantum states	ket vector $\vert\psi\rangle=\langle\psi\vert^*$
momentum p_x	Representation in quantum mechanics	position x
수집합 number set $\{b\}$	$ab=1$ a 와 b 는 서로 역수 관계 (수학)	수집합 number set $\{a\}$
$g(k)=\sum_{x_n} f_{x_n} e^{ikx_n}$	Fourier transforms in a discrete space	$f(x)=\sum_{k_n} g_{k_n} e^{ik_n x}$
$f_{x_n} \to f(x)dx$ ⇓		$g_{k_n} \to g(k)dk$ ⇓
$g(k)=\int f(x)e^{-ikx}dx$	Fourier transforms in a continuous space	$f(x)=\int g(k)e^{ik_n x}dk$
상대방의 관점	entities (semiconductors, love, truth, etc.)	나의 관점
⋮	⋮	⋮
	isomorphism (동형 同型)	

결정의 구조는 실공간 real space 에서 원초적 병진벡터 primitive translation vectors $(\vec{a}_1, \vec{a}_2, \vec{a}_3)$ 를 이용하여 나타낼 수도 있고 역격자 공간 reciprocal space 에서 원초적 병진벡터 primitive translation vectors $(\vec{b}_1, \vec{b}_2, \vec{b}_3)$ 를 이용하여 나타낼 수도 있다. 3-, 2-, 1-차원 격자구조에서 이 들 벡터 사이의 관계는 다음과 같이 요약될 수 있다.

3차원 결정:

$$\begin{cases} \vec{b}_1 = 2\pi \dfrac{\vec{a}_2 \times \vec{a}_3}{\vec{a}_1 \cdot \vec{a}_2 \times \vec{a}_3} = 2\pi \dfrac{\vec{a}_2 \times \vec{a}_3}{V} \\ \vec{b}_2 = 2\pi \dfrac{\vec{a}_3 \times \vec{a}_1}{\vec{a}_1 \cdot \vec{a}_2 \times \vec{a}_3} = 2\pi \dfrac{\vec{a}_3 \times \vec{a}_1}{V} \\ \vec{b}_3 = 2\pi \dfrac{\vec{a}_1 \times \vec{a}_2}{\vec{a}_1 \cdot \vec{a}_2 \times \vec{a}_3} = 2\pi \dfrac{\vec{a}_1 \times \vec{a}_2}{V} \end{cases} \quad \text{where} \begin{cases} V = \text{volume} \\ \vec{a}_i \cdot \vec{b}_j = 2\pi\delta_{ij} \quad i,j = 1,2,3 \end{cases}$$

2차원 결정:

$$\begin{cases} \vec{b}_1 = 2\pi \dfrac{\vec{a}_2 \times \hat{n}}{|\vec{a}_1 \times \vec{a}_2|} = 2\pi \dfrac{\vec{a}_2 \times \hat{n}}{A} \\ \vec{b}_2 = 2\pi \dfrac{\hat{n} \times \vec{a}_1}{|\vec{a}_1 \times \vec{a}_2|} = 2\pi \dfrac{\hat{n} \times \vec{a}_1}{A} \end{cases} \quad \text{where} \begin{cases} A = \text{area} \\ \hat{n} \text{ is normal to } \vec{a}_1 \text{ and } \vec{a}_2. \\ \vec{a}_i \cdot \vec{b}_j = 2\pi\delta_{ij} \quad i,j = 1,2 \end{cases} \tag{4.4}$$

1차원 결정:

$$\left\{ \vec{b} = \frac{2\pi}{a}\hat{a} \right. \qquad \text{where } \vec{a} \cdot \vec{b} = 2\pi$$

참고로 실공간 real space 에서 임의의 격자점들의 위치는 원점 origin 을 정하고 위치벡터 position vector $\vec{R} = \vec{R}_{m_1 m_2 m_3} = m_1\vec{a}_1 + m_2\vec{a}_2 + m_3\vec{a}_3$ 로 나타내며 이 실공간의 역격자 공간 reciprocal space 에서 임의의 격자점들의 위치는 $\vec{G} = \vec{G}_{h_1 h_2 h_3} = h_1\vec{b}_1 + h_2\vec{b}_2 + h_3\vec{b}_3$ 로 나타내자.

$$\begin{aligned} \vec{R} &= \vec{R}_{m_1 m_2 m_3} = m_1\vec{a}_1 + m_2\vec{a}_2 + m_3\vec{a}_3 \\ \vec{G} &= \vec{G}_{h_1 h_2 h_3} = h_1\vec{b}_1 + h_2\vec{b}_2 + h_3\vec{b}_3 \end{aligned} \qquad \text{where } m, h = \text{integers} \tag{4.5}$$

이들을 집합으로 표시하면,

$$\{\vec{R}\} \text{ or } \{\vec{R}_{m_1 m_2 m_3}\} \quad \text{and} \quad \{\vec{G}\} \text{ or } \{\vec{G}_{h_1 h_2 h_3}\} \tag{4.6}$$

$$\{\vec{R}\} \text{ or } \{\vec{R}_{m_1m_2m_3}\} \quad \text{and} \quad \{\vec{G}\} \text{ or } \{\vec{G}_{h_1h_2h_3}\} \tag{4.6}$$

으로 나타내자.

2 차원에 oblique 구조에서 단위벡터 $\vec{a}_1, \vec{a}_2$ 와 그의 역공간에서 단위벡터 $\vec{b}_1, \vec{b}_2$ 사이의 직교조건 $\vec{a}_i \cdot \vec{b}_j = 2\pi\delta_{ij}$ 이 어떻게 성립하는지 알아보자. 아래 그림 4.7 에서와 같이 $\vec{a}_1$ 은 $\vec{b}_2$ 와 수직이고 $\vec{a}_2$ 은 $\vec{b}_1$ 와 수직이어야 한다.

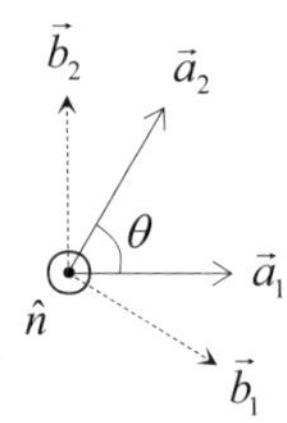

그림 4.7 2차원 oblique 격자의 실 단위벡터 $(\vec{a}_1, \vec{a}_2)$와 역 단위벡터 $(\vec{b}_1, \vec{b}_2)$.

$\vec{a}_1 \cdot \vec{b}_1 = \vec{a}_1 \cdot 2\pi \dfrac{\vec{a}_2 \times \hat{n}}{|\vec{a}_1 \times \vec{a}_2|}$ 으로 부터, $|\vec{a}_1 \times \vec{a}_2| = a_1 a_2 \sin\theta$ 이고 $\vec{a}_2 \times \hat{n} = a_2 \hat{b}_1$ 이기 때문에

$$\vec{a}_1 \cdot \vec{b}_1 = \frac{2\pi}{a_1 a_2 \sin\theta} \vec{a}_1 \cdot \left(a_2 \hat{b}_1\right) = \frac{2\pi}{a_1 a_2 \sin\theta} a_1 a_2 \cos\left(\frac{\pi}{2} - \theta\right) = \frac{2\pi}{a_1 a_2 \sin\theta} a_1 a_2 \sin\theta = 2\pi$$

이다. 또한 $\vec{a}_1 \cdot \vec{b}_2 = a_1 b_2 \sin\dfrac{\pi}{2} = 0$ 이므로 일반적으로 2 차원 격자의 직교조건 $\vec{a}_i \cdot \vec{b}_j = 2\pi\delta_{ij} \;\; i, j = 1, 2$ 을 만족함을 알 수 있다.

표 4.1 의 3 차원 결정계중 triclinic 구조$[\vec{a}_1 \neq \vec{a}_2 \neq \vec{a}_3, \; \alpha \neq \beta \neq \gamma]$ 의 primitive translation vectors $(\vec{a}_1, \vec{a}_2, \vec{a}_3)$와 그의 역공간에서 primitive translation vectors $(\vec{b}_1, \vec{b}_2, \vec{b}_3)$는 그림 4.8 과 같이 됨을 스스로 그려보고 이해하기 바란다.

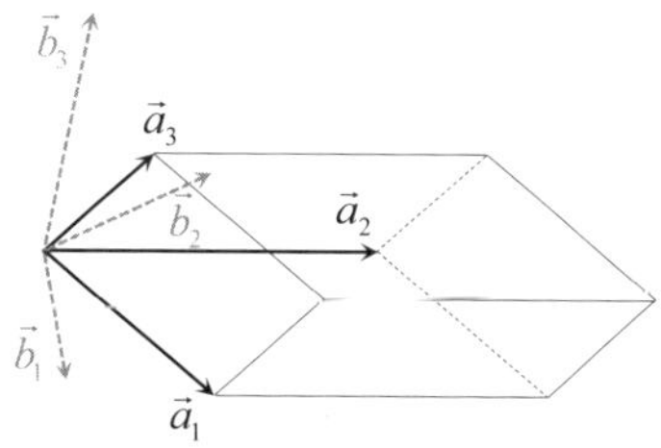

그림 4.8 3차원 triclinic 결정에 대한 실공간과 역공간에서 원초적 병진벡터들.

Example 4.3 fcc 의 역격자 reciprocal lattice 를 구성하는 점들은 bcc 구조가 됨을 보이시오.

Solution

Real space 에서 fcc 격자의 primitive translation vectors 들은

$$\vec{a}_1 = \frac{a}{2}(0,1,1), \quad \vec{a}_2 = \frac{a}{2}(1,0,1), \quad \vec{a}_3 = \frac{a}{2}(1,1,0) \tag{4.7}$$

이므로

$$\begin{aligned}
\vec{b}_1 &= 2\pi \frac{\vec{a}_2 \times \vec{a}_3}{\vec{a}_1 \cdot \vec{a}_2 \times \vec{a}_3} = \frac{2\pi}{a}(-1,1,1) \\
\vec{b}_2 &= 2\pi \frac{\vec{a}_3 \times \vec{a}_1}{\vec{a}_1 \cdot \vec{a}_2 \times \vec{a}_3} = \frac{2\pi}{a}(1,-1,1) \\
\vec{b}_3 &= 2\pi \frac{\vec{a}_1 \times \vec{a}_2}{\vec{a}_1 \cdot \vec{a}_2 \times \vec{a}_3} = \frac{2\pi}{a}(1,1,-1)
\end{aligned} \tag{4.8}$$

참고로 3 차원 공간에서 다음의 직교성에 주목하자.

$$\begin{cases} \vec{a}_1 = 2\pi \dfrac{\vec{b}_2 \times \vec{b}_3}{\vec{b}_1 \cdot (\vec{b}_2 \times \vec{b}_3)} \\ \vec{a}_2 = 2\pi \dfrac{\vec{b}_3 \times \vec{b}_1}{\vec{b}_1 \cdot (\vec{b}_2 \times \vec{b}_3)} \\ \vec{a}_3 = 2\pi \dfrac{\vec{b}_1 \times \vec{b}_2}{\vec{b}_1 \cdot (\vec{b}_2 \times \vec{b}_3)} \end{cases} \quad \text{and} \quad \begin{cases} \vec{b}_1 = 2\pi \dfrac{\vec{a}_2 \times \vec{a}_3}{\vec{a}_1 \cdot (\vec{a}_2 \times \vec{a}_3)} \\ \vec{b}_2 = 2\pi \dfrac{\vec{a}_3 \times \vec{a}_1}{\vec{a}_1 \cdot (\vec{a}_2 \times \vec{a}_3)} \\ \vec{b}_3 = 2\pi \dfrac{\vec{a}_1 \times \vec{a}_2}{\vec{a}_1 \cdot (\vec{a}_2 \times \vec{a}_3)} \end{cases} \tag{4.9}$$

$$\begin{cases} \vec{a}_1 \perp (\vec{b}_2\text{와 } \vec{b}_3\text{가 만드는 평면}) \\ \vec{a}_2 \perp (\vec{b}_3\text{와 } \vec{b}_1\text{가 만드는 평면}) \\ \vec{a}_3 \perp (\vec{b}_1\text{와 } \vec{b}_2\text{가 만드는 평면}) \end{cases} \quad \text{and} \quad \begin{cases} \vec{b}_1 \perp (\vec{a}_2\text{와 } \vec{a}_3\text{가 만드는 평면}) \\ \vec{b}_2 \perp (\vec{a}_3\text{와 } \vec{a}_1\text{가 만드는 평면}) \\ \vec{b}_3 \perp (\vec{a}_1\text{와 } \vec{a}_2\text{가 만드는 평면}) \end{cases}$$

4.3 엑스선 회절과 구조 인자 X-ray diffraction and structure factor

4.3.1 빛의 발생 방법 light generation

물체의 구조를 알기 위해 보통 엑스선을 이용한다. 그러기 위해서는 먼저 엑스선을 발생시켜야 한다. 일반적으로 빛 light 의 본질은 전자기파 electromagnetic wave 로서 우리가 인공적으로 빛(전자기파)을 발생시키는 방법은 다음 세가지로 요약될 수 있다.

- 원자의 전이 atomic transition

; 분광학에서 수소 스펙트럼을 관측할 때와 같이 원자에서 전자가 높은 에너지 준위에서 낮은 에너지 준위로 전이 transition 할 때 빛이 발생한다.

- 전하를 띤 입자의 가속이나 감속 acceleration or deceleration of charged particles

; 원형 가속기를 이용하여 빛을 발생시키는 것과 같이 전하를 띤 입자를 가속 시키거나 감속 시킬 경우 빛을 발생시킬 수 있다.

- 물질과 반물질의 소멸 matter-antimatter annihilation

; 전자 electron (matter)와 양전자 positron (antimatter)가 충돌할 경우 감마선 γ-ray 이 나오듯이 입자와 반입자를 만나게 되면 빛이 발생한다.

엑스선은 광전효과 photoelectric effect 와 반대로 (inverse photoelectric effect 라 할 수 있다.) 금속에 전자를 쏘면 높은 에너지 준위에서 낮은 에너지 준위로 전자가 전이 transition 하면서 나오게 된다. 이 스펙트럼은 다양한 파장을 나타내는데 이 중 우리는 단색광 monochromatic light 에 가까운 파장부분을 취해 실험에 이용한다. 따라서 엑스선 발생은 위에서 언급한 빛의 발생방법중 첫번째 방법을 따른 것이다.

두번째 구체적인 방법에 대해서는 먼저 전자기학 교과서의 방사 radiation 부분중 특별히 전기쌍극자 electric dipole radiation 부분을 살펴보기를 권한다. 다음 그림 4.9 에서와 같이

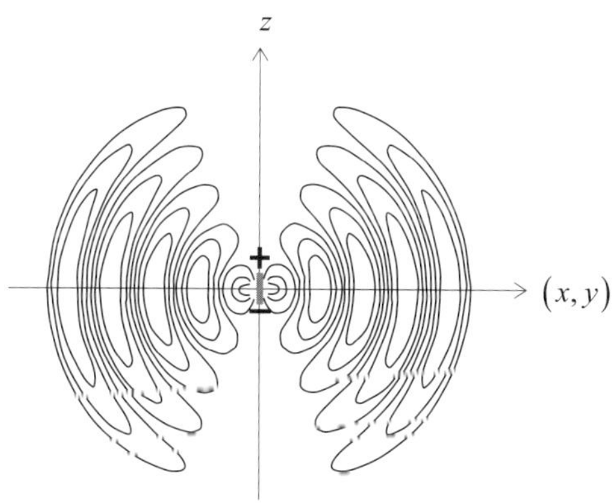

그림 4.9 전기쌍극자의 진동에 따른 전자기파 방사.

전기쌍극자가 z 축을 따라 (x y 면은 페이지면에 수직이다.) 위 아래로 진동하고 있다면 이것은 전하를 띤 입자가 가속운동을 하고 있는 것과 같으므로 (위에서 설명한 빛(전자기파)을 발생시키는

두번째 방법) x-y 면에 평행한 방향으로 전자기파를 방사 radiation 하게 된다. 그림에서 실선으로 표시된 부분은 전기장을 나타내고 자기장은 전기장에 수직한 방향(x-y 면과 평형인 방향)으로 퍼져 나가고 있음을 나타낸다. 이는 현재 방속국에서 전파를 내보내는 방법에 속한다. 기술적으로 중요한 다른 또 하나의 방법은 가속기를 이용하는 방법이다. 즉, 가속기내에서 전하를 띤 입자를 가속이나 감속을 시켜 인위적인 파장의 빛을 얻어 물질 구조를 분석하는 첨단실험에 유용하게 사용되고 있다.

세번째 방법은 간단히 누구나 알고 있는 아인슈타인의 질량과 에너지 사이의 동등한 관계식인 $E = mc^2$ 을 떠 올리면 되겠다. 물질과 반물질의 질량 m 이 빛의 에너지 E 로 바뀌어 진다고 생각하면 된다.

4.3.2 엑스선 회절 X-ray diffraction

그림 4.10 에서 가운데 존재하는 둥근 모양을 갖는 시료의 구조를 알기 위해 엑스선 실험을 한다고 가정하자. 파수벡터가 $\vec{k}$ 이고 전기장이 z-축으로 편광(편광의 방향은 전기장의 진동방향을 따른다.)된 엑스선이 왼쪽에서 물체에 입사한다. 이제 시료를 구성하는 원자 (또는 분자) 하나만을 생각할 때 이 원자에 속박된 전자들중 원자가 전자들 valence electrons 은 느슨하게

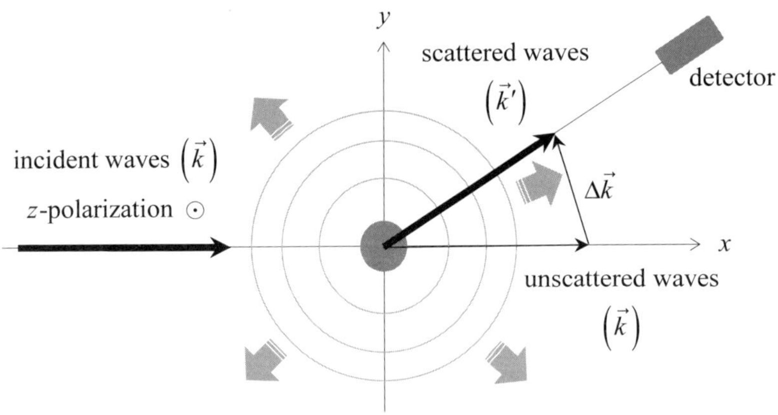

그림 4.10 입사된 빛과 산란된 빛 사이의 관계.

원자핵과 결합하고 있기 때문에 원자핵을 중심으로 입사하는 편광된 빛의 방향에 따라 진동을 하게 된다. 이것은 앞 절에서 설명한 바와 같이 쌍극자가 진동을 하는 것과 물리적으로 동일하다. 이제 입사한 엑스선의 에너지는 원자에 흡수되었고 흡수된 에너지는 원자단위의 쌍극자의 진동하는 에너지로 바뀌게 된다. 마치 빛이 유리창을 통과하는 경우에 유리에 있는 원자들은 빛을 흡수하게 되고 이 원자들은 다시 흡수한 빛과 위상이 같은 파를 다시 방출하게 된다. 즉, 빛은 산란을 하지 않게 되어 투명하게 보이게 되는 것과 같은 이치이다. 이제 시료내 원자들의 진동 에너지는 *x-y* 면 에 평행한 방향으로 다시 엑스선을 방사하게 된다. 입사된 엑스선에 노출된 결정내의 모든 원자는 같은 원리로 방사 radiation 를 일으키게 되지만 모든 방사된 엑스선은 서로 보강간섭이나 소멸간섭을 일으키면서 그림 4.11 에서 보여주는 바와 같이 오직 브래그 Bragg 법칙을 만족하는 특정 방향에서만 우리는 엑스선 회절 봉우리들 diffraction peaks 을 관측하게 된다.

아래 그림 4.11 은 결정에 엑스선을 쏘여 관측할 수 있는 전형적인 엑스선 회절의 결과를 보여주고 있다.

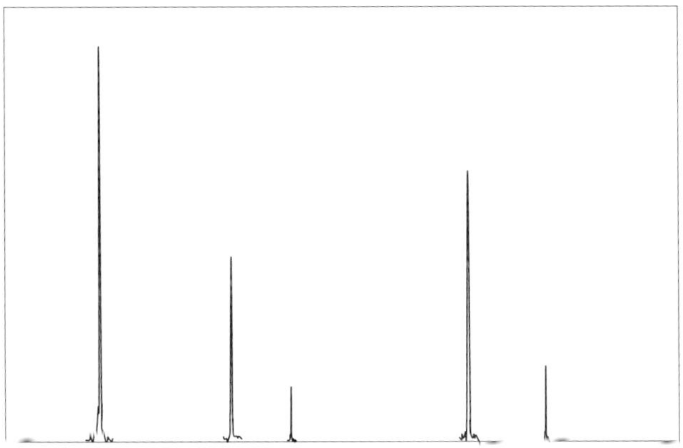

그림 4.11 $\Delta\vec{k}$에 따른 엑스선 회절 봉우리들의 모양.

이제 좀 더 미시적 관점에서 어떤 결정 crystal 속으로 입사된 엑스선이 회절을 일으키는지 그림 4.12 를 참조하여 살펴보도록 하자. 먼저 산란 scattering (예. 전자 산란 electron scattering, 중성자 산란 neutron scattering, 엑스선 산란 X-ray scattering)은 역격자 reciprocal space (또는 *k*-space, Fourier

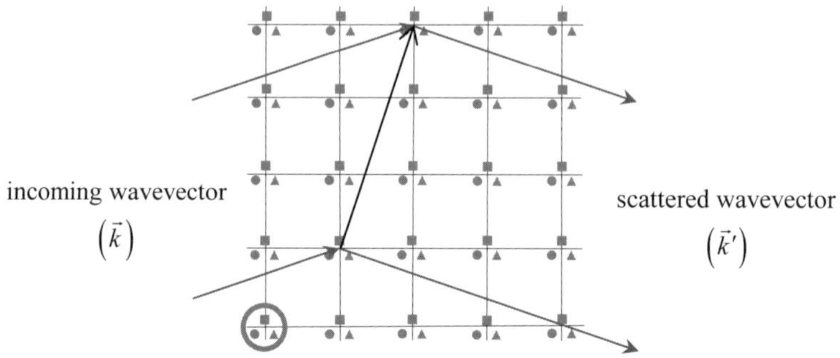

그림 4.12 결정속에서 엑스선의 입사파와 산란파 모형.

space)와 밀접히 연관되어 있다. 그림에서 동그라미, 네모, 세모 원자로 구성된 기저 basis(동그라미로 둘러싼 부분)를 갖는 결정 crystal 에서 입사된 파수벡터는 $\vec{k}$ 이고 산란된 파수벡터는 $\vec{k}'$ 라고 하자. 전체 산란 세기 total scattered intensity $I\left(\vec{k},\vec{k}'\right)$는 다음 식에서 주어진 바와 같이 모든 체적요소 또는 원자들로부터 산란된 파의 진폭을 더한 값의 제곱과 같다.

$$I(\vec{k},\vec{k}') = \left|\sum_{m,n} \Delta A_{m,n}\left(\vec{k},\vec{k}'\right)\right|^2 \tag{4.10}$$

여기서 하나의 단위셀 unit cell (즉, 기저 basis)내의 모든 원자 n 에 의해 산란된 진폭을 더한 후 모든 단위셀 unit cell m 에 대한 진폭을 더하여 구한다. 기저 basis 의 주기적인 대칭성 때문에 서로 다른 단위셀로부터 산란된 빛들 사이에 고정된 위상관계가 성립한다. 격자점의 위치가 $m_1\vec{a}_1 + m_2\vec{a}_2 + m_3\vec{a}_3$ 로 주어진 단위셀 unit cell 내에서 원자들의 위치벡터가 $\vec{r}_n$ 로 주어지면 하나의 원자로부터 산란된 빛의 모든 진폭은

$$\Delta A_{m_1,m_2,m_3,n}\left(\vec{k},\vec{k}'\right) = f_n\left(\vec{k}'-\vec{k}\right)e^{i\left(\vec{k}'-\vec{k}\right)\cdot\left(m_1\vec{a}_1+m_2\vec{a}_2+m_3\vec{a}_3+\vec{r}_n\right)} \tag{4.11}$$

이 된다. 다음 그림 4.13 과 같이 원초적 단위셀 primitive unit cell (또는 basis) 내에 동그라미, 네모, 세모 형태의 원자들이 존재한다고 할 때 어느 격자점을 중심으로 하나의 원자에 대해 생각해 볼 때 전자 분포는 다음 그림 4.14 와 같이 볼 수 있고 $f_n(\Delta k)$ 는 입사된 빛이 원자와

상호작용 interaction (또는 산란 scattering) 하는 정보를 내포하고 있는 유일한 인자 factor 이고

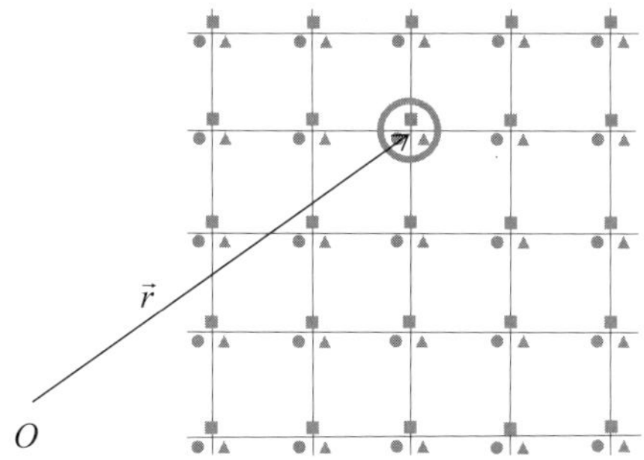

그림 4.13 격자점의 위치벡터.

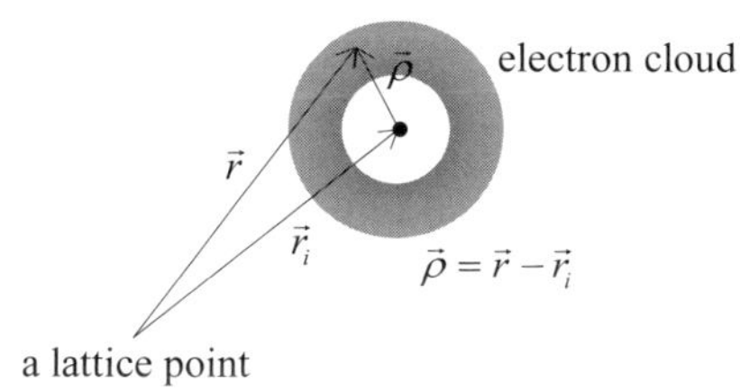

그림 4.14 기저내에 존재하는 한 원자에 대한 전자분포와 위치벡터.

부른다. 이 인자 factor 는 전자밀도 $n_n(\vec{\rho})$ 에 대한 푸리에 변환 Fourier transform 이며 식 (4.12)와 같이 주어진다. 본인의 강의 경험에 의하면 이 표현이 어떤 의미인지 모르는 학생이 너무 많았다. 다시 푸리에 변환에 대해 살펴보기를 적극 요구하며 관련 과목 담당 교수님들께 심문하여 그 의미를 확고히 하기를 바란다.

$$f_n\left(\Delta\vec{k}\right) = \int_V n_n(\vec{\rho}) e^{-i\Delta\vec{k}\cdot\vec{\rho}} dV \tag{4.12}$$

여기서, $n_n(\rho)$ 은 기저 basis 내의 n 번째 원자의 전자밀도를 나타낸다. 다시 산란에 기여하는 셀(기저)과 원자들에 의한 전체산란세기는

$$\begin{aligned} \left|\Delta A\left(\vec{k},\vec{k}'\right)\right|^2 &= \left|\sum_{m_1}\sum_{m_2}\sum_{m_3}\sum_{n} f_n\left(\vec{k}'-\vec{k}\right)e^{i\left(\vec{k}'-\vec{k}\right)\cdot\left(m_1\vec{a}_1+m_2\vec{a}_2+m_3\vec{a}_3+\vec{r}_n\right)}\right|^2 \\ &= \left|\sum_{m_1} e^{i\Delta\vec{k}\cdot m_1\vec{a}_1}\right|^2 \cdot \left|\sum_{m_2} e^{i\Delta\vec{k}\cdot m_2\vec{a}_2}\right|^2 \cdot \left|\sum_{m_3} e^{i\Delta\vec{k}\cdot m_3\vec{a}_3}\right|^2 \cdot \left|\sum_{n} f_n\left(\Delta\vec{k}\right)e^{i\Delta\vec{k}\cdot\vec{r}_n}\right|^2 \end{aligned} \tag{4.13}$$

로 주어짐을 알 수 있다. 위 식에서 단위셀 unit cell 의 내용에 관한 정보를 포함하고 있는 유일한 인자 factor 는 마지막 항이고 이를 구조상수 structure factor S 라고 부른다.

$$\left|S\left(\Delta\vec{k}\right)\right|^2 = \left|\sum_{n} f_n\left(\Delta\vec{k}\right)e^{i\Delta\vec{k}\cdot\vec{r}_n}\right|^2 \qquad ;\ n \sim \text{atoms, electrons, } etc. \tag{4.14}$$

이 구조 인자에 대한 이해를 위한 몇가지 보기는 뒤에서 다루기로 하고 여기서는 다음과 같이 요약하여 기억하고 있자.

- 구조인자 structure factor $\sum_{n} f_n\left(\Delta\vec{k}\right)e^{i\Delta\vec{k}\cdot\vec{r}_n}$ 는 하나의 단위셀 unit cell 내의 원자들의 특성에 대한 푸리에 변환 Fourier transform 이며 일반적으로 복소수로 표현됨에 주목하자.

- 구조인자 structure factor $S =$ 1 번 원자의 $\left(\text{atomic form factor} \times \text{its phase factor}\right) +$

  2 번 원자의 $\left(\text{atomic form factor} \times \text{its phase factor}\right) +$

  3 번 원자의 $\left(\text{atomic form factor} \times \text{its phase factor}\right) + \cdots$

나머지 3 개의 항들은 M 개의 단위셀 unit cell (또는 기저 basis)로부터 기인하는 위상인자 phase factor 를 나타낸다. 공간적인 대칭성에 의해 이웃하고 있는 셀과의 간섭은 항상 고정된 위상을 갖게 되어

$$\left|\sum_{m_j=1}^{M_j} e^{i\Delta\vec{k}\cdot m_j\vec{a}_j}\right|^2 = \left|\frac{1-e^{iM_j\Delta\vec{k}\cdot\vec{a}_j}}{1-e^{i\Delta\vec{k}\cdot\vec{a}_j}}\right|^2 = \left|\frac{1-e^{-iM_j\Delta\vec{k}\cdot\vec{a}_j}}{1-e^{-i\Delta\vec{k}\cdot\vec{a}_j}}\right|\cdot\left|\frac{1-e^{iM_j\Delta\vec{k}\cdot\vec{a}_j}}{1-e^{i\Delta\vec{k}\cdot\vec{a}_j}}\right| = \left|\frac{\sin\left(\frac{1}{2}M_j\Delta k\cdot a_j\right)}{\sin\left(\frac{1}{2}\Delta k\cdot a_j\right)}\right|^2 \tag{4.15}$$

주의: $\sum_{n=0}^{N-1} r^n = \dfrac{1-r^N}{1-r}$

로 나타낼 수 있다. 따라서 전체산란세기 $I\left(\vec{k},\vec{k}'\right)$는

$$I_{\text{scatt.}} \propto \left|\frac{\sin\left(\frac{1}{2}M_j\Delta k\cdot a_j\right)}{\sin\left(\frac{1}{2}\Delta k\cdot a_j\right)}\right|^2 \tag{4.16}$$

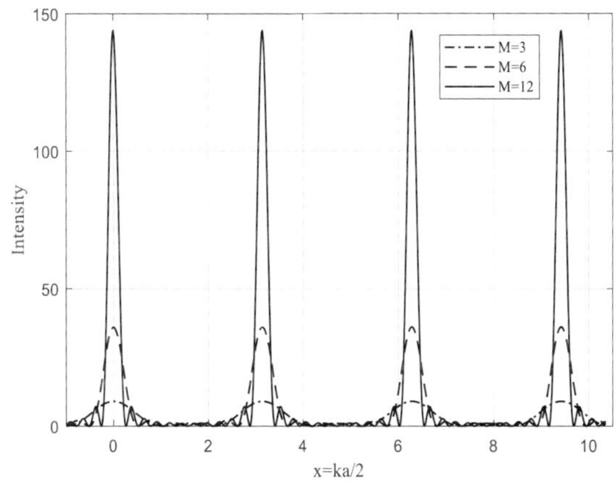

그림 4.15 단위셀의 수 M의 증가에 따른 전체산란세기의 변화.

로 주어진다. 다음 그림 4.15 는 $M=3,6,12$ 경우 전체 산란의 세기를 나타내고 그림 4.16 은 $M=200$ 인 경우 전체 산란 세기를 나타낸다. 즉, M이 증가함에 따라 봉우리는 점점 날카로워지고 세기도 크게 증가한다 (그림 4.15 와 4.16 에서 전체산란세기를 나타내는 세로축의 척도 scale 가 크게 다르다). 결정의 엑스선 회절 패턴은 결정성이 좋을수록 봉우리 peak 의 반값온폭

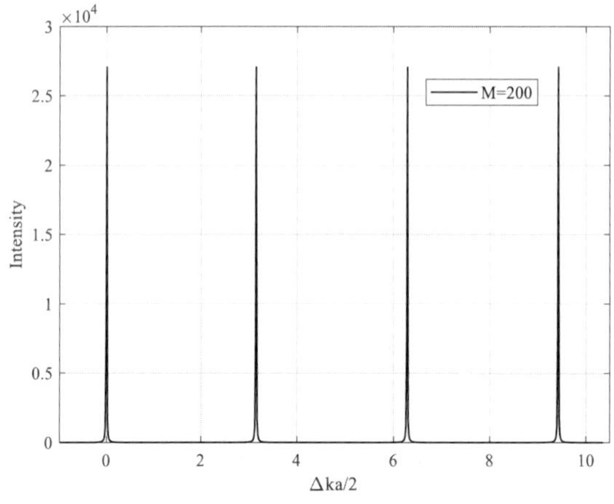

그림 4.16 단위셀의 수 $M = 200$ 인 경우 전체산란세기의 변화.

full width at half maximun (FWHM) 이 작아진다. 따라서 식 (4.15)의 최대값은 다음의 로피탈 정리 H'Lopital theorem 를 이용하면,

$$\lim_{\gamma\to 0}\left(\frac{\sin M\gamma}{\sin\gamma}\right) = \lim_{\gamma\to 0}\left(\frac{\sin M\gamma}{\sin\gamma}\right)' = \lim_{\gamma\to 0}\left(\frac{M\cos M\gamma}{\cos\gamma}\right) = M \tag{4.17}$$

결국 봉우리들 peaks 의 위치는 다음 조건을 만족하는 점들이 된다.

$$\frac{\Delta k\cdot a_1}{2} = h_1\pi,\quad \frac{\Delta k\cdot a_1}{2} = h_2\pi,\quad \frac{\Delta k\cdot a_1}{2} = h_3\pi \tag{4.18}$$

위 조건은 $\Delta k = G_{m_1m_2m_3}$ 인 조건과 같음에 주목하자. 따라서,

$$I(\Delta\vec{k}) = \begin{cases} \left|\sum_n f_n\left(\vec{G}_{h_1,h_2,h_3}\right)e^{i\vec{G}_{h_1,h_2,h_3}\cdot\vec{r}_n}\right|^2 & \text{if}\quad \Delta\vec{k} = \vec{G}_{h_1,h_2,h_3} \\ 0 & \text{if}\quad \Delta\vec{k} \neq \vec{G}_{h_1,h_2,h_3} \end{cases} \tag{4.19}$$

일반적으로 시료의 단위셀 unit cell 약 1000 개 정도면 전체산란세기는 위 조건을 만족하는 방향을 제외하고 0 이라 할 수 있고 이 점들은 또한 역격자 reciprocal lattice 벡터 $\vec{G}_{h_1,h_2,h_3}$ 를 정의하는 점들과

정확히 일치한다. 봉우리 peak 높이와 배경세기와의 비는 M^2 에 비례하고 봉우리 폭 peak width 은 $1/M$ 에 비례한다. 광학에서 회절 diffraction 패턴을 관측할 때도 그림 4.17 과 같이 비슷한 결과를 얻게 되는데 아래 사진은 슬릿 2 개(위 패턴)와 슬릿 5 개(아래 패턴)를 사용한 경우들을 보여준다. 슬릿의 수가 많아짐에 따라 회절 봉우리가 한 점으로 수렴함을 볼 수 있다.

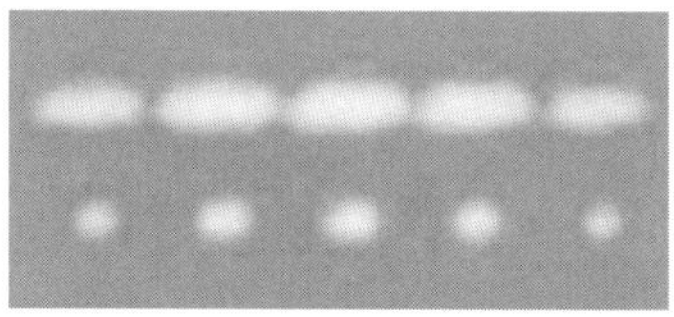

그림 4.17 슬릿을 2 개(위) 사용한 경우와 5 개(아래) 사용한 경우의 회절패턴.

Remark:

1. 엑스선에 노출된 시료가 충분히 클 경우 (즉, M 이 클 경우) 산란의 세기는 $\Delta\vec{k} = \vec{G}_{h_1,h_2,h_3}$ 를 제외한 모든 산란각도 ($\Delta\vec{k} = \vec{G}_{h_1,h_2,h_3}$ 값에 해당)에 대해 사라진다.

2. 위 산란각도에 대한 산란의 세기는 식 (4.18)로부터 알 수 있듯이 구조인자 structure factor 를 나타내는 식 (4.4)와 같다.

3. 지금까지 단일산란 single scattering 만 고려하였으나 실지로는 정확한 정보를 얻기 위해 다중산란 multiple scattering 도 고려해야만 한다.

4. 격자점 lattice point 은 산란이 산란각도(또는 산란방향)를 결정하고 기저 basis (unit cell 을 구성하는 원자들)는 산란세기의 modulation (산란의 세기 변화)을 결정한다.

이제 하나의 보기로써 다이아몬드 diamond 구조에 대한 구조인자 structure factor 를 계산해 보자. 우리가 알다시피 다이아몬드 구조는 브라베 Bravais 격자에 속하지 않고 하나의 기저에 두개의 원자가 존재하는 fcc 구조이다. 이 두개의 원자들의 기저 basis 내 위치는 각각 다음과 같이 놓을 수 있다.

$$\vec{\rho}_1 = 0$$
$$\vec{\rho}_2 = \frac{a}{4}\left(\hat{x}+\hat{y}+\hat{z}\right) \tag{4.20}$$

이 구조의 역격자는 bcc 구조이므로

$$\vec{b}_1 = \frac{2\pi}{a}\left(-\hat{x}+\hat{y}+\hat{z}\right),\ \vec{b}_2 = \frac{2\pi}{a}\left(\hat{x}-\hat{y}+\hat{z}\right),\ \vec{b}_3 = \frac{2\pi}{a}\left(\hat{x}+\hat{y}-\hat{z}\right) \tag{4.21}$$

이 된다(보기 문제 참조). 따라서 일반적인 역격자 벡터는

$$\vec{G} = h_1\vec{b}_1 + h_2\vec{b}_2 + h_3\vec{b}_3 \tag{4.22}$$

로 나타내자. 다이아몬드 구조를 갖는 대표적인 재료는 실리콘이다. 위에서 언급한 바와 같이 본질상 fcc 를 갖는데 기저에 존재하는 두 원자가 같은 종류이기 때문에 원자형태 인자 atomic form factor 가 같다. 이를 감안한 계산은 아래와 같다.

$$\begin{aligned}
S\left(\Delta\vec{k}\right) &= S\left(\vec{G}\right) \\
&= \sum_n f_n\left(\vec{G}\right)e^{i\vec{G}\cdot\vec{\rho}_n} \\
&= f_1 e^{i\vec{G}\cdot\vec{\rho}_1} + f_2 e^{i\left(h_1\vec{b}_1+h_2\vec{b}_2+h_3\vec{b}_3\right)\cdot\left(\frac{a}{4}\left(\hat{x}+\hat{y}+\hat{z}\right)\right)} \\
&= f_1 + f_2\left(e^{i\pi\left(h_1+h_2+h_3\right)}\right) \\
&= f\left(1+e^{i\pi\left(h_1+h_2+h_3\right)}\right) \qquad \because\ f_1 = f_2 = f \\
&= \begin{cases} 2f, & h_1+h_2+h_3 \text{ 가 짝수의 2배 일때, } 4,8,12,16,\cdots \\ \left(1\pm i\right)f, & h_1+h_2+h_3 \text{ 가 홀수 일때, } 1,3,5,7,\cdots \\ 0, & h_1+h_2+h_3 \text{ 가 홀수의 2배 일때, } 2,6,10,14,\cdots \end{cases}
\end{aligned} \tag{4.23}$$

표 4.4 구조인자 structure factor 의 제곱값.

$h_1+h_2+h_3$	1	2	3	4	5	6	7	8	9	10	11	12
$\left\|S\left(\vec{G}\right)\right\|^2$	$2f^2$	0	$2f^2$	$4f^2$	$2f^2$	0	$2f^2$	$4f^2$	$2f^2$	0	$2f^2$	$4f^2$

4.3.3 상관함수, 구조인자 및 델타함수 correlation function, structure factor and δ function

원자규모 atomic scale 의 관점에서 고체 solid 와 같이 기체 gas, 액체 liquid 등 유체 fluid 도 나름의 구조를 갖는다. 완전기체 perfect gas 는 그림 4.18 의 첫번째에서 보는 바와 같이 원자 사이의 거리가 불규칙적이고 서로간에 상호작용이 없는 탄성체로 구성되었다고 보면 된다. 이제 이 원자들의 밀도가 증가하고 서로간의 상호작용을 무시할 수 없는 경우 이들은 짧은 거리 내에서 서로 뭉쳐 aggregation 지기도 하면서 어느정도 질서를 띄게 되는데 이를 '짧은 영역 질서 short range order'를 갖는다고 말한다. 반면 고체 결정은 먼 거리에 걸쳐 질서가 유지되고 있기 때문에 '먼 영역 질서 long range order'를 갖는다고 말한다. 그림에서 보는 바와 같이 기체에서 고체쪽으로 상태가 변해 가면서 점점 원자들의 상호작용에 의해 질서가 잡혀가는 것을 볼 수 있다.

이와 관련된 상황을 이해하기 위해서는 상관함수 correlation function 와 구조인자 structure factor 라는 수학적 표현을 이용하는데 긴 설명을 필요로 한다. 그림 4.18 의 오른쪽은 물질의 구조를 알기 위해 수행된 다양한 산란 실험 (예: X-ray, neutron 등)에서 관측되는 구조인자를 나타낸다. 이들 구조인자로부터 어느정도 우리는 물질에 대한 시각적 정보를 유추해 낼 수 있을 것이다. 상관함수도 비슷한 모양을 갖고 있어 혼동이 올 수 있는점 주의바란다. 이들의 관계는 간단히 다음과 같이 기억하고 있자.

구조인자 strucure factor **와 상관함수** correlation function **는 서로 푸리에 변환** Fourier transforms **관계에 있다.**

Remark:

구조인자 structure factor 는 고체물리학 분야에서 고체나 액체의 구조 등을 다루는 산란실험등에서 자주 등장하는 용어이다. 상관함수와 동적구조인자 dynamic structure factor 등은 고등수학 개념이니 반드시 질문하여 그 의미를 조금씩 축적하기를 권하며 Goodstein 의 States of Matter 4 장을 참고하면 도움이 될 것이다.

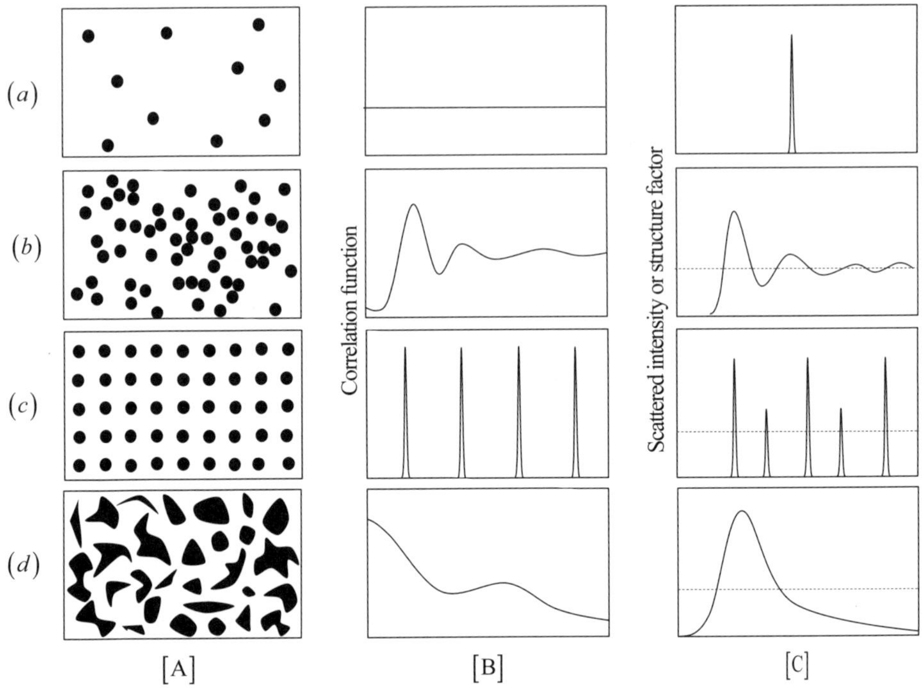

그림 4.18 물질의 상태 [A]와 대응하는 상관함수(correlation functions) [B] 및 구조상수 (structure factors) [C]들의 도식적 모양. (*a*) perfect gas, (*b*) liquid or glass, (*c*) crystal, and (*d*) binary mixture.

4.2 절 표 4.3 에서 보여준 바와 같이 실격자 real lattice (공간 space)와 역격자 reciprocal lattice(역공간 dual space) 사이는 푸리에 변환식 Fourier transforms 에 의해 서로 연관된다. 이를 이해하기 위해 먼저 디락에 의해 고안된 델타함수 Dirac's δ function 에 대해 간단히 알아보자. 델타함수는 다음과 같이 정의된다.

$$\delta(x-a)=\begin{cases}\infty & \text{if } x=a\\ 0 & \text{otherwise}\end{cases} \tag{4.24}$$

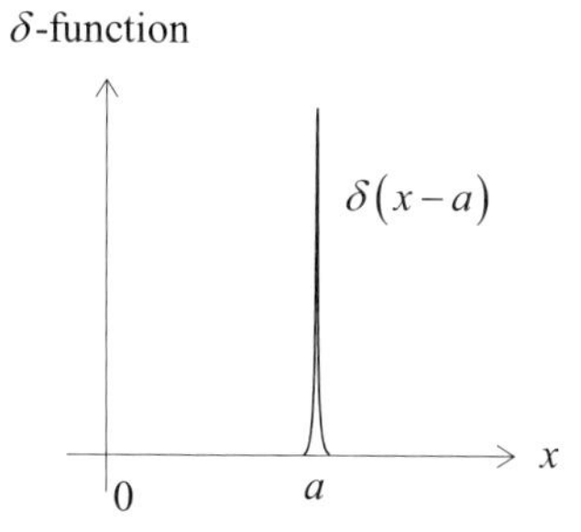

그림 4.19 디락의 δ 함수.

이를 그림으로 나타내면 다음과 같다. 즉, $x=a$ 인 지점을 제외한 모든 곳에서 0 인 꼴이다. 사실 더불어 델타함수에 대한 다음 관계식을 증명없이 기억하고 필요한 경우 이를 이용하도록 하자.

$$\begin{aligned} &(1)\ f(x)\delta(x-a)=f(x)\delta(x-a) \\ &(2)\ \int_{-\infty}^{\infty} f(x)\delta(x-a)dx=f(a) \end{aligned} \tag{4.25}$$

델타함수는 '함수'가 아니다. 하지만 디락이 고안해낸 이 함수는 다양한 분야에서 수학적인 엄밀성을 요구하는 곳에서 편리하게 이용되고 있기 때문에 당분간 그 편리함에 익숙해지도록 노력하자. 예를 들어 질량을 갖는 물체나 전기를 띤 전하가 공간에 연속적으로 분산되어 있지 않고 위치를 나타내는 점에 집중되어 있다고 가정해 보자. 즉, 점질량point mass 과 점전하point charge 를 가정하고 이들이 $x=1,3,10,24$ 에 존재한다고 하면 수학적으로 이를 다음과 같이 델타함수를 이용하여 표현할 수 있다.

$$\delta(x)=\delta(1)+\delta(3)+\delta(10)+\delta(24) \tag{4.26}$$

이같이 질량이나 전하가 (또는 전사 electron 등) 연속적인 분포가 아닌 특정한 점들에 분포한 경우 이를 델타함수를 이용하여 수학적으로 표현할 수 있다. 간단히 이러한 상황을 다루는 함수를 '분포함수 distribution function' (또는 '일반화 함수 generalized function')라고 한다.

이제 델타함수를 이용하여 격자상수가 a 인 1 차원 결정에서 실격자 점real lattice point 들을 식 (4.26)을 일반화하여 나타내 보면

$$\rho(x)=\sum_m \delta(x-ma) \quad \text{where } m=\text{integer} \tag{4.27}$$

와 같이 놓을 수 있겠다. 이 델타함수의 푸리에 변환은

$$\mathcal{FT}\left[\rho(x)\right]=\int \rho(x)e^{ikx}dx=\sum_m \int e^{ikx}\delta(x-ma)dx=\sum_m e^{ikma} \tag{4.28}$$

이 된다. 여기서 맨 오른쪽 식은 $k=\frac{2\pi}{a}h$ $(\text{여기서}, h=\text{integer})$ 일 경우 1 이 되나 그 이외의 경우는 합의 모든 항들이 진동 oscillation 하게 되면서 결국 0 으로 되어가는데 이를 식 (4.29)에서 나타내었다. 이 경우 그림 4.18 의 (c) crystal 의 구조상수 structure factor 에 대응하고 $\rho(x)$ 는 상관함수 correlation function 에 대응함을 그림을 통해 추론할 수 있다.

$$\begin{aligned}\sum_m e^{ikma} &= \sum_m e^{i2\pi mh} \\ &= \delta\left(k-\frac{2\pi}{a}\right)+\delta\left(k+\frac{2\pi}{a}\right)+\delta\left(k-2\frac{2\pi}{a}\right)+\delta\left(k+2\frac{2\pi}{a}\right)+\cdots+\delta\left(k-\frac{2\pi}{a}h\right)+\cdots \\ &= \sum_h \delta\left(k-\frac{2\pi}{a}h\right) \quad \text{where } h=\text{integer}\end{aligned} \tag{4.29}$$

결국 실격자 real lattice 의 푸리에 변환은 역격자 reciprocal lattice 가 됨을 알 수 있다. 3 차원 격자에 대해서도 같은 절차를 따라 변환시키면 된다. 앞의 4.2 절과 위에서 설명한 바와 같이 식 (4.29)는 실격자 real lattice 를 수학적으로 표현한 상관함수 correlation function 와 그의 구조상수 structure factor 가 푸리에 변환식 Fourier transforms 관계에 있다는 것을 알려주고 있다.

4.4 브래그 반사조건과 브릴로인 영역 Bragg reflection condition and Brillouin zones

4.4.1 브래그 법칙 Bragg's law

잘 알려진 엑스선 회절 X-ray diffraction 에 관한 브래그 Bragg 법칙은 다음과 같은 가정에 따라 유도 되었다.

1. 입사파는 결정내 원자층으로 구성된 평행한 면들로부터 반사된다. 이를 거울반사 specular reflection (아마도 거울에서와 같이 거의 완벽한 반사라는 의미로 붙여진 이름 같다.) 이라 한다.

2. 입사각과 반사각은 같다. 즉, $\theta_I = \theta_R$. 광학의 스넬의 법칙 Snell's law 에서는 입사각과 반사각이 면에 수직인 법선으로부터의 각도 $\frac{\pi}{2} - \theta$ 로 정의됨에 주의하자.

3. 충돌전후 에너지가 보존되는 탄성산란 elastic scattering 을 한다고 가정한다. 이는 $|\vec{k}_I| = |\vec{k}_R|$ 로 표현된다.

4. 입사파장은 격자상수와 비슷해야 한다. 즉, $\lambda \approx 2d$.

위 가정에 기초하여 결정에서 엑스선의 입사와 반사를 그림 4.20 과 같이 나타내자. 엑스선의 회절은 경로차가 다음과 같은 조건을 만족하는 각도에서 보강간섭을 일으키는데 이를 '브래그 법칙 Bragg's law'이라고 한다.

$$2d \sin\theta = n\lambda, \quad n \text{ 은정수} \tag{4.30}$$

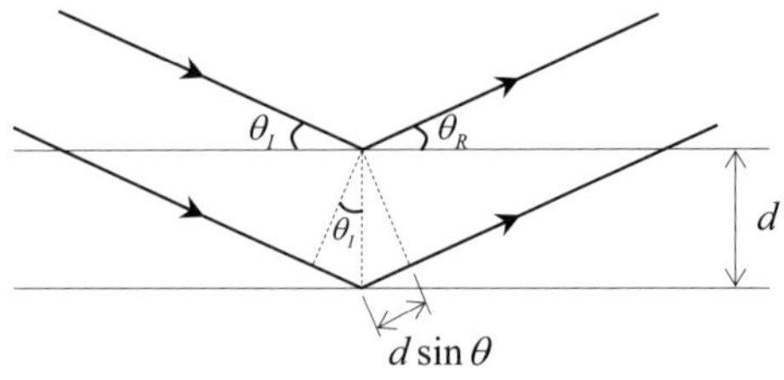

그림 4.20 결정면에서 엑스선의 입사와 반사.

4.4.2 폰 라우에 공식 von Laue formula

브래그 법칙과 다른 엑스선 보강간섭 조건은 다르게 표현될 수 있음이 폰 라우에 von Laue 에 의해 고안되었다. 라우에는 브래그와 같이 거울반사를 고려하는 대신 그림 4.21 에서와 같이 파수벡터 $\vec{k}$ 값을 갖는 입사 엑스선이 두 기저 basis 와 산란된 후 파수벡터 $\vec{k}'$ 값을 취하는 엑스선으로 나오는 상황을 고려하였다. 물론 여기서도 산란에 따른 에너지가 손실되지 않는 탄성산란을 가정하고 있다. 이때 두 엑스선의 경로차는

$$d\cos\theta + d\cos\theta' = \vec{d}\cdot\left(\hat{k}-\hat{k}'\right) \tag{4.31}$$

가 된다. 위 식에 $\frac{2\pi}{\lambda}$ 를 곱하면

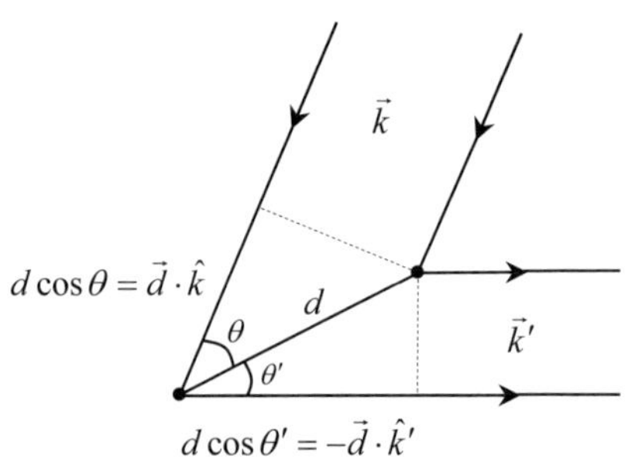

그림 4.21 폰 라우에 회절을 설명하는 도식도.

$$\vec{d}\cdot\left(\frac{2\pi}{\lambda}\hat{k}-\frac{2\pi}{\lambda}\hat{k}'\right)=\vec{d}\cdot\left(\vec{k}-\vec{k}'\right)=2\pi n \qquad (4.32)$$

가 되고 이제 두 개의 산란 점만이 아니라 브라베 Bravais 격자점을 이루는 많은 점들의 기저로부터 야기된 산란을 고려하면 브라베 벡터 $\vec{R}$ 을 이용하여

$$\vec{R}\cdot\left(\vec{k}-\vec{k}'\right)=2\pi n \qquad (4.33)$$

와 같이 쓸 수 있다. 결국 모든 벡터 $\vec{R}$ 에 대해,

$$e^{i\left(\vec{k}'-\vec{k}\right)\cdot\vec{R}}=1 \qquad (4.34)$$

과 같이 표현할 수 있고 이를 '폰 라우에 공식 von Laue formula'이라고 한다. 브래그의 법칙인 식 (4.30)과 폰 라우에 공식인 식 (4.34)는 결정에서 엑스선이 보강간섭을 일으키는 조건에 대한 같은 표현으로 보면 된다.

4.4.3 브래그 평면 Bragg planes

라우에 공식 식 (4.34)를 살펴볼 때 산란의 보강간섭 조건은 $\vec{k}'-\vec{k}=\vec{G}$ 을 만족하는 경우임을 알 수 있다. 즉 산란벡터와 입사벡터의 차이가 어떤 역격자 reciprocal 벡터 $\vec{G}$ 와 같을 때 일어난다. 왜냐하면,

$$e^{i\left(\vec{k}'-\vec{k}\right)\cdot\vec{R}}=e^{i\Delta\vec{k}\cdot\vec{R}}=e^{i\vec{G}\cdot\vec{R}}=1 \qquad (4.35)$$

과 같이 되기 때문이다. 실공간 real space 의 병진 translational 벡터 $\vec{R}$ 과 역격자 벡터 $\vec{G}$ 사이에는 위 같은 관계식이 항상 성립하기 때문이다. 더 나아가 탄성산란을 고려하면 $|\vec{k}|=|\vec{k}'|$ 이므로

$$\begin{aligned} &\Delta\vec{k} = \vec{G} \\ \Leftrightarrow\quad &\vec{k}' = \vec{k} + \vec{G} \\ \Leftrightarrow\quad &k'^2 = \left(\vec{k} + \vec{G}\right)^2 = k^2 + 2\vec{k}\cdot\vec{G} + G^2 \\ \Leftrightarrow\quad &2\vec{k}\cdot\vec{G} + G^2 = 0 \\ \Leftrightarrow\quad &2\vec{k}\cdot\vec{G} = -G^2 \end{aligned} \tag{4.36}$$

위 관계식의 마지막 항에서 벡터 $\vec{G}$ 는 임의의 벡터이고 결정의 대칭성 때문에 $-\vec{G}$ 를 대입해도 같은 조건을 나타내야 한다. 그래서 $-\vec{G}$ 를 대입하여

$$\begin{aligned} \Leftrightarrow\quad &2\vec{k}\cdot\left(-\vec{G}\right) = -G^2 \\ \Leftrightarrow\quad &2\vec{k}\cdot\vec{G} = G^2 \end{aligned} \tag{4.37}$$

라고 놓아도 본질적으로 다르지 않다. 이제 양변을 G 로 나누어 주면

$$\vec{k}\cdot\vec{G} = \frac{1}{2}G^2 \quad \text{or} \quad \vec{k}\cdot\hat{G} = \frac{1}{2}G \tag{4.38}$$

인 조건을 얻게 되는데 이는 브래그 법칙인 식 (4.30)의 또 다른 표현으로 보면 된다. '브래그 반사조건 Bragg reflection condition' 식 (4.38)을 만족하는 모든 파수벡터 wave vector $\vec{k}$ 는 역격자 공간에서 다음 그림 4.22 에서 보여주는 이등분 평면 bisecting plane 위에 존재하게 되는데 바로 이 면을 '브래그 평면 Bragg planes'이라고 부른다. 이러한 면들로 구성된 영역을 나중에 '브릴로인 영역 Brillouin zones'이라고 하니 기억해 두자.

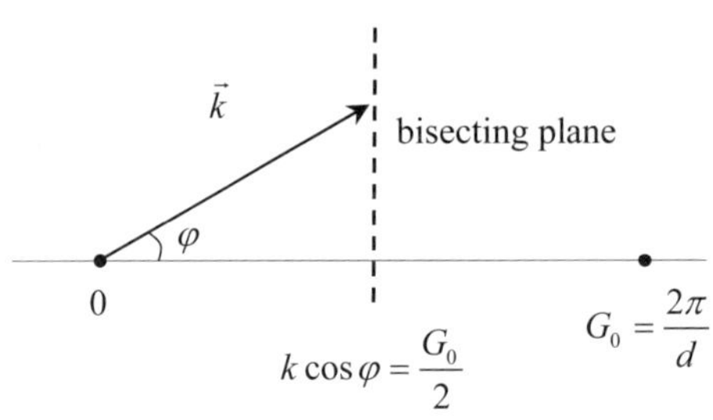

그림 4.22 브래그 반사조건을 만족하는 이등분 평면.

Remark:

브래그 평면 Bragg planes 과 브릴로인 영역 Brillouin zones 은 밀접한 연관관계에 있다.

브래그의 법칙을 나타내는 식 (4.30)과 브래그 반사를 나타내는 식 (4.38)이 결국 같은 표현임을 보여보자.

$$\begin{aligned}
\text{식 } (4.30) \quad \rightarrow \qquad & 2d\sin\theta = n\lambda \\
& \left(\frac{2\pi}{\lambda}\right)\sin\theta = \frac{1}{2}\left(\frac{2\pi}{d}n\right) \\
& k\sin\theta = \frac{1}{2}G \\
& kG\sin\theta = \frac{1}{2}G^2 \\
& kG\cos\left(\frac{\pi}{2}-\theta\right) = \frac{1}{2}G^2 \\
& \vec{k}\cdot\vec{G} = \frac{1}{2}G^2 \qquad \leftarrow \quad \text{식 } (4.38)
\end{aligned} \tag{4.39}$$

두 식 사이의 관계를 시각적으로 이해해 보기 위해 그림 4.23 에 보여주는 것과 같이 2 차원 결정에서 실격자점은 검정색으로 역격자 점들은 열린원 open circle 으로 나타내었다. 두 격자점들 사이의 관계는 식 (4.4)의 2 차원 결정에서 정의한 바를 따르면 된다. 실격자 공간 real space 에서 (원초적) 병진벡터(primitive) translational vector 를

$$\vec{a}_1 = a_1\hat{x}, \ \ \vec{a}_2 = a_2\hat{y} \tag{4.40}$$

로 놓으면 이들에 의해 정의되는 역격자 공간 reciprocal space 에서 병진벡터들은

$$\left.\begin{aligned}
\vec{b}_1 &= 2\pi\frac{\vec{a}_2\times\hat{n}}{|\vec{a}_1\times\vec{a}_2|} = \frac{2\pi}{a_1}\hat{x} \\
\vec{b}_2 &= 2\pi\frac{\hat{n}\times\vec{a}_1}{|\vec{a}_1\times\vec{a}_2|} = \frac{2\pi}{a_2}\hat{y}
\end{aligned}\right\} \quad \text{주의: } \vec{a}_1 \parallel \vec{b}_1, \ \ \vec{a}_2 \parallel \vec{b}_2, \tag{4.41}$$

그림에서 브래그 평면을 구성하는 $k\cos\varphi = \frac{1}{2}G$ 이 $|\vec{b}_2|$ 의 절반이 됨을 자세히 살펴보도록 하자.

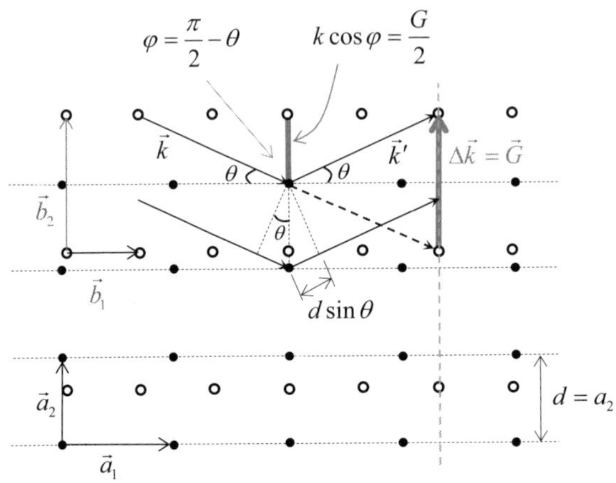

그림 4.23 브래그 반사법칙 이해를 위한 그림.

4.4.4 브릴로인 영역 Brillouin zones

브래그 반사법칙을 이용하여 역격자 공간에서 브릴로인 영역을 어떻게 나타내는지 살펴보자. 이 영역의 물리적 의미에 대해서는 다음 절에서 설명할 예정이니 여기서는 단순하게 이 영역을 구성하는 방법만을 살펴보기 바란다. 그림 4.24 는 2 차원 정사각형 square 역격자 공간을 구성하는 격자점들을 나타낸다. 식 (4.38)에 나타낸 브래그 반사법칙 $\vec{k}\cdot\hat{G} = \frac{1}{2}G$ 을 이용하여 두 역격자를 택하여 그의 이등분 선들을 전부 그려보면 그림과 같이 다양한 영역을 얻게 된다. 가운데 영역을 첫째 브릴로인 영역 1st Brillouin zone 이라하고 2, 3, 4 번 등은 각각 두번째, 세번째, 네번째 브릴로인 영역 2nd, 3rd , 4th Brillouin zones 을 나타낸다. 조각난 각 영역의 면적을 모두 더하면 b^2 로 모두 같게 된다는 사실도 기억하자. 즉, 모든 영역의 크기는 같다. 이와 더불어 또 한가지 사실은 첫째 브릴로인 영역이 앞에서 언급한 위그너-사이쯔 셀 Wigner-Seitz cell 을 나타낸다는 사실도 기억해 두자.

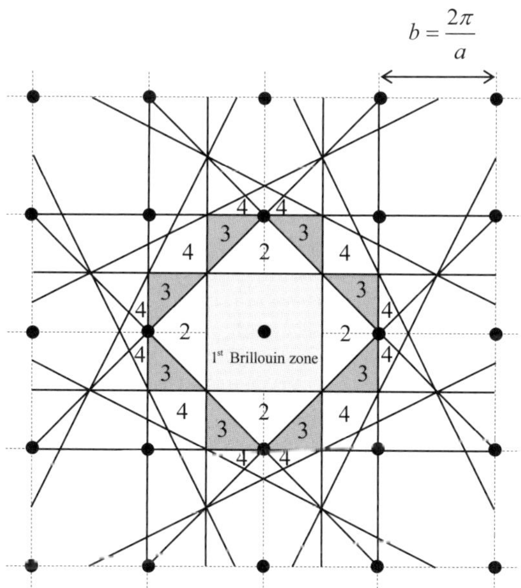

그림 4.24 2차원 브릴로인 영역들.

4.5 블락 정리 Bloch theorem

어떤 결정에서 각각의 격자점을 중심으로 놓여지는 포텐셜에너지 potential energy (때로 단순히 '포텐셜 potential'이라고도 하니 3.2.3 절을 다시 읽어보기를 바란다.) $V(\vec{r})$ 는 결정의 주기성 때문에 다음과 같은 조건을 만족한다.

$$V(\vec{r}) = V(\vec{r} + \vec{R}) \tag{4.42}$$

여기서 $\vec{R}$ 은 격자점의 위치를 나타내고 격자의 병진벡터 translation vector 라고 부른다. 이 포텐셜 $V(\vec{r})$ 가 주어지면 미시세계에서 운동하고 있는 입자의 운동을 기술하는 슈레닝거 방정식을 이용하여 물체의 운동에 대한 기술을 할 수 있게 된다. 이 미분방성식 형태의 운동방정식을 아직

풀지 않았기 때문에 우리는 이 물체의 양자상태 quantum state 에 대한 정보를 갖고있다고 보는 파동함수 ψ 를 알 수 없다. 박사과정 논문을 준비하던 Felix Bloch 은 그 해가 주기적인 포텐셜과 밀접한 관련이 있을 것으로 추정하고 푸리에 급수 Fourier series 에 대한 기억을 떠 올리며 이 파동함수가 다음과 같이 주어질 것으로 과감한 가정을 하였고 이를 '블락정리 Bloch theorem'라 한다.

$$(a)\quad \psi_{\vec{k}}(\vec{r}) = e^{i\vec{k}\cdot\vec{r}} u_{\vec{k}}(\vec{r}),\quad \text{where } u_{\vec{k}}(\vec{r}) = u_{\vec{k}}(\vec{r}+\vec{R}) \tag{4.43}$$

블락 정리의 강력한 장점은 결정내에서 포텐셜 $V(\vec{r})$ 가 어떤 세기를 갖던지 상관없이 주기적이기만 하다면 슈레딩거 방정식의 해 $\psi_{\vec{k}}(\vec{r})$ 가 위 관계식을 만족한다는 것이다. 첫번째 항 $e^{i\vec{k}\cdot\vec{r}}$ 은 평면파를 나타내므로 파가 마치 포텐셜의 영향없이 움직이는 상태를 갖고 있고 동시에 두 번째 항 $u_{\vec{k}}(\vec{r}) = u_{\vec{k}}(\vec{r}+\vec{R})$ 이 암시하듯이 결정의 포텐셜이 갖는 주기와 연관된 상태도 포함하고 있는 파를 표현하고 있음을 알 수 있다. 이 같이 결정내에서 입자의 운동 상태 (또는 파동함수)는 식 (4.43)와 같이 주어지는데 이 파동함수를 '블락파 Bloch wave'라고 한다.

Remark:

블락 정리 Bloch theorem 에 따른 파동함수의 특성은 다음과 같은 사실을 나타내고 있다.

1. 격자내에서 움직이는 입자에 대한 파동함수의 보편적인 형태를 나타낸다.

2. 격자의 potential 의 세기와 관련없이 성립한다.

3. 주기적인 potential 이 존재하는 경우 전자를 발견할 확률은 어떤 동일한 격자에서도 똑 같다는 것을 의미한다: $\left|\psi(\vec{r}+\vec{R})\right|^2 = \left|e^{i\vec{k}\cdot\vec{R}}\right|^2 \left|\psi(\vec{r})\right|^2 = \left|\psi(\vec{r})\right|^2$

블락 정리는 다음과 같이 다른 형태로도 나타내어 진다.

$$(b)\quad \psi_{\vec{k}}(\vec{r}+\vec{R}) = e^{i\vec{k}\cdot\vec{R}} \psi_{\vec{k}}(\vec{r}) \tag{4.44}$$

두 식 (4.43)와 식 (4.44)은 표현이 동등하다는 것을 다음과 같이 보여줄 수 있다.

증명1: (a)를 이용하여 (b)를 증명하기

$$\psi_{\vec{k}}\left(\vec{r}+\vec{R}\right)=e^{i\vec{k}\cdot\left(\vec{r}+\vec{R}\right)}u_{\vec{k}}\left(\vec{r}+\vec{R}\right)=e^{i\vec{k}\cdot\left(\vec{r}+\vec{R}\right)}u_{\vec{k}}\left(\vec{r}\right)=e^{i\vec{k}\cdot\vec{R}}e^{i\vec{k}\cdot\vec{r}}u_{\vec{k}}\left(\vec{r}\right)=e^{i\vec{k}\cdot\vec{R}}\psi_{\vec{k}}\left(\vec{r}\right)$$

증명2: (b)를 이용하여 (a)를 증명하기

$$\psi_{\vec{k}}\left(\vec{r}+\vec{R}\right)e^{-i\vec{k}\cdot\vec{r}}=e^{i\vec{k}\cdot\vec{R}}\psi_{\vec{k}}\left(\vec{r}\right)e^{-i\vec{k}\cdot\vec{r}},$$

$$\Leftrightarrow\quad \psi_{\vec{k}}\left(\vec{r}+\vec{R}\right)e^{-i\vec{k}\cdot\left(\vec{r}+\vec{R}\right)}=\psi_{\vec{k}}\left(\vec{r}\right)e^{-i\vec{k}\cdot\vec{r}}$$

$$\Leftrightarrow\quad \frac{\psi_{\vec{k}}\left(\vec{r}+\vec{R}\right)}{e^{i\vec{k}\cdot\left(\vec{r}+\vec{R}\right)}}=\frac{\psi_{\vec{k}}\left(\vec{r}\right)}{e^{i\vec{k}\cdot\vec{r}}}\qquad ;\ u_{\vec{k}}\left(\vec{r}+\vec{R}\right)=u_{\vec{k}}\left(\vec{r}\right)$$

$$\Rightarrow\quad \psi_{\vec{k}}\left(\vec{r}\right)=e^{i\vec{k}\cdot\vec{r}}\frac{\psi_{\vec{k}}\left(\vec{r}+\vec{R}\right)}{e^{i\vec{k}\cdot\left(\vec{r}+\vec{R}\right)}}=e^{i\vec{k}\cdot\vec{r}}u_{\vec{k}}\left(\vec{r}+\vec{R}\right)=e^{i\vec{k}\cdot\vec{r}}u_{\vec{k}}\left(\vec{r}\right)\qquad \text{QED.}$$

블락파를 좀더 이해하기 위해 다음 도식적인 그림 4.25 를 참조하자. 첫번째 그림은 각 격자점에서 potential 이 주기적임을 나타내는 $u_{\vec{k}}\left(\vec{r}+\vec{R}\right)=u_{\vec{k}}\left(\vec{r}\right)$ 을 보여준다. 두번째 그림중 점선으로 나타낸 부분은 평면파 성분을 보여준다. 따라서 실선으로 나타낸 파들은 블락파 Bloch waves 를 나타낸다.

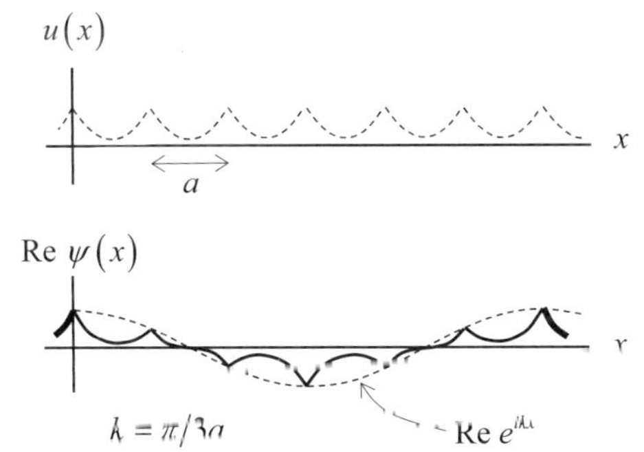

그림 4.25 평면 파동함수와 주기적인 파동함수의 곱으로 나타낸 블락파의 보기.

4.6 자유전자 모델과 빈격자 모델 free electron model and empty lattice model (≈ Nearly free electron model)

4.6.1 자유전자 모델 free electron model

전자 (또는 어떤 양자)가 어떤 외부 포텐셜에도 영향을 받지 않고 즉, potential $\vec{V}=0$ 인 공간 (자유공간 free space 이라고 한다.)에서 자유롭게 운동하고 있는 경우를 고려하자. 이 전자의 운동 상태를 알기위해서는 미시세계에서 입자의 운동을 기술하는 다음의 슈레딩거 방정식 Schrödinger equation 을 풀어야만 한다.

$$-\frac{\hbar^2}{2m}\frac{d^2\psi}{dx^2}+0=E\psi \tag{4.45}$$

이 방정식을 $\dfrac{d^2\psi}{dx^2}+k^2\psi=0$ 로 바꾸고 $k=\sqrt{\dfrac{2mE}{\hbar^2}}$ 라 놓으면 이 식의 방정식은 쉽게 다음과 같이 주어진다는 것을 2.5.1 절 식 (2.32)에서 설명하였다.

$$\psi\left(\vec{r}\right)=Ae^{i\vec{k}\cdot\vec{r}},\quad E=\frac{\hbar^2k^2}{2m}=\frac{\hbar^2}{2m}\left(k_x^2+k_y^2+k_z^2\right) \tag{4.46}$$

하지만 평면파 형태인 이 방정식의 해는 아래에서 보여주는 바와 같이 규격화 될 수 없다.

$$\int_{-\infty}^{\infty}\int_{-\infty}^{\infty}\int_{-\infty}^{\infty}\left|\psi\left(x\right)\right|^2dxdydz=\int_{-\infty}^{\infty}\int_{-\infty}^{\infty}\int_{-\infty}^{\infty}A^*e^{-i\vec{k}\cdot\vec{r}}Ae^{i\vec{k}\cdot\vec{r}}dxdydz=\left|A\right|^2\int_{-\infty}^{\infty}\int_{-\infty}^{\infty}\int_{-\infty}^{\infty}dxdydz=\infty\neq1 \tag{4.47}$$

달리 표현하자면 수학적으로 이 파동함수는 무한 공간에 퍼져 있다는 것을 의미하기 때문에 적절한 해는 아니다. 실제로 결정은 제한된 경계를 갖고 있다. 이런 난관을 넘기 위해 우리는 잠시 책략을 쓰려고 한다. 즉, 이 전자가 무한 공간에 퍼져 있다고 생각하는 대신 한 변의 길이 L 인 매우 큰 정육면체 상자 속에서 놓여 있다고 생각하자. 그러면 우리는 전자가 공간의 어떤 제한된 영역 finite region 안에 분명 존재한다고 생각 할 수 있다. 이렇게 가정하면 이제 평면파를 이 상자에 대해 규격화 할 수 있고 논의에 따른 결과는 큰 영향을 받지 않게 된다. 즉, 전자를 국소화된 실체 localized entity 로 취급할 수 있게 되며 이를 상자규격화 box normalization 라고도 한다.

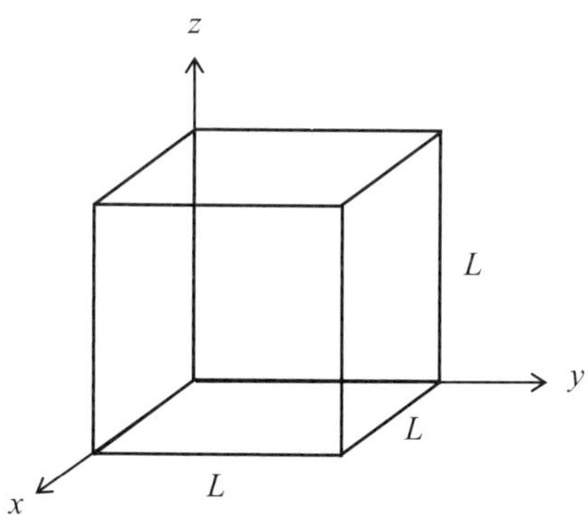

그림 4.26 한변의 길이가 L 인 매우 큰 상자.

문제를 단순하게 하기 위하여 이 전자가 3 차원 공간에서 운동을 하는 대신 길이가 L 인 1 차원에서 운동을 하고 있다고 가정하자. 그러면 1 차원과 3 차원 파동함수와 에너지는 단순하게 다음과 같이 나타낼 수 있다.

$$\begin{array}{ll} \text{1 차원} & \text{3 차원} \\ \psi_{k_x}(x) = \dfrac{1}{\sqrt{L}} e^{ik_x x} & \psi_{\vec{k}}(\vec{r}) = \dfrac{1}{\sqrt{\Omega}} e^{i\vec{k}\cdot\vec{r}} \quad \text{where } \Omega = \text{volume} \\ E(k_x) = \dfrac{\hbar^2 k_x^2}{2m} & E(\vec{k}) = \dfrac{\hbar^2}{2m}\left(k_x^2 + k_y^2 + k_z^2\right) \end{array} \tag{4.48}$$

여기서 $1/\sqrt{L}$ 과 $1/\sqrt{\Omega}$ 은 규격화 상수이다. 결정이 주기성을 갖고 있기 때문에 만약 상자의 왼쪽 면과 오른쪽 면 (또한 윗면과 아래면 그리고 앞면과 뒷면)이 서로 붙어 있다고 가정하면 이제 상자는 무한 결정과 같은 크기를 갖는 것으로 취급할 수 있게 된다. 이러한 경계조건을 본-폰 카만 Born von Karman 경계조건 boundary conditions (또는 주기적인 경계조건 periodic boundary conditions (PBC) 또는 순환 경계조건 cyclic boundary conditions)이라고 하며 자주 이용하는 책략이다.

자유입자모델은 말 그대로 격자를 고려하지 않은 자유공간 free space (외부에서 입자에 가하는 어떤 힘도 없는 즉, 포텐셜 potential $\vec{V} = 0$ 따라서 입자에 작용하는 외부힘 $\vec{F} = -\nabla V = 0$ 인 이 공간을 때로 진공 vacuum 이라고도 한다)를 고려한 경우 입자(전자)가 어떻게 표현되는지를 나타내는 모델이다. 이 공간에서 자유 입자는 속박되어 있지 않고 총 에너지는 운동에너지만을

갖는다. 단순히 1 차원 운동만을 가정하면 에너지는

$$E(k_x) = \frac{p_x^2}{2m} = \frac{\hbar^2 k_x^2}{2m} \tag{4.49}$$

로 쓸 수 있고 E 와 k_x 의 관계는 이미 3 장의 그림 3.13 에 보여주었다.

자유공간에서 입자는 수학적으로 표현된 평면파 plane wave, 즉 $\psi_{\vec{k}}(\vec{r}) = Ae^{i\vec{k}\cdot\vec{r}}$ 로는 규격화할 수 없기 때문에 입자의 상태를 나타내는데 부적절 함을 언급하였다. 따라서 3 장에서 설명한 바와 같이 우리는 파속 wave packet 개념을 이용하여 자유입자를 국소화된 실체 localized entity 로 나타낸다.

$$\Psi(\vec{r}) = \sum_{\vec{k}} c_{\vec{k}} e^{i\vec{k}\cdot\vec{r}} \tag{4.50}$$

$c_{\vec{k}}$ 는 진폭을 나타내는 계수 (위에서는 진폭 A 로 썼다.)이다. 이는 많은 평면파의 중첩 superposition or linear combination 으로 파속을 나타내었다. 즉, 어떤 파를 푸리에 해석 analysis 를 이용해 분해하는 방법의 반대로 푸리에 성분을 합하여서 우리가 원하는 파-입자 이중성을 갖는 입자에 대한 수학적 표현이 가능하게 한것이다. 하지만 여기서 $\vec{k}$ 는 불연속하게 discrete 변하는 것이 아니라 연속적으로 continuous 변하는 변수임을 고려할 경우에는 다음과 같이 적분 형태로 표현되어야 함에 주의하자.

$$\begin{cases} c_{\vec{k}} & \rightarrow \; c(\vec{k})\,d\vec{k} \\ \sum_{\vec{k}} & \rightarrow \; \int_0^\infty \end{cases}$$

바꾸면

$$\Psi(\vec{r}) = \int_0^\infty c(\vec{k}) e^{i\vec{k}\cdot\vec{r}} d\vec{k} \tag{4.51}$$

과 같이 식 (4.50)을 적분 형태로 놓을 수 있다.

Remark:

1. 위의 적분관계식은 Fourier 적분 변환을 나타낸다. 즉,

$$\begin{cases} \psi(\vec{r}) = \int_0^\infty C(\vec{k}) e^{i\vec{k}\cdot\vec{r}} d\vec{k} \\ C(\vec{k}) = \frac{1}{2\pi}\int_0^\infty \psi(\vec{r}) e^{-i\vec{k}\cdot\vec{r}} d\vec{k} \end{cases} \quad \text{또는} \quad \begin{cases} \psi(\vec{r}) = \frac{1}{\sqrt{2\pi}}\int_0^\infty C(\vec{k}) e^{i\vec{k}\cdot\vec{r}} d\vec{k} \\ C(\vec{k}) = \frac{1}{\sqrt{2\pi}}\int_0^\infty \psi(\vec{r}) e^{-i\vec{k}\cdot\vec{r}} d\vec{k} \end{cases}$$

2. 자유입자의 에너지 상태 $\Gamma(k,E)$ 는 다음과 같이 쓸 수 있다.

$$\begin{cases} E = \frac{p^2}{2m} & ;\ \text{고전역학} \quad \rightarrow \quad \Gamma(p,E) \\ E = \frac{\hbar^2 k^2}{2m} & ;\ \text{양자역학} \quad \rightarrow \quad \Gamma(p,E) \end{cases}$$

4.6.2 빈격자 모델 empty lattice model (≈ nearly free electron model)

이제 격자점에 기저 basis 를 구성하는 어떤 원자들도 없는 단지 주기적인 배열을 이루고 있는 격자점만 존재한다고 가정하자. 실지로는 어떤 원자도 없기 때문에 전자는 아무런 외부힘도 느끼지 않는다. 단지 우리는 주기적인 격자점만을 가정하지만 매우 약한 포텐셜 potential 이 있다고 또한 가정하자. 그래서 거의 자유스러운 nearly free 전자가 이 격자 내에 존재하는 경우를 고려하고자 한다. 이 전자의 양자상태 quantum states 는 파수벡터와 에너지 (k,E) 를 이용하여 나타내어지고 앞 절의 자유전자 모델에서와 같이 포물선에 매우 가까운 모양으로 표현될 것이다. 이제 여기서 주의할 점은 아직 우리가 기저 basis 의 존재를 고려하지 않았다는 점만이 두 모델의 차이이다. 논의를 쉽게 하기 위해 다음과 같이 1 차원 격자만을 생각하도록 하자.

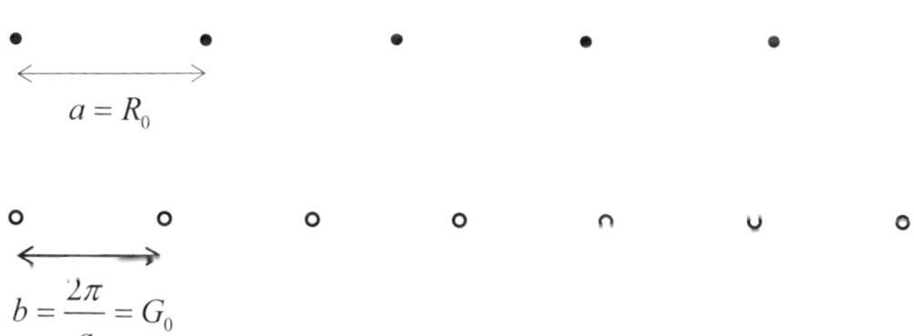

이제 거의 자유로운 전자가 주기가 a 인 이러한 1 차원 격자 내에 존재한다고 가정해 보자. 실격자 점과 역격자 점들의 위치는 각 공간에서 병진벡터 $\vec{R}$ 과 $\vec{G}$ 로 나타내고 앞에서 식 (4.5)에서와 같이 정하자고 하였다.

$$\left.\begin{array}{l}\vec{R}=\vec{R}_{m_1m_2m_3}=m_1\vec{a}_1+m_2\vec{a}_2+m_3\vec{a}_3\\ \vec{G}=\vec{G}_{h_1h_2h_3}=h_1\vec{b}_1+h_2\vec{b}_2+h_3\vec{b}_3\end{array}\right\}\quad \text{where } m, h=\text{integers} \tag{4.5}$$

1 차원에서만 고려하면 이 관계식은

$$\left.\begin{array}{l}R_m=mR_0=ma\\ G_h=hG_0=h\left(\dfrac{2\pi}{a}\right)\end{array}\right\}\quad \text{where } m, h=\text{integers} \tag{4.52}$$

자유입자 모델을 나타내는 그림 3.13 의 쌍곡선을 k_x 축에 수직하게 $G_0=\dfrac{2\pi}{a}$ 만큼씩 동등하게 자른 후 k_x 축 위의 모든 그래프를 가운데 원점을 중심으로 $-\dfrac{\pi}{a}$ 에서 $\dfrac{\pi}{a}$ 사이 영역으로 쌍곡선의 조각들을 모두 옮기면 그림 4.28 에서와 같이 될 것이다. 사실상 곡선이 내포한 모든 정보는 이 영역에 함축되어 있다고 볼 수 있고 특별히 이를 '첫째 브릴로인 영역 1st Brillouin zone'이라고 부른다. 원점을 중심으로 대칭이므로 우리는 $0\le k_x\le\dfrac{\pi}{a}$ 까지만 고려하고 각 곡선 조각의 그래프를 제일 밑에서부터 시작하여 band 1, band 2, band 3 등으로 부르려고 한다.

4.6.3 첫째 브릴로인 영역 1st Brillouin zone

이 첫째 브릴로인 영역을 좀 더 물리적으로 이해하기 위해 그림 4.27 의 1 차원 결정을 고려하고 어떤 빛(또는 파 wave)가 이 결정을 통과한다고 생각하자. 만약 파의 파장 λ 가 매우 클 경우 즉, $\lambda\gg a$ 인 경우, 이 파는 이 결정의 존재를 느끼지 못할 것이다. 다른 표현으로는 상호작용을 하지 않는다고 할 수 있다. 이제 입사하는 파의 파장이 점차 작아지기 시작한다고 가정하자. 이는 그림 4.28 에서 가장 아래에 있는 band 1 에서 k_x 의 값이 0 으로부터 시작하여

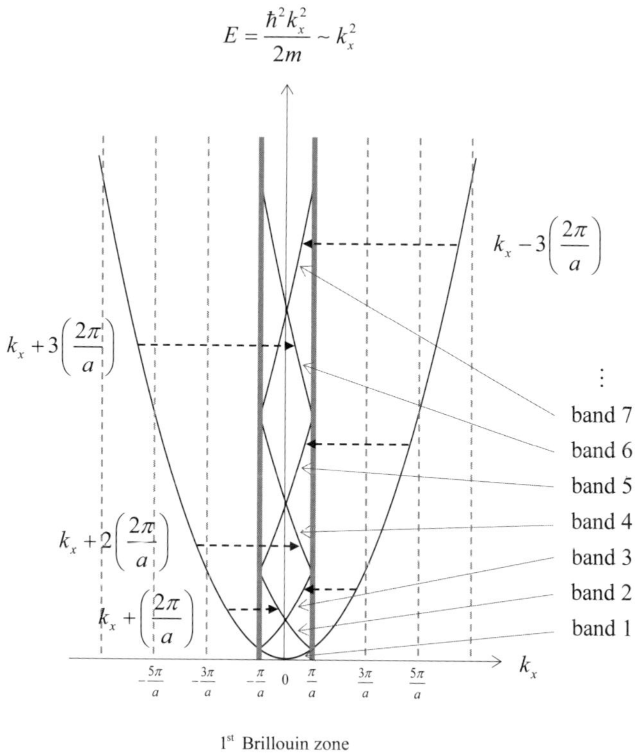

그림 4.28 $\frac{2\pi}{a}$의 배수만큼 좌우로 이동하여 중앙으로 옮겨진 쌍곡선.

$k_x = \frac{\pi}{a}$ 에 가까워지고 있는 경우가 될 것이다. $k_x = \frac{\pi}{a}$ 에 도달했을 때 두 역격자점을 연결하는 선분의 가운데는 $k_x = \frac{G_0}{2} = \frac{\pi}{a}$ 을 만족 하기 때문에 이 파수는

$$k = \frac{\pi}{a} = \frac{2\pi}{\lambda} \quad \rightarrow \quad \therefore \ \lambda = 2a \tag{4.53}$$

에 해당되고 k_x가 0에서 $\frac{\pi}{a}$까지 변할 때 파장 λ는 ∞부터 $2a$까지 변한다고 생각할 수 있다.

$$k: \quad 0 \quad \rightarrow \quad \frac{\pi}{a}$$
$$\lambda: \quad \infty \quad \rightarrow \quad 2a \tag{4.54}$$

다시 한번 설명하자면 파장이 아주 클 때 $(\lambda \gg a)$ 결정 속을 산란하지 않고 통과한다. 하지만 엑스선의 브래그 반사조건 식 (4.38)에서 설명한 바와 같이 파장이 점점 작아져 그 크기가 격자상수 크기와 비슷하게 되어 $2a$ $\left(k_x = \dfrac{\pi}{a}\right)$에 도달하면 이제 반사 reflection 와 회절 diffraction 이 일어나기 시작한다. 즉 입사파와 결정이 서로 상호작용을 한다고 볼 수 있다. 밴드 band 1 에서 파장이 점점 작아져 (파수 k_x 가 점점 커져) 처음으로 반사와 회절이 일어나기 시작하기 까지 k_x 영역을 '첫째 브릴로인 영역 1st Brillouin zone '이라고 한다.

Remark:

1st Brillouin zone ≈ Bragg reflection condition ≈ Wigner-Seitz cell

이제 첫째 브릴로인 영역내의 band 1 으로 이름 붙여진 그림 4.29 의 맨 아래 그래프에서 $k_0 = \dfrac{1}{2}\left(\dfrac{\pi}{a}\right)$ 인 점을 취하자. 이 파의 파장은 $\lambda_0 = 4a$ 이다. 첫째 브릴로인 영역에서 밴드들은 $k_x = 0$ 을 중심으로 서로 대칭이기 때문에 0 에서 $\dfrac{\pi}{a}$ 까지의 영역만을 고려하고 k_0 에서 직선을 에너지축과 평행하게 그어 밴드 band 와 만나는 점들의 k 값들은 다음과 같이 나타낼 수 있음을 알 수 있다.

$$\begin{aligned}
k_1 &= k_0 + G_1 = k_0 \\
k_2 &= k_0 + G_2 = k_0 - G_0 \\
k_3 &= k_0 + G_3 = k_0 + G_0 \\
k_4 &= k_0 + G_4 = k_0 - 2G_0 \\
k_5 &= k_0 + G_5 = k_0 + 2G_0 \\
k_6 &= k_0 + G_6 = k_0 - 3G_0 \\
k_7 &= k_0 + G_7 = k_0 + 3G_0 \\
&\vdots
\end{aligned} \tag{4.55}$$

이론적으로 이와 같은 밴드 band 는 무한히 취할 수 있다.

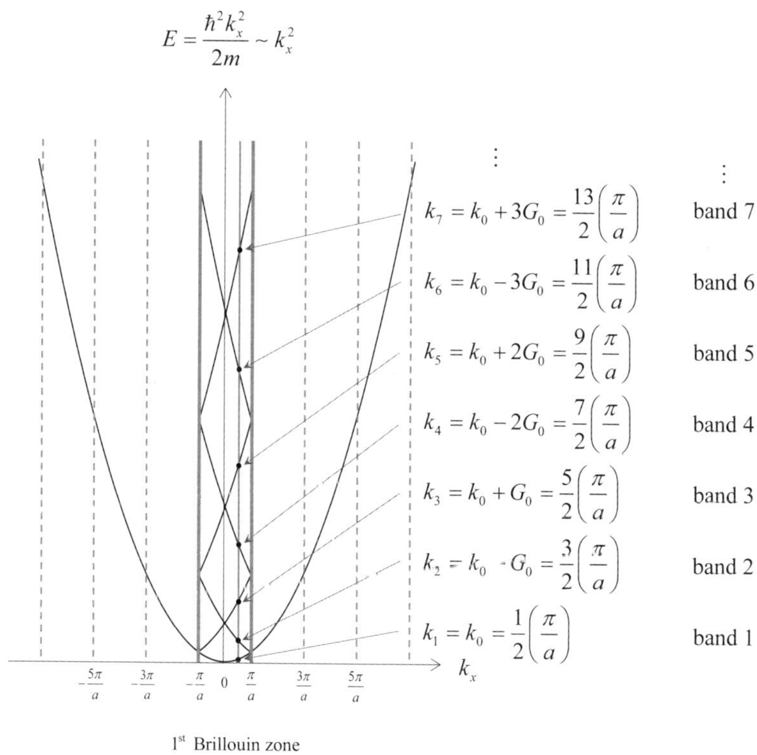

그림 4.29 첫째 브릴로인 영역의 $k_0 = \frac{1}{2}\left(\frac{\pi}{a}\right)$ 에서 밴드와 만나는 점들의 k 값.

각각의 k 값에 대응하는 이 파들이 어떠한 특성을 갖는지도 그림 4.30 을 보면서 확인해 보도록 하자. k_i $(i = 1, 2, 3, \cdots)$ 값에 대응하는 파들은 굵은 실선으로 나타내었고 위에서 다섯번째 파는 첫째 브릴로인 영역의 경계 $k_x = \pi/a$ 에서의 파 모양을 나타내며 또한 브래그 반사조건 Bragg reflection condition 을 만족하는 파 모양이다. 굵은 실선으로 표시된 파들의 파수벡터와 에너지는 다음식과 같이 주어짐을 알 수 있다.

$$\left.\begin{aligned} k_x &= k_0 + G = k_0 + nG_0 = k_0 + n\left(\frac{2\pi}{a}\right), \\ E_{n,k_0} &= \frac{\hbar^2 (k_0 + nG_0)^2}{2m_0} \end{aligned}\right\} \text{ where } 0 \le k_0 \le \frac{\pi}{a} \text{ and } n = 0, \mp 1, \mp 2, \cdots \qquad (4.56)$$

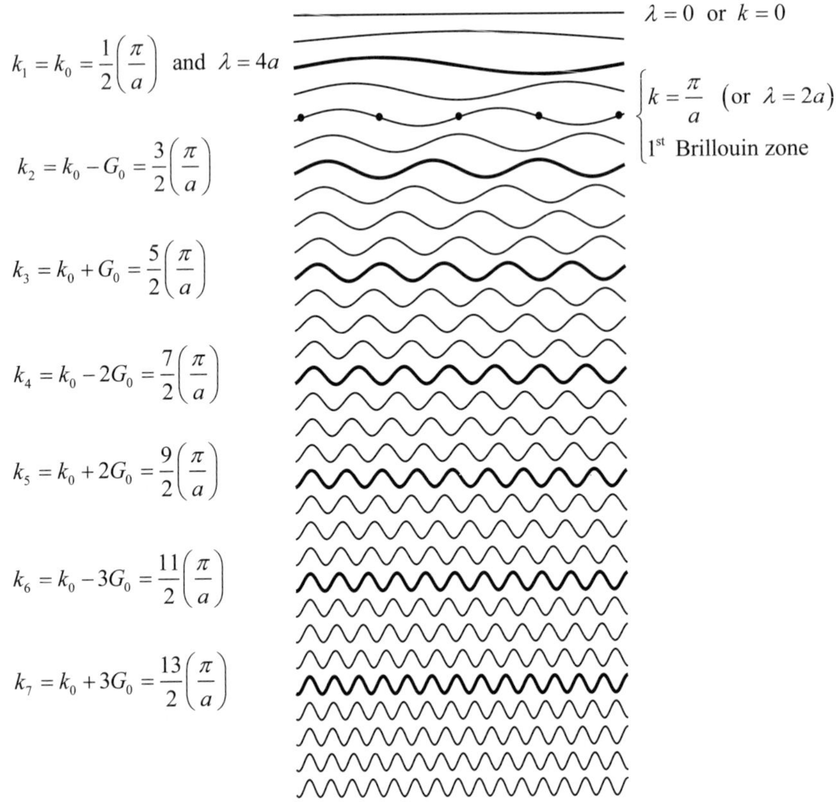

그림 4.30 파수벡터 k 에 대응하는 파들의 모양.

구체적으로 식 (4.56)을 이용하여 식 (4.55)의 k_x 점들에 대응하는 파동함수와 에너지를 나타내 보면,

$$
\begin{array}{lll}
\text{band 1:} & \psi_{1,k_0} = \dfrac{1}{\sqrt{L}} e^{ik_0 x} & E_{1,k_0} = \dfrac{\hbar^2 k_0{}^2}{2m_0} \\
\text{band 2:} & \psi_{2,k_0} = \dfrac{1}{\sqrt{L}} e^{i(k_0 - G_0)x} & E_{2,k_0} = \dfrac{\hbar^2 (k_0 - G_0)^2}{2m_0} \\
\text{band 3:} & \psi_{3,k_0} = \dfrac{1}{\sqrt{L}} e^{i(k_0 + G_0)x} & E_{3,k_0} = \dfrac{\hbar^2 (k_0 + G_0)^2}{2m_0} \\
\vdots & \vdots & \vdots
\end{array}
\tag{4.57}
$$

으로 쓰여질 수 있다. 여기서 L 은 식 (4.48)에서 설명한 바와 같이 자유입자의 파동함수에 대한 규격화 상수이다. 이 같은 파를 무한히 고려할 수 있지만 앞에서와 같이 7 개 정도만을 고려하여 논의를 진행해 나가도록 하자. 이 파동함수들을 '고유모드 eigenmodes'라고 부를 수 있다. 이 이름과 함께 '고유함수 cigcnfunctions' 또는 '고유벡터 eigenvectors' 또는 '고유상태 eigenstates' 라고도 부르니 기억하고 있자. 이해하기 쉬운 표현으로 '같은 가족 same family'에 속한다고 하자.

이 7개 고유모드에 속한 파들을 함께 모아 겹쳐서 나타내면 그림 4.31 과 같다. 이 파들의 $\lambda = 0,\ 2a,\ 4a,\ \cdots$ 인 격자점에서 모든 마디 nodes 부분을 살펴보면 같은 형태의 모양을 취하고

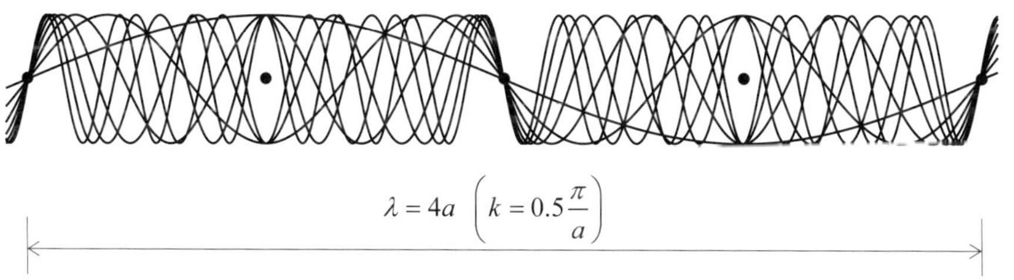

그림 4.31 '같은 가족'에 속한 7개 파들을 겹쳐 놓은 그림.

있음을 알 수 있다. 그러면 이 고유모드라고 이름 붙여진 파들은 무엇을 함축하고 있을까? 앞 절에서 자유전자 모델에 따른 입자의 양자상태 quantum state 는 그림 3.13 의 곡선 위의 임의의 점 (E_0, k_0) 에 해당하는 단 하나 the only 의 상태에 대응되었다. 이제 입자는 파의 특성도 갖기 때문에 파로 간주하여 상상을 해 보자. 이 입자(또는 파)가 주기적인 격자 속에 놓이게 되면 입자를 나타내는 파는 단 하나의 파장 (또는 파수벡터)만을 갖는 상태에 존재하기 보다는 위에서 언급한 바와 같이 '같은 가족'에 속하는 모든 파들의 소위 '중첩 superposition'인 상태에 존재하게 된다. 물리학적 표현으로는 고유모드들의 중첩인 상태에 있다고 한다. 이를 식으로 나타내면,

$$\Psi(x) = c_1\psi_{1,k_0} + c_2\psi_{2,k_0} + c_3\psi_{3,k_0} + c_4\psi_{4,k_0} + \cdots \tag{4.58}$$

로 주어지고 여기서 c_n 는 계수를 나타내며 입자가 ψ_{n,k_0} 인 상태로 측정될 확률은 $|c_n|^2$ 로 주어진다. 물론 이것은 입자가 하나가 아니고 여러 상태에 동시에 존재함을 의미하기 때문에 고전역학에서는 전혀 허용이 되지 않는 개념이다. 이 중첩이라는 개념이 고전역학으로 대표되는 거시세계와

양자역학으로 대표되는 미시세계의 가장 중요한 차이점이며 동시에 본 자료에서 기술하려는 '전자밴드구조의 이해 understanding energy band structures'에 있어 가장 중요한 전문용어 scientific term 라고 본인은 생각한다.

Remark:

1. 주기적인 격자 periodic lattice 내에 존재하는 입자는 하나의 상태가 아니라 여러 고유모드들 eigenmodes 이 더해진 중첩 상태 superposition state 에 존재한다.

2. 첫째 브릴로인 영역 1st Brillouin zone 이라는 개념이 필요한 여러 이유중 가장 중요한 점은 바로 결정 속에 존재하는 전자가 중첩 superposition 인 상태에 있음을 타당하게 설명하는데 있다고 저자는 생각한다.

이제 2 장의 선형대수학에서 다루었던 선형결합 linear combination 과 여기서 논의한 중첩 superposition 의 개념을 비교하면서 개인적으로 다시 살펴보기를 권한다. 더불어 5 장에서 다시 공부하겠지만 거의 모든 물질에 대해 band 1(가장 아래에 있는 밴드)은 항상 아래쪽으로 오목한 모양을 갖는다. 왜냐하면 $-\frac{\pi}{a} \le k \le \frac{\pi}{a}$ 영역에서 거의 자유입자와 같이 취급될 수 있기 때문이다. 우리는 여기서 단지 격자점만 존재한다고 가정하고 논의를 전개해 왔다. 격자점에 어떠한 원자도 없으므로 포텐셜 0 이며 결정내에 있는 입자(전자)는 어떠한 상호작용도 하지 않기 때문에 아주 이상적인 경우를 말하고 있다. 물론 이상적인 이러한 경우는 없다. 물론 실질적인 포텐셜 potential 이 작용하면 밴드 수가 증가할수록 밴드모양은 점점 왜곡되면서 빈격자 모델과 아주 다른 모양이 나타날 것이다.

4.6.4 결정 운동량과 유효질량 crystal momentum and effective mass

그림 4.28 의 첫째 브릴로인 영역 1st Brillouin zone 의 오른쪽 반쪽에서 예를 들어 $k_0 = \frac{1}{2}\left(\frac{\pi}{a}\right)$ 라는 파수 벡터 wave vector 를 취할 때 우리는 k_0 위에서 모든 밴드와 만나는

$k_x = k_0, k_0 - G_0, k_0 + G_0, k_0 - 2G_0, k_0 + 2G_0, \cdots$ 등 다양한 점들이 나타내는 상태를 고유모드[1] 라고 하였다. 이 점들이 나타내는 상태를 운동량 momentum 으로 표현한다면 각각

$$\begin{aligned} p_1 &= \hbar k_0 \\ p_2 &= \hbar\left(k_0 - G_0\right) \\ p_3 &= \hbar\left(k_0 + G_0\right) \\ p_4 &= \hbar\left(k_0 - 2G_0\right) \\ &\cdots \end{aligned} \tag{4.59}$$

으로 주어질 것이다. 그런데 이 운동량 momentum 에는 nG_0 와 같이 주기적인 격자와 관련된 파수벡터를 포함하고 있어 이를 '결정 운동량 crystal momentum' (또는 'quasimomentum')이라고 부른다. 이는 결정내에 있는 전자 자체가 가지는 운동량이라기 보다는 결정이 전자에 강요하는 운동량 moemtum 이라고 볼 수 있다. 전자는 대략 원자의 $\frac{1}{1840}$ 정도의 아주 작은 입자로서 고체 속에서 아주 하찮은 존재이다. 물론 전자의 전하량은 다르다. 따라서 자신이 갖고 있는 운동량을 유지 한다고 보는 대신 결정이 전자에 요구하는 양자상태 quantum state 를 받아 들인다고 생각하자. 이 때문에 이 운동량 momentum 을 $\vec{p} = \hbar\vec{k} = \hbar\left(\vec{k}_0 + \vec{G}\right)$ 로 쓰고 '결정 운동량 crystal momentum'이라고 부르는 이유이다. 더 나아가 앞서 설명한 대로 고체 속에서 전자의 상태는 오직 하나의 고유상태 eigenstate 에 머물지 않고 결정이 전자에 강요하는 다양한 양자상태 quantum states (또는 eigenstates)의 중첩인 상태로 존재하게 된다.

Remark:

선기상과 같이 외부에서 힘이 가해지지 않은 고체 내부 전자의 상태 state 는 결정 운동량 crystal momentum (또는 quasimomentum)으로 주어진다.

결정 내에서 전자는 주기적으로 배치된 기저 basis 를 구성하는 원자들 때문에 사실상 쿨롱산란 Coulomb interaction 을 하게 된다. 하지만 블락 정리 Bloch theorem 가 함축하고 있는 의미는

---

[1] eigenmodes=eigenstates=eigenvectors=eigenfunctions

이 전자가 결함이 없는 완벽한 결정 내에서는 원자들의 포텐셜 potential 세기에 관계없이 주기적이기만 하다면 블락 파동함수 Bloch wave function 가 전체 결정 내에 퍼져있는 plane wave 와 같이 표현되기 때문에 아무런 저항이 없이 이론적으로 전도도가 무한대인 경우가 된다는 것을 의미한다. 물론 실제로는 실온에서 원자들이 끊임없이 진동 vibration 하고 있는데 원자들이 매우 좁은 영역에서 속박되어 있기 때문에(양자속박효과 quantum confinement effect 라고 한다.) 이들의 에너지가 양자화 quantization 된다. 이를 '포논 phonons'이라 하는데 이 포논과의 충돌 scattering 이나 또는 결정속에 존재하는 결함때문에 전도도가 무한대인 이상적인 경우는 일어나지 않는다. 하지만 이상적인 블락 전자 Bloch electron 은 격자에 존재하는 기저 basis 에 의해 결코 산란 scattering 되지 않는다. 또 다른 표현으로는 블락파동 Bloch waves 은 슈레딩거 Schrödinger 방정식의 정상 stationary 해를 나타낸다.

이제 이러한 결정 내에서 전자의 운동방정식을 뉴튼의 제 2 법칙에 따라 생각해 보자.

$$\frac{d\vec{p}}{dt} = \vec{F}_{\text{ext}} + \vec{F}_{\text{int}} \tag{4.60}$$

여기서 $\vec{F}_{\text{int}}$ 은 전자가 결정과 상호작용하는 내부 힘을 말하고 $\vec{F}_{\text{ext}}$ 은 결정의 외부에서 전자에 가한 힘이다. 하지만 이 식에서 매우 복잡한 $\vec{F}_{\text{int}}$ 은 다루기가 어렵기 때문에 이 운동방정식은 의미있는 결과를 얻기 힘들다. 따라서 다시 블락 정리 Bloch theorem 에 의지하여 이를 극복해 보도록 하자. 빈격자 모델 empty lattice model 에서 설명한 바와 같이 결정 내에서 전자의 파속 wave packet 은 고유상태 eigenfunctions(또는 고유모드 또는 고유벡터 등)의 중첩으로 다시 블락 함수Bloch function 가 되는데 이에 대해서는 다음절에서 설명하겠다.

$$\Psi\left(\vec{r}\right) = \sum_{\vec{G}} c_{\vec{k}_0+\vec{G}} e^{i\left(\vec{k}_0+\vec{G}\right)\cdot\vec{r}} \tag{4.61}$$

이 블락 파속의 소위 군속도 group velocity 는 현대물리학에서 배운 바와 같이

$$\vec{v}_g = \frac{d\omega}{d\vec{k}} = \nabla_{\vec{k}}\omega = \hat{i}\frac{\partial\omega}{\partial k_x} + \hat{j}\frac{\partial\omega}{\partial k_y} + \hat{k}\frac{\partial\omega}{\partial k_z} \tag{4.62}$$

이 된다. 전자를 파 wave 로 간주할 때 각 진동수 ω 를 이용하여 그 에너지를 나타내면

$$\omega = \frac{E}{\hbar} \tag{4.63}$$

이다. 식 (4.62)와 (4.63)를 이용하면

$$\vec{v}_g = \frac{1}{\hbar}\frac{dE}{d\vec{k}} = \frac{1}{\hbar}\nabla_{\vec{k}}E(\vec{k}) = \frac{1}{\hbar}\left(\hat{i}\frac{\partial E}{\partial k_x} + \hat{j}\frac{\partial E}{\partial k_y} + \hat{k}\frac{\partial E}{\partial k_z}\right) \tag{4.64}$$

인 관계식을 얻게 된다. 위 식에서 알 수 있듯이 블락 파속의 군속도 $\vec{v}_g$ 는 $E(\vec{k})$ 로부터 얻을 수 있으며 이는 결국 E 와 $\vec{k}$ 사이의 관계를 나타내는 전자밴드구조 electronic band structure 를 의미한다. $E(\vec{k})$ 는 전자와 결정을 이루는 원자들 사이의 모든 상호작용 (즉, 내부힘 $\vec{F}_{\rm int}$)을 이미 내포하고 있기 때문에 (블락 함수 Bloch function 는 배경을 이루는 결정의 포텐셜 potential 세기에 관계없다!) 우리는 식 (4.60)에서 이제 이를 소거할 수 있다.

이제 밴드 전자에 외부에서 짧은 시간 dt 동안 힘을 가했다고 가정하자. 그러면

$$\begin{aligned} dE &= \vec{F}_{\rm ext}\cdot d\vec{s} \\ &= \vec{F}_{\rm ext}\cdot \vec{v}_g dt \end{aligned} \tag{4.65}$$

이고 다른 한편,

$$\begin{aligned} dE &= \left(\frac{dE}{d\vec{k}}\right)d\vec{k} \\ &= \hbar\vec{v}_g\cdot d\vec{k} \end{aligned} \tag{4.66}$$

일 때 식 (4.65)와 (4.66)를 비교하면

$$\hbar\frac{d\vec{k}}{dt} = \vec{F}_{\rm ext} \quad \Leftrightarrow \quad \frac{d\vec{p}}{dt} = \vec{F}_{\rm ext} \tag{4.67}$$

가 되어 우리는 복잡한 내부힘 $\vec{F}_{\rm int}$ 에 의한 운동을 고려하지 않아도 된다. 특별히 이 식은 자유 공간에서 단순한 뉴튼의 제 2 법칙과 형태가 같다.

$$\frac{d\vec{p}}{dt} = \vec{F}_{\text{ext}} \tag{4.68}$$

고체물리학책을 읽다 보면 가끔

$$\vec{p} = \hbar\vec{k} \quad \text{; free electron momentum}$$
$$\vec{p} = \hbar\vec{k} \quad \text{; crystal momentum}$$

와 같이 전자의 운동량 (선형운동량 linear momentum)과 결정운동량 crystal momentum 을 구분없이 같은 관계식으로 주어진 것을 볼 수 있다. 하지만 위 두 식은 서로 같은 사실을 내포하고 있는 것이 아님에 주의하자. 첫번째 식은 자유공간에서 파-입자 이중성 wave-particle duality 을 나타내는 드브로이 de Broglie 의 물질파 matter wave 를 나타내는 관계식 $p = \hbar k = h/\lambda$ 이다. 하지만 두 번째 식은 앞서 빈 격자 모델에서 설명 하였듯이 결정 내에서 전자가 가질 수 있는 결정운동량, 즉 $\vec{p} = \hbar\vec{k} = \hbar\left(\vec{k}_0 + \vec{G}\right)$ 을 나타내니 문맥에 따라 해석하는데 주의하기 바란다.

Remark:

1. 뒤에서 설명하겠지만 전자밴드구조 electronic band structure 란 에너지 E 와 결정운동량 $\vec{k}$ 사이의 관계를 나타낸다.

2. 블락함수 Bloch function 는 전자의 운동량 고유상태 momentum eigenstate 를 나타내지 않는다. 왜냐하면, 자유공간내 전자의 경우

$$\underbrace{\vec{p}}_{\text{operator}}\ \underbrace{\psi_{n\vec{k}}}_{\text{eigenfunctions}} = \frac{\hbar}{i}\nabla\psi_{n\vec{k}} = \frac{\hbar}{i}\nabla\left(A\cdot e^{i\vec{k}\cdot\vec{r}}\right) = \underbrace{\hbar\vec{k}}_{\text{eigenvalues}}\ \underbrace{\psi_{n\vec{k}}}_{\text{eigenfunctions}}$$
$$\Rightarrow \underbrace{\vec{p}}_{\text{operator}}\ \underbrace{\psi_{n\vec{k}}}_{\text{eigenfunctions}} = \underbrace{\hbar\vec{k}}_{\text{eigenvalues}}\ \underbrace{\psi_{n\vec{k}}}_{\text{eigenfunctions}}$$

로 고유방정식으로 주어지며 고유값과 고유함수를 구할 수 있지만 결정 내부에서는 고유방정식 형태로 주어질 수 없고 따라서 고유값과 고유함수 (또는 고유벡터)를 구할 수 없기 때문이다. 즉,

$\hbar\vec{k}$ 는 결정내 전자가 갖는 결정운동량 crystal momentum 이 아니다. 한편 결정내 전자의 경우,

$$\vec{p}\psi_{n\vec{k}} = \frac{\hbar}{i}\nabla \underbrace{\psi_{n\vec{k}}}_{\text{Bloch function}} = \frac{\hbar}{i}\nabla\left(e^{i\vec{k}\cdot\vec{r}}\cdot u_{n\vec{k}}(\vec{r})\right) = \hbar\vec{k}\psi_{n\vec{k}} + e^{i\vec{k}\cdot\vec{r}}\frac{\hbar}{i}\nabla u_{n\vec{k}}(\vec{r})$$

$$\Rightarrow \quad \vec{p}\psi_{n\vec{k}} = \underset{\text{eigenvalues}}{?} \quad \underset{\text{eigenfunctions}}{?}$$

이 부분이 무엇을 의미하는지 어려울 수 있다. 이해가 안되면 건너뛰고 나중에 다시 돌아와서 이해하기를 바란다.

다시 식 (4.65)와 (4.66)를 이용하여,

$$\begin{aligned}\frac{d\vec{v}_g}{dt} &= \frac{1}{\hbar}\frac{d}{dt}\left(\frac{dE}{d\vec{k}}\right) \\ &= \frac{1}{\hbar}\left(\frac{d^2E}{d\vec{k}^2}\right)\frac{d\vec{k}}{dt} \\ &= \frac{1}{\hbar}\left(\frac{d^2E}{d\vec{k}^2}\right)\frac{\vec{F}_{\text{ext}}}{\hbar} \\ &= \frac{1}{\hbar^2}\left(\frac{d^2E}{d\vec{k}^2}\right)\vec{F}_{\text{ext}}\end{aligned} \tag{4.69}$$

이 됨을 알 수 있다. 이는 $a = \dfrac{F}{m}$ 과 같은 형식이므로 우리는

$$\frac{1}{m^*} = \frac{1}{\hbar^2}\left(\frac{d^2E}{d\vec{k}^2}\right) = \frac{1}{\hbar^2}\nabla_{\vec{k}}^2 E = \frac{1}{\hbar^2}\left(\frac{\partial^2 E}{\partial k_x^2} + \frac{\partial^2 E}{\partial k_y^2} + \frac{\partial^2 E}{\partial k_z^2}\right) \tag{4.70}$$

관계식을 얻게 되고 밴드구조 관계식 E vs. $\vec{k}$ 으로부터 새롭게 정의된 질량 m^* 을 '유효질량 effective mass'라고 부른다. 이는 자유공간 free space 에서 본래 입자가 가진 질량이 아니라 결정 속에서 다양한 내부힘 $\vec{F}_{\text{int}}$ 과의 상호작용 때문에 효과적으로 갖게 되는 질량으로 이해하기 바란다.

Remark:

1. 전자는 결정 속에서 다양한 내부힘 $\vec{F}_{\text{int}}$ 와 상호작용을 갖게 되는데 이러한 영향을 모두 질량 m^* 에 포함시키고 우리는 단순히 뉴튼의 운동법칙을 적용한다고 생각하자.

2. m^* 은 음값 negative value 을 가질 수 있다. 왜냐하면 전자를 파 wave 로 간주할 경우 반사가 일어날 수 있어 가해진 힘에 반대 방향으로 전자가 움직일 수 있기 때문이다.

4.6.5 블락 함수의 다양한 표현 various representation of Bloch function

블락정리는 앞절에서 식 (4.43)와 (4.44)로 다음과 같이 주어졌다.

$$(a)\quad \psi_{\vec{k}}(\vec{r}) = e^{i\vec{k}\cdot\vec{r}} u_{\vec{k}}(\vec{r}), \quad \text{where } u_{\vec{k}}(\vec{r}) = u_{\vec{k}}(\vec{r}+\vec{R}) \tag{4.71}$$

와

$$(b)\quad \psi_{\vec{k}}(\vec{r}+\vec{R}) = e^{i\vec{k}\cdot\vec{R}} \psi_{\vec{k}}(\vec{r}) \tag{4.72}$$

빈격자 모델에서 입자의 파동함수는 식 (4.57)과 (4.61)에서와 보여준 바와 같이

$$(c)\quad \psi(\vec{r}) = \sum_{\vec{G}} c_{\vec{k}_0+\vec{G}} e^{i(\vec{k}_0+\vec{G})\cdot\vec{r}} \tag{4.73}$$

로 표현될 수 있다. 이를 블락 파동함수 Bloch wavefunction (또는 간단히 블락 함수 Bloch function)라고 불렀는데 이 세번째 블락함수가 블락정리 Bloch theorem 를 어떻게 만족하는지 살펴보자. 위 파동함수들에서 1 차원 형태의 파를 $\varphi(x) = e^{i(k_0+G)x}$ 라 놓고,

$$\begin{aligned} \varphi(x) &= e^{i(k_0+G)x} \\ &= e^{ik_0x} e^{iGx} \\ &= e^{ik_0x} \quad \underbrace{w(x)}_{\text{periodic function ?}} \end{aligned}$$

위 식에서 $w(x)$ 는

$$w(x+R)=e^{iG(x+R)}=e^{iGx}e^{iGR}=e^{iGx}e^{2\pi ni}=e^{iGx}=w(x)$$

가 성립하기 때문에 주기적인 함수이다. 따라서 $\varphi(x)=e^{i(k_0+G)x}$ 은 식 (4.43)과 같은 형태이므로 블락함수임을 알 수 있다. 3 차원 파속 wave packet 을 나타내기도 하는 식 (4.51)은

$$\begin{aligned}\psi(\vec{r}) &= \sum_{\vec{G}} c_{\vec{k}_0+\vec{G}} e^{i(\vec{k}_0+\vec{G})\cdot\vec{r}} \\ &= e^{i\vec{k}_0\cdot\vec{r}} \sum_{\vec{G}} c_{\vec{k}_0+\vec{G}} e^{i\vec{G}\cdot\vec{r}} \\ &= e^{i\vec{k}_0\cdot\vec{r}} u_{\vec{k}_0}(\vec{r})\end{aligned} \tag{4.74}$$

이고

$$u_{\vec{k}_0}(\vec{r}+\vec{R})=\sum_{\vec{G}} c_{\vec{k}_0+\vec{G}} e^{i\vec{G}\cdot(\vec{r}+\vec{R})}=\sum_{\vec{G}} c_{\vec{k}_0+\vec{G}} e^{i\vec{G}\cdot\vec{r}} e^{i\vec{G}\cdot\vec{R}}=\sum_{\vec{G}} c_{\vec{k}_0+\vec{G}} e^{i\vec{G}\cdot\vec{r}} e^{2\pi i}=u_{\vec{k}_0}(\vec{r}) \tag{4.75}$$

이므로 식 (4.73)식은 식 (4.43) 형태가 되기 때문에 이는 블락함수이다. 블락함수에 대한 이 세가지 표현 모두를 잘 기억하고 있도록 하자. 덧붙여 식 (4.73)에서 $\psi(\vec{r})=\sum_{\vec{G}} c_{\vec{k}_0-\vec{G}} e^{i(\vec{k}_0-\vec{G})\cdot\vec{r}}$ 와 같이 $\vec{k}_0+\vec{G}$ 대신 $\vec{k}_0-\vec{G}$ 로 써도 결정의 대칭성 때문에 본질적인 실체에 대한 표현은 다르지 않다는 점을 기억하고 있자.

Remark:

블락함수 Bloch function 의 선형결합 linear combination (= superposition)은 다시 블락함수 Bloch function 가 된다.

참고로 다음과 같은 식들이 블락정리와 연관되어 자주 사용되므로 기억하고 있도록 하자.

- $\psi_{\vec{k}}(\vec{r}) = e^{i\vec{k}\cdot\vec{r}} u_{\vec{k}}(\vec{r}) = e^{i(\vec{k}+\vec{G})\cdot\vec{r}} e^{-i\vec{G}\cdot\vec{r}} u_{\vec{k}}(\vec{r}) = e^{i(\vec{k}+\vec{G})\cdot\vec{r}} u_{\vec{k}+\vec{G}}(\vec{r})$
- $u_{\vec{k}+\vec{G}}(\vec{r}) = e^{-i\vec{G}\cdot\vec{r}} u_{\vec{k}}(\vec{r})$ (4.76)
- $u_{\vec{k}+\vec{G}}(\vec{r}+\vec{R}) = e^{-i\vec{G}\cdot(\vec{r}+\vec{R})} u_{\vec{k}}(\vec{r}+\vec{R}) = e^{-i\vec{G}\cdot\vec{r}} u_{\vec{k}}(\vec{r}) = u_{\vec{k}+\vec{G}}(\vec{r})$

여기서 다시 식 (4.73)에서 주어진 세번째 형태의 블락함수가 내포한 의미에 대해 자세히 살펴보도록 하자. 파 $\varphi(x) = e^{i(k_0+G)x}$ 는 특별히 '블락 고유함수 Bloch eigenfunctions' 또는 '블락 고유파동 Bloch eigenwaves' 또는 좀 더 일반적인 표현으로 '블락 고유기저 Bloch eigenbasis' 등으로 불러도 된다. 이 고유함수들의 합 superposition 은 앞서 말한 바와 같이 블락함수가 된다.

$$\psi(x) = \sum_G \underset{\text{계수}}{c_{k_x+G}} \underbrace{e^{i(k_x+G)x}}_{\substack{\text{Bloch eigenfunctions} \\ \Downarrow \\ \text{basis}}} \tag{4.77}$$

바로 이 중첩으로 이루어진 세번째 블락함수가 주기적인 포텐셜 potential 이 존재하는 결정 내에서 입자의 국소화된 실체 localized entity 를 나타내는 블락 파속 Bloch wave packet 이 된다. 달리 표현하자면, 이 블락파가 고체 속에서 존재하는 전자를 나타내는 파속 wave packet 이라는 말이다.

Remark:

1. 자유입자(포텐셜 $V = 0$ or constant)의 파속은 평면파의 중첩 superposition of plane waves 으로 표현된다.

$$\psi_{\text{a free particle}}(\vec{r}) = \frac{1}{\sqrt{2\pi}} \int_{-\infty}^{\infty} c(\vec{k}) e^{i\vec{k}\cdot\vec{r}} d\vec{k} \tag{4.78}$$

2. 고체 결정내에 존재하는 전자(포텐셜 $V = \text{periodic} \neq 0$ or constant)는 블락파의 중첩 superposition of Bloch waves 으로 나타나고 이는 다시 블락함수가 된다.

$$\psi_{\substack{\text{an electron} \\ \text{in a crystal } \Omega}}(\vec{r}) = \frac{1}{\sqrt{\Omega}} \sum_{\vec{G}} c_{\vec{k}+\vec{G}} e^{i(\vec{k}+\vec{G})\cdot\vec{r}} \quad \text{where } \Omega = \text{crystal volume} \tag{4.79}$$

표 4.5 자유전자 모델 free electron model 과 빈격자 모델 empty lattice model 의 비교.

자유전자 free electron model	빈격자 모델 empty lattice model
Plane wave: $\psi_{\vec{k}}(\vec{r}) = \frac{1}{\sqrt{\Omega}} e^{i\vec{k}\cdot\vec{r}}$ where $\Omega = \begin{cases} \text{crystal volume and} \\ \text{normalization constant} \end{cases}$	Bloch wave: $\psi_{\vec{k}}(\vec{r}) = e^{i(\vec{k}+\vec{G})\cdot\vec{r}}$ $= e^{i\vec{k}\cdot\vec{r}} e^{i\vec{G}\cdot\vec{r}}$ $= e^{i\vec{k}\cdot\vec{r}} u_{\vec{k}}(\vec{r})$
Wave packet: $\Psi(\vec{r}) = \sum_{\vec{k}} C_{\vec{k}} e^{i\vec{k}\cdot\vec{r}}$ or $\Psi(\vec{r}) = \int_0^{\infty} C(\vec{k}) e^{i\vec{k}\cdot\vec{r}} d\vec{k}$; linear combinations of plane waves	Wave packet: $\Psi(\vec{r}) = \sum_{\vec{G}} C_{\vec{k}+\vec{G}} e^{i(\vec{k}+\vec{G})\cdot\vec{r}}$; linear combinations of Bloch waves
$E_{\vec{k}} = \frac{\hbar^2 k^2}{2m}$ $= \frac{\hbar^2}{2m}\left(k_x^2 + k_y^2 + k_z^2\right)$	$E_{n,\vec{k}_0} = \frac{\hbar^2\left(\vec{k}_0 + \vec{G}\right)^2}{2m}$ where $\begin{cases} 0 \le k_0 \le \frac{\pi}{a} \\ \vec{G} = \left(n_x G_0, n_y G_0, n_z G_0\right) \end{cases}$

4.7 전자밴드구조 electronic band structure

다음 장에서 자세한 전자 밴드 구조를 계산하는 방법을 자세히 설명하겠지만 우선 간단한 이해를 하고 넘어가자. 그림 4.32 는 GaAs 반도체의 전자밴드구조를 나타낸다. 전자밴드구조는 전자가 고체 속에서 취하는 양자상태 quantum states $\Gamma\left(E,\vec{k}\right)$에 대한 정보를 나타낸 것이다. 그림의 왼쪽은 E와 k 사이의 관계를 나타낸 것이고 오른쪽은 E와 x 사이의 관계를 나타낸 것이다. 왼쪽 그림에서 각 밴드의 끝을 오른쪽 그림에서는 밴드 x 축에 평행하게 그린 이유는 전자 상태(즉, E 와 k 관계)가 오른쪽에서는 결정의 위치와 관계없기 때문이다. 보통 논의의 편의를 위해 왼쪽이나 오른쪽 그림을 선택하여 설명한다. 밑에서부터 밴드 번호를 나타낼 때 세번째 까지는 '원자가 밴드 valence band'라 하고 그 위 네번째 부터는 '전도 밴드 conduction band'라고 한다.

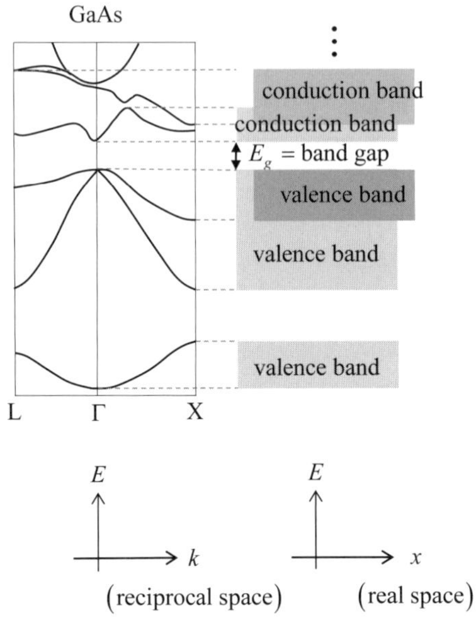

그림 4.32 역공간과 실공간에서 GaAs 의 전자밴드구조.

세번째와 네번째 사이의 밴드가 존재하지 않은 에너지 값 부분은 전자가 이러한 에너지 값을 갖는 상태 state 에 존재할 수 없기 때문에 '밴드갭 band gap'이라고 부른다. 모든 물체에서 성립하지는 않지만 보통 절대 0K 에서 모든 전자는 원자가 밴드는 채워져 있고 전도 밴드는 빈 상태에 있다고 간단히 가정할 수 있다.

이제 원자가 밴드에 존재하던 전자가 에너지를 얻게 되어 위에 존재하는 전도 밴드로 들뜨게 되었다고 가정하자. 이럴 경우 원자가 밴드에는 전자가 존재하던 상태가 비게 되며 이렇게 빈 상태를 '홀 hole'이라고 한다. 물이 채워진 컵 속에서 공기방울이 있는 경우와 흡사하다고 여기면 된다. 원래 홀은 디락 Paul A. M. Dirac 이 상대론적 양자역학에서 전자 electron(물질)와 양전자 positron(반물질)의 개념을 설명하면서 전자와 다른 특성을 갖는 반물질 입자를 홀이라고 처음으로 언급하였다. 반도체 분야에서 이 같은 디락의 개념을 차용하여 전자가 비어있는 상태를 표현하는데 있어 홀이라는 용어를 사용하게 되었다. 주의할 점은 디락의 반물질 (또는 반입자 antiparticle)은 질량과 전하를 띤 실체가 있는 입자이나 반도체에서 홀은 단지 '빈 상태 empty state'를 나타내며 실체가 없다는 점이 다르다. 홀은 이 빈 상태로 옆에 있던 전자들이 차례로 채워지면서 전자와 반대방향으로 이동하게 되는데 이는 마치 실체로서 홀이 존재하는 것처럼 보인다. 물이 채워진 컵에서 물방울이 움직이는 것과 같이 생각할 수 있다. 홀의 전하는 크기가 전자의 전하량과 똑같으나 단지 전자와 반대인 양전하를 갖는다고 간주한다. 이렇게 함으로써 우리는 모든 논의를 편리하게 할 수 있고 따라서 우리는 홀도 질량과 전하를 갖는 실체로 간주한다. 문제는 홀의 질량은 전자와 같은가? 이다. 이를 간략히 이해하기 위해 앞절에서 논의한 유효질량을 생각해 보자. 유효질량은 자유공간에서 입자가 보유한 실지 질량이 아니라 식 (4.60)에서 보여준 내부힘 internal force $\vec{F}_{int}$ 과 상호작용등을 고려하여 우리가 생각한 이론 체계에 유효하게 취급할 수 있는 질량이라고 할 수 있다. 따라서 전자와 홀의 전하량의 크기는 같지만 질량은 서로 같을 수 없다. 따라서 이런 상호작용등을 고려하여 유효질량을 갖는 입자를 '준입자 quasiparticle'라고 한다. 전자 electron, 홀 hole, 포논 phonon, 플라스몬 plasmon 등등은 모두 준입자라고 불리운다. 사실 고체물리학에서 다루는 모든 입자는 준입자들이다.

전자밴드구조가 전자에 대한 구조를 말한다면 홀에 대한 구조도 언급할 수 있다. 홀 hole 에 대한 양자상태 정보는 전자밴드구조를 거꾸로 보면 된다. 즉, 홀의 에너지 축은 간단히 전자밴드구조에서 보여준 에너지축의 반대 방향(즉, $-E$ 방향으로 아랫방향)을 취하면 된다. 도체는 자유전자의 이동에 의해 전류가 흐른다. 이와 달리 반도체에서는 전자와 홀의 이동에 의해 전류가

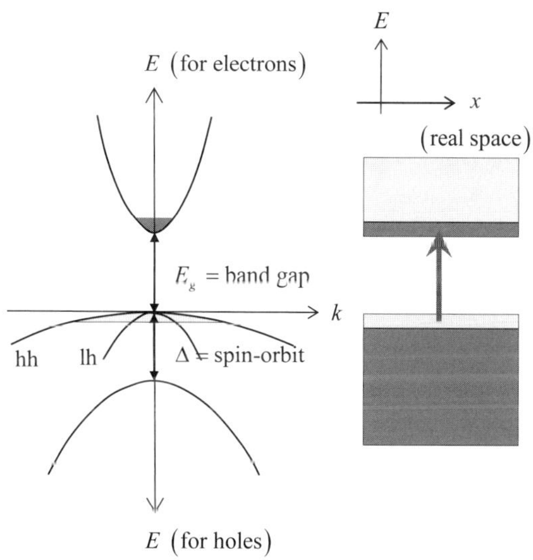

그림 4.33 GaAs 밴드 끝에서 전자밴드구조의 모양.

흐른다. 전자와 홀은 이동 방향이 반대이지만 홀의 전하가 전자의 전하와 반대이므로 둘에 의한 전류 기여는 같은 방향이 됨에 유의하자.

전자의 스핀-궤도 상호작용 spin-orbit interaction 을 고려하면 그림 4.32 의 원자가 밴드 끝 valence band edge 에서는 없었던 스핀-궤도 밴드 spin-orbit band 를 그림 4.33 에서 보는 바와 같이 얻을 수 있다. 이와 관련된 자세한 사항은 본 자료의 수준을 넘어서기 때문에 반도체물리학의 고급과정을 참고하기 바란다. 보통 절대 0K 에서 반도체의 원자가 밴드 valence band 는 전자로 전부 채워져 있어 밴드내에서 어느 전자도 옮겨 갈 수 있는 자리 quantum states 가 없기 때문에 부도체와 같은 특성을 보이지만 실온에서는 밴드갭 에너지를 뛰어 넘어 전도 밴드 conduction band 로 올라갈 수 있다. 이러한 전자들은 그 전도 밴드 conduction band 내의 많이 비어 있는 자리로 옮겨갈 수 있기 때문에 전기가 이제 흐르게 된다고 말할 수 있다.

밴드는 본질적으로 원자내 에너지 준위로부터 기인한다. 이를 이해하기 위해 아래 그림 4.34 를 참조하자. 논의를 간단하게 하기 위하여 두 수소 원자가 그림 (*a*)에서 보여준 바와 같이

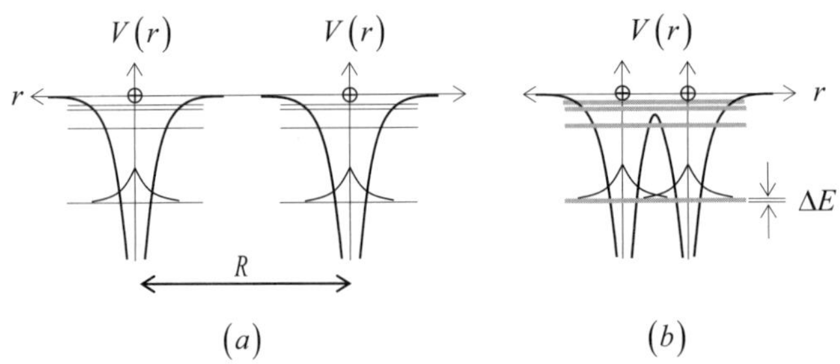

그림 4.34 (a) 에너지 준위energy levels로 부터
(b) 에너지 밴드energy band의 형성을 나타내는 도식도.

서로 멀리 떨어져 있다고 생각하자. 이 때 각 원자에서 전자가 바닥상태 ground state 에 있다고 가정하면 바닥상태의 파동함수는 양성자로부터 거리에 따라 지수함수적으로 (정확하게는 $\psi_{100}(r,\theta,\varphi)=\frac{1}{\sqrt{\pi a_B^3}}e^{-\frac{r}{a_B}}$ 로 표현되며 여기서 a_B 는 보어 반경 Bohr radius 을 나타낸다.) 감소하므로

그림에서와 같은 모양을 갖게 되며 두 전자의 바닥상태 파동함수는 서로 겹치지 않는다. 이제 이 두 원자를 점점 가까이 다가가게 하면 (R 을 점점 작게 하면) 그림 (b)에서와 같이 파동함수가 겹쳐지게 되는데 이는 각각의 전자가 어느 원자에 속해 있는지 구분을 할 수 없게 됨을 의미한다. 달리 표현하자면 Δt 동안의 아주 짧은 시간 동안 각각의 전자가 왼쪽에 있는 양성자와 오른쪽에 있는 양성자중 어디쪽에 더 가까이 존재하는지 우리는 말할 수 없게 되며 Heisenberg 의 불확정성 원리 $\left(\Delta t \Delta E \geq \frac{\hbar}{2}\right)$ 를 적용하면 전자의 에너지 준위는 더 이상 명확한 값 definite value 을 취할 수 없고 ΔE 만큼의 불확정성을 나타내게 된다. 다시 두 원자에 또 다른 전자들을 가깝게 하여 결합을 시키면 에너지 불확정성을 나타내는 ΔE 는 점점 폭이 넓어지게 되고 마치 띠와 같은 모양을 갖게 되므로 우리는 이를 에너지 띠 energy band 라고 부른다. 물론 이렇게 될 경우 각각의 전자들은 본래 그들의 어미원자 mother atom 에 구속되어 있지 않게 되고 모든 전자가 모든 원자들의 양성자에 가까이 존재할 수 있는 상태로 간주하며 이를 중첩상태 superposition state 에 있다고 표현한다. 3 장에서도 설명한 바와 같이 그림 (a)에서 두 전자는 동일입자 identical particles 이며 구분가능 distinguishable 하나 그림 (b)의 경우는 동일입자 identical particles 이나 구분불가능성 indistinguishable 인 경우를 나타낸다.

그림 4.34 에서 두 원자 사이의 거리 R 에 따른 밴드폭의 변화는 그림 4.35 에 나타내었다. R 이 줄어듬에 따라 에너지 준위가 이웃하는 원자의 에너지 준위와 겹치게 되면서 앞서 설명한 바와 같이 불확정성 원리에 의해 점점 밴드를 형성하고 더욱 거라가 줄어들고 원자수가 많은 고체에서는 그 폭이 더욱 넓어지게 된 밴드를 형성하게 된다.

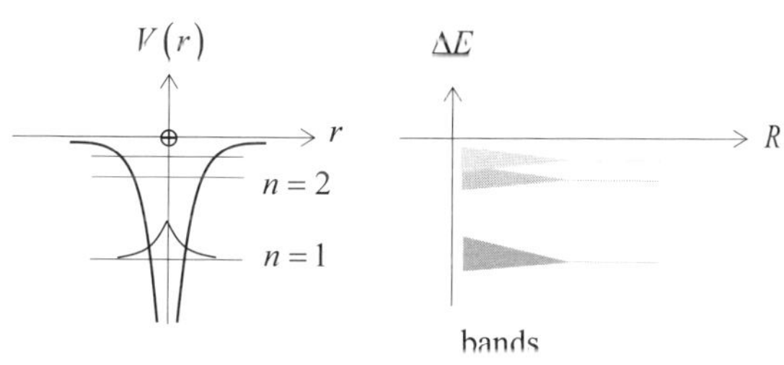

그림 4.35 원자사이의 거리 R 이 줄어듬에 따른 에너지 밴드의 형성.

4.8 결정성장 이론 crystal growth theory

현대의 반도체 결정성장에 관한 기술은 대표적으로 다음과 같은 방법이 있다.

Molecular beam epitaxy: MBE
Metalorganic chemical vapor deposition: MOCVD
Atomic layer epitaxy: ALE

이들은 모두 원자층 one monolayer 규모로 조절 control 이 가능한 반도체 결정성장기술이다. 약 30 년 전만해도 반도체의 덩어리 bulk 성장기술에 관한 논의가 주를 이루었으나 현재는 이 기술이 충분히 성숙되었고 우리의 관심사가 이제는 충분히 성숙된 기판 substrate 성장 기술을 넘어 인위적인 박막을 성장 heterostructures 시키는 기술 (소위 epitaxial growth)에 관심이 집중되므로 그에 설명에 논의를 집중하고자 한다. 쉽게 얘기해서 기판을 구입한 후 이 평면 위에 박막을 성장시키는 것이 주요 이슈 research topic 가 되었다는 말이다. 따라서 먼저 기판위 평면 구조에 대한 지식부터 살펴보고자 한다.

4.8.1 표면과 재구성 surface and its reconstruction

3 차원 결정의 실격자 벡터와 역격자 벡터 사이의 관계가 다음과 같이 주어졌음을 기억하자.

$$\vec{b}_1 = 2\pi\frac{\vec{a}_2\times\vec{a}_3}{\vec{a}_1\cdot\vec{a}_2\times\vec{a}_3},\ \vec{b}_2 = 2\pi\frac{\vec{a}_3\times\vec{a}_1}{\vec{a}_1\cdot\vec{a}_2\times\vec{a}_3},\ \vec{b}_3 = 2\pi\frac{\vec{a}_1\times\vec{a}_2}{\vec{a}_1\cdot\vec{a}_2\times\vec{a}_3}\quad \text{where } \vec{a}_i\cdot\vec{b}_j = 2\pi\delta_{ij} \tag{4.80}$$

이를 염두에 둘 때 2 차원 표면에 대한 역격자는 실격자 벡터를 이용하여 다음과 같이 정의되었다..

$$\vec{b}_1 = 2\pi\frac{\vec{a}_2\times\hat{n}}{\left|\vec{a}_1\times\vec{a}_2\right|},\ \vec{b}_2 = 2\pi\frac{\hat{n}\times\vec{a}_1}{\left|\vec{a}_1\times\vec{a}_2\right|}\quad \text{where } \vec{a}_i\cdot\vec{b}_j = 2\pi\delta_{ij} \tag{4.81}$$

여기서 $\hat{n}$ 은 표면에 수직인 단위벡터를 나타낸다. 표면은 세번째 차원이 없기 때문에 역공간에서도 세번째 차원은 정의되지 않는다. 결과적으로 역공간에서 표면층은 실 표면에 수직인 직선으로 나타내어 진다.

표면에 존재하는 원자층은 그 위에 다른 원자가 없기 때문에 내부 덩어리 bulk 와는다른 구조를 갖게 되며 그림 4.36 에서와 같이 '표면 완화 surface relaxation'와 '표면 재구성 surface reconstruction'으로 나누어 구분하기도 한다. 일반적으로 표면완화된 구조는 안정된 구조가 아니고 대부분 이어서 재구성되기 되기 때문에 보통 표면 재구성으로 통칭해 부르기도 한다. 표면완화된 구조는 내부 덩어리 bulk 구조와 기본적으로 같으나 표면에 수직인 방향을 따라 원자간 거리가 변하게 되는 경우이고 표면재구성된 구조는 표면의 원자들이 표면 에너지가 낮은 구조를 형성하기위해 표면 완화와 더불어 다른 구조로 변하게 되는 경우를 말한다.

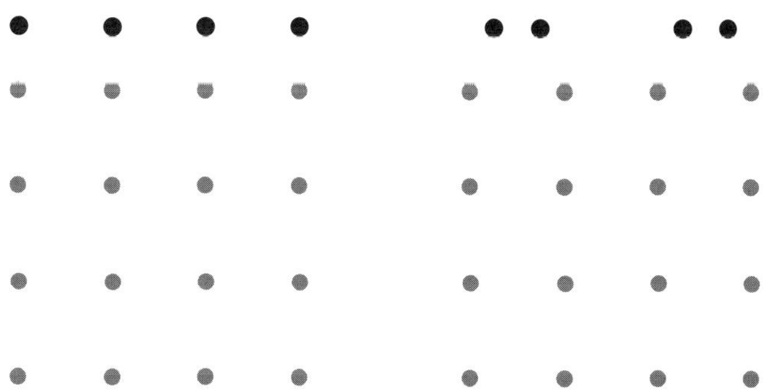

(a) (b)

그림 4.36 (a)표면완화된 구조와 (b)표면재구성된 구조.

그림 4.37 는 표면 재구성된 구조의 대표적인 보기이다. 이 2 차원 표면 결정의 표기는 GaAs(001)-$c(4\times4)$ 로 주어진다. 이것의 의미는 2 차원 단위 메시 unit mesh(2 차원 구조의 단위셀을 단위 메시라고 부른다.)를 고려할 때 GaAs 반도체의 (001) 표면 위에서 재구성된 기저 basis 가 덩어리 bulk 격자상수의 가로로 4 배 그리고 세로로 4 배인 격자상수로 재구성 되었다는 의미이다. 여기서 c 는 중심에 centered 또 하나의 기저 basis 가 존재함을 의미한다. 결정의 정의는 식 (4.1)에서 crystal structure = lattice + basis 로 주어졌음을 기억하자.

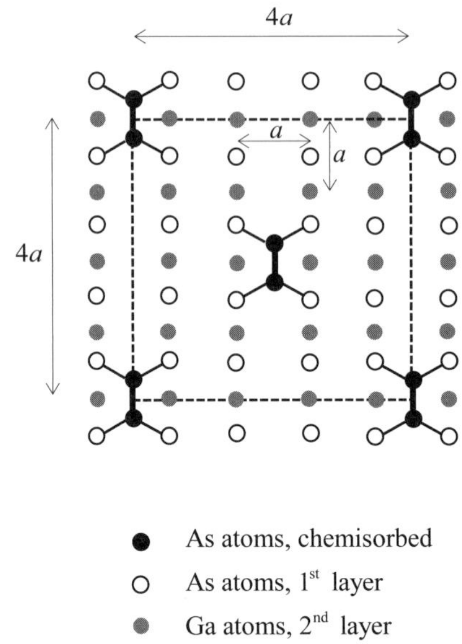

그림 4.37 재구성된 GaAs(001)-$c(4\times4)$의 표면구조.

4.8.2 원자와 표면의 모형 atom and surface model

원자규모에서 결정성장에 관한 모델은 1927 년도에 W. Kossel 이 원자를 그림 4.38 과 같이 아주 간단한 주사위 모형의 정육면체로 간주하면서 시작되었다. 이를 기초로 Kossel 은 원자 규모 atomic scale 관점에서 기판에 존재할 수 다양한 모양을 가정하고 그림 4.39 와 같이 편평한 flat 면과 계단 step 과 구석자리 kink 등을 고려하였다. Kossel 의 원자 모형이나 기판 표면 위의 다양한 모습은 언뜻 너무나 간단하지만 이를 바탕으로 개발된 이론들은 현재에도 아주 결정 성장에 관한 유용한 모델로 가장 많이 애용되고 있다.

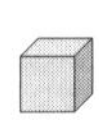

그림 4.38 Kossel 이 고려한 원자모형.

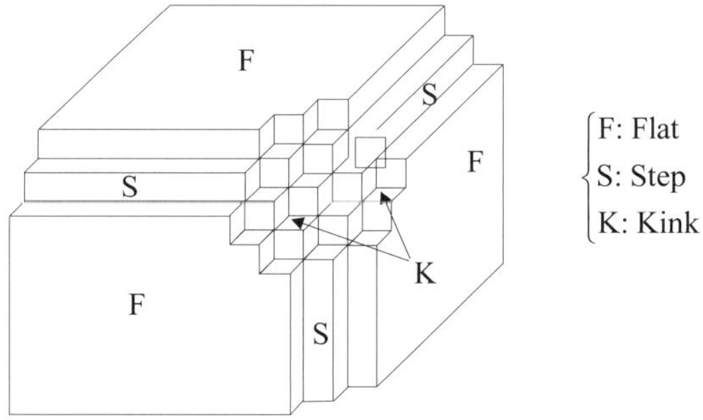

그림 4.39 Kossel 모델을 기초로한 기판 모델.

4.8.3 고전 결정성장 이론 theory of classical crystal growth

원자 규모로 볼 때 완전히 부드럽고 평평한 평면위에서의 성장을 가정하자. 성장이 이루어지기 위해서는 먼저 2 차원 결정 핵 nuclei 이 평면 위에 형성이 되고 이것이 표면 위에서 옆으로 자라남에 따라 원자층이 면에 수직 방향으로 한층 one monolayer 씩 올라가는 과정을 상상하면 되겠다. 하지만 완전히 평평한 표면위에서는 쉽게 결정성장 핵 nucleus 이 형성되기가 어려우며 이는 마치 100% 순수한 물 분자로 구성된 수증기 vapor 가 물방울로 변하기 매우 어려운 상황과 비슷하다. 물방울로 상변이가 일어나기 위해서는 물론 어떤 임계 과포화 critical supersaturation 상태를 넘어서야만 됨을 의미한다. 따라서 박막 thin film 성장이 이루어지기가 매우 어렵다. 이는 마치 열역학적으로 과포화 상태에 있는 수증기일지라도 먼지 입자나 접촉 물질 (예 성장 기판)이 없는 순수한 수증기가 물방울로 형성되기가 극히 어려운 경우와 같다. 하지만 일반적인 많은 결정 성장 실험들에서 이러한 생각과 달리 상대적으로 빠른 성장이 관측됨에 따라 그에 대한 의문이 있어왔다. 특별히 그림 4.40 과 같이 나선계단 spiral step 모양의 패턴이 관측되었고 이로부터 결정성장률이 상대적으로 빠른 이유가 이 계단 step 이나 나사 어긋나기 screw dislocation 같은 성장과 연관된 표면에너지를 낮추는 요소들에 기인한 것임을 이해하게 되었다.

일반적으로 결정 표면의 일부분은 계단과 같은 형태를 지닌 표면 stepped surface (또는 vicinal surface)으로 간주하면 결정성장은 이 계단 구석에 원자들이 흡착되면서 계단이 덮여가는

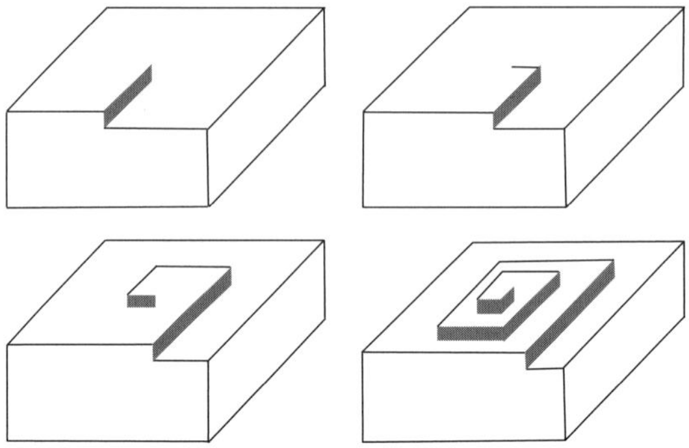

그림 4.40 나선계단spiral step 모양의 성장 모델.

흐름을 연상할 수 있다. 이러한 과정을 기본 바탕으로 원자 규모 atomic scale 에서 결정성장에 대한 이론적 모델을 1951 년 Burton, Cabrera 그리고 Frank 세 사람이 제안하였는데 이 이론을 세 사람의 이름 첫 글짜를 따서 'BCF theory' 이라고 부른다. 이것이 결정성장에 관한 원자규모의 최초 모델로 보면 된다.

그림 4.41 은 BCF 가 제안한 기판 표면위에서 결정성장에 대한 모델을 보여주고 있다. 이 성장이론에서 이들은 다음 세가지 과정을 고려하였다.

(1) 물리적 흡착 physisorption

; 증기 vapor 상태인 원자들이 표면에 도달하여 흡착 adsorption 된다. 하지만 흡착된 원자는 완벽한 결합을 하기 보다는 판데르발스 van der Waals 힘에 의해 표면에 달라붙은 정도인 상태에 있게 된다.

(2) 표면 이동 surface diffusion

; 흡착된 원자 adatoms 들은 약하게 결합하고 있기 때문에 보통 그 자리에 그대로 존재하기 보다는 표면 위에서 에너지가 가장 낮은 안정된 자리를 찾아 이동하게 되는데 이를 표면이동 surface diffusion 이라고 한다.

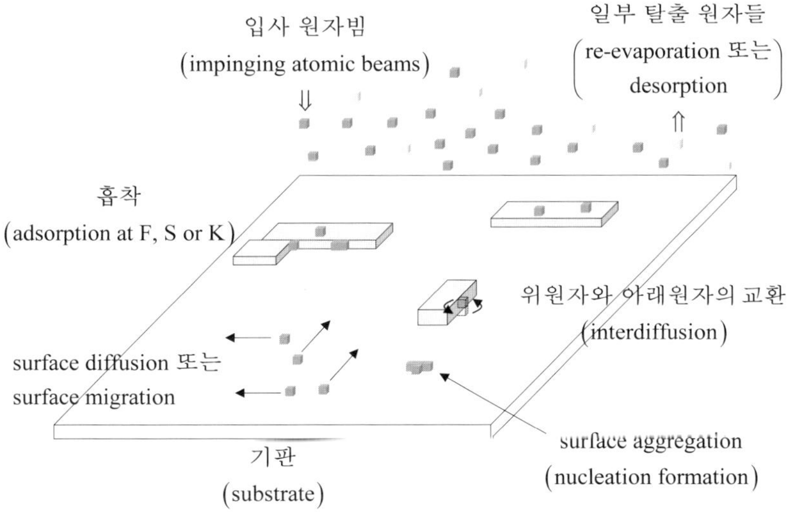

그림 4.41 기판 표면위에서 BCF 결정성장 모델.

(3) 화학적 결합 chemisorption

; 흡착원자들 adatoms 이 보통 표면 에너지가 낮은 계단 step 의 구석진 자리나 킹크 kink 자리의 구석진 곳에서 기판과 합체 incorporation 되는 과정을 거친 후 에너지가 낮은 화학적으로 안정된 결합을 이루게 되는 과정을 말한다.

물론 표면 위에서 몇 개의 원자들이 모여 핵을 형성 nucleation formation 하거나 몇몇 원자들은 다시 표면을 떠나 탈출 re-evaporation or desorption 하는 원자들도 존재한다. 때로는 에너지가 더 안정된 결정구조를 이루기 위하여 이미 성장된 층의 원자와 그 아래 존재하는 원자 사이에 상호 교환작용 interdiffusion 이 이루어 지는 경우도 있다. 모든 이러한 과정을 거쳐 원자층이 한층씩 성장되면서 표면에 수직방향으로 성장이 이루어 지게 된다.

위에서 논의된 모든 고정을 고려하여 BCF 는 다음 식 (4.82)으로 그들의 모델을 나다내었다. 흡착원자들 adatoms 의 표면밀도를 $\rho(x,t)$ 라 할 때 시간에 따른 밀도의 변화에 대한 식은 다음과 같이 나타낼 수 있다.

$$\frac{d\rho(x,t)}{dt} = \underbrace{D_s \frac{\partial^2 \rho(x,t)}{\partial x^2}}_{\text{Diffusion}} - \underbrace{\frac{1}{\tau_v}\rho(x,t)}_{\text{Evaporation}} + \underbrace{F}_{\text{Deposition flux}} \tag{4.82}$$

여기서 오른쪽 식의 첫번째 항은 표면확산 surface diffusion 과 관련된 항이고 두번째 식은 표면에서 기판에 흡착하지 못하고 기화 evaporation 하는 원자들을 나타내는 항이며 따라서 음의 부호가 붙여졌다. 마지막 항은 기판에 입사하는 원자들을 나타내는 항 이다. 또한,

$$D_S = \text{the surface diffusion constant of adatoms}$$

$$\frac{1}{\tau_v} = \text{the evaporation probability of an adatom/unit time}$$

이다. 위 모든 과정은 2 차원 표면 위에서 일어나기 때문에 3 차원 덩어리 bulk 에서의 물질 분산과 관련된 식들에서 나타나는 경우와 혼동이 없길 바라며 이와 관련해 정리하자면 아래와 같다.

$$\left.\begin{array}{ll} \vec{J} = -D\nabla\rho & \text{; Fick's 1}^{\text{st}}\text{ law} \\ \nabla\cdot\vec{J} + \dfrac{\partial\rho}{\partial t} = 0 & \text{; 연속방정식continuity equation} \end{array}\right\} \Rightarrow \frac{\partial\rho}{\partial t} = D\nabla^2\rho \quad \text{; Fick's 2}^{\text{nd}}\text{ law}$$

3-D와 2-D인 경우의 비교

$J \Rightarrow J_s$, $\rho \Rightarrow \rho_s$, $D \Rightarrow D_s$; surface diffusion constant

따라서, $[J] \neq [J_s]$, 즉, $[J] = \frac{1}{L^2 T}$ 이고 $[J_s] = \frac{1}{LT}$, $D \neq D_s$, 그러나 $[D] = [D_s] = \frac{L^2}{T}$

4.8.4 켜쌓기 성장 epitaxial growth

앞에서 현대의 결정성장방법은 분자빔 에피택시 Molecular Beam Epitaxy (MBE), 금속유기 화학기상증착 Metal-Organic Chemical Vapor Deposition (MOCVD) 및 원자층 에피택시 Atomic Layer Epitaxy (ALE)등이 있다고 하였다. 이 방법들은 모두 기본적으로 원자규모의 인위적인 조절을 통해 원자층 하나 하나를 제어해 가면서 박막 결정을 성장하는 방식들이다. 따라서 궁극적인 결정성장 방식으로 이해될 수 있다. 여기서 '켜쌓기 epitaxy'란 용어가 사용되는데 이것은 다음과 같은 의미를 지닌다.

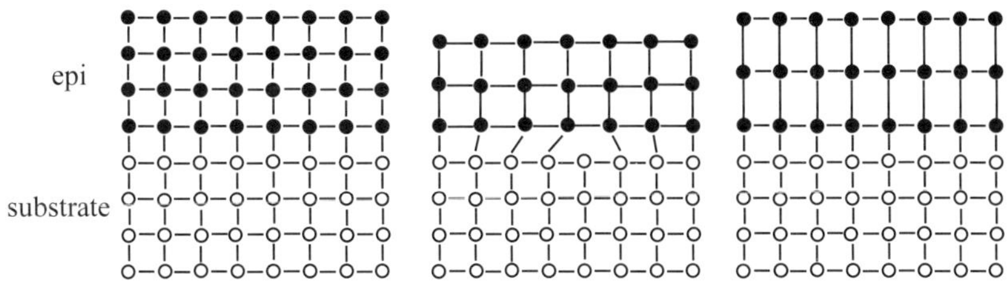

(a) commensurate homoepitaxial　(b) incommensurate strain relaxed　(c) pseudomorphic epitaxial

그림 4.42 기판위에서 박막성장에 따른 여러형태.

$$\text{epitaxy}(\text{ordered on}) = \varepsilon\pi\iota(\text{on}) + \tau\alpha\xi\iota\alpha(\text{in order})$$

즉, 기판 위에 기판의 격자상수와 일치시키면서 우리가 원하는 특정 물질의 결정 박막을 성장시킨다는 의미이다. 때로 비슷한 구조를 성장시키기 때문에 유사형태 성장 pseudomorphic growth 라고도 한다. 이 박막을 에피층 epi layer 또는 에피택시얼층 epitaxial layer 라고도 부른다.

일반적으로 A 라는 물질의 기판 위에 B 라는 다른 물질의 박막 결정을 시킬 경우 아래 그림 4.42 에서 보여주는 바와 같은 성장이 일어난다. 결정을 성장 시키기 위해 먼저 우리는 성장에 사용되는 기판을 세척하게 되는데 (원자 규모에서 기판은 수많은 불순물로 오염되어 있다.) 세척 후에도 잔류 불순물들이 많이 존재한다. 따라서 보통 같은 물질로 이루어진 완충층 buffer layer 이라 불리는 층을 어느정도 깨끗한 진공속에서 성장 시킴으로 써 깨끗한 표면을 갖게 만든 후 우리가 원하는 물질을 성장하게 된다. 이 경우 첫번째 (*a*) 그림에서와 같이 기판과 같은 물질을 에피성장을 하게 되는데 이를 동질 겹쌓기 성장 homoepitaxial growth 이라고 한다. 이를 달리 '이 맞는 성장 commensurate growth'이라고도 한다. 하지만 보통은 기술적인 목적상 기판과 다른 물질을 성장시키는데 이럴 경우 두 물질의 평형상태에서 격자상수가 서로 다르기 때문에 성장 시키고자하는 결정박막은 스트레스 stress 를 받게 된다. 이 경우 그림 (*b*)에서와 같이 두 물질의 경계면에서 서로 '이가 맞지 않게 성장 incommensurate growth'되며 이 때 전형적인 1 차원 결함 defect 인 선어긋나기 dislocation 가 경계면으로부터 발생하게 된다. 이러한 선어긋나기는 전기소자를 만들었을 때 이 부분을 통해 전류가 세어나가는 통로로 작용하기 때문에 (주기적인 포텐셜을 갖는 결함이 없는 결정내에서와 달리 이 결함 주위의 전기적인 포텐셜이 불규칙적이어서 전자가 쉽게 빠져나가는 통로가 된다.) 우리는 가능한 한 이러한 결함을 줄인 구조의 성장을 목표로 해야한다. 그림 (*c*)는 전형적인 에피성장에 대한 모식도이다. 기판위에 성장되는 물질은 자신의 평형상태에서의 격자상수를 유지하기 보다는 기판과 맞물린 면에서는 기판과 같은 격자상수를 유지 시면서 면에 수직인 방향으로는 자신의 단위셀 체적을 유지하는 조건을 만족시키는 격자변형이 이루어 진다. 이와 관련한 변형력 stress, 변형 strain 및 결정성장 모드 mode 등과 관련된 미시적인 다른 개념들은 다른 책을 참고하기 바란다.

실질적인 결정성장 실험을 수행하는데 중요한 것은 우리가 어떠한 변수를 조절하여 에피성장을 하느냐에 있다. 일반적으로 우리가 다루어야 할 성장변수들은 크게 다음 세가지로 요약될 수 있다.

1. 기판온도 substrate temperature
2. 성장속도 growth rate
3. 기판과 성장될 박막 두 물질의 열팽창 계수 차이 thermal expansion coefficient difference between substrate and epilayer

Summary

- 물리적 실체 entity 는 공간 space 과 그의 역공간 reciprocal space 에서 동일하게 표현될 수 있다.
- 빛을 인공적으로 발생 generation 시킬 수 있는 세가지 방법이 있다.
- 1st Brillouin zone 이 내포한 중요한 의미:
    - 1st Brillouin zone ≈ Bragg reflection condition ≈ Wigner-Seitz cell
    - 주기적인 격자 periodic lattice 내에 존재하는 입자는 하나의 상태가 아니라 여러

고유모드들 eigenmodes 이 더해진 중첩 상태 superposition state 에 존재한다.

- 1st Brillouin zone 이라는 개념이 필요한 중요한 점은 바로 결정 속에 존재하는 전자가 중첩 superposition 인 상태에 있음을 타당하게 설명하는데 있다.

- Bloch theorem 의 세가지 표현:

$$(a)\ \ \psi_{\vec{k}}(\vec{r}) = e^{i\vec{k}\cdot\vec{r}} u_{\vec{k}}(\vec{r}), \quad \text{where } u_{\vec{k}}(\vec{r}) = u_{\vec{k}}(\vec{r}+\vec{R})$$

$$(b)\ \ \psi_{\vec{k}}(\vec{r}+\vec{R}) = e^{i\vec{k}\cdot\vec{R}} \psi_{\vec{k}}(\vec{r})$$

$$(c)\ \ \psi(\vec{r}) = \sum_{\vec{G}} c_{\vec{k}_0+\vec{G}} e^{i(\vec{k}_0+\vec{G})\cdot\vec{r}}$$

- 고체 결정내에 존재하는 전자(포텐셜 $V = \text{periodic} \neq 0$ or constant)는 블락파의 중첩 superposition of Bloch waves 으로 나타나고 이는 다시 블락함수 Bloch function 가 된다.

$$\psi_{\substack{\text{an electron} \\ \text{in a crystal } V}}(\vec{r}) = \frac{1}{\sqrt{V}} \sum_{\vec{G}} c_{\vec{k}+\vec{G}} e^{i(\vec{k}+\vec{G})\cdot\vec{r}}$$

Chapter 5

전자밴드구조 계산

Electronic Band Structure Calculations

Chapter 5 전자밴드구조 계산 Electronic Band Structure Calculations

Key concepts:

1. Empirical pseudopotential method
2. Tight-binding method
3. Kronig-Penney model
4. Effective mass envelope function method
5. Energy levels confined in nanostructures

4 장 에서 소개한 바와 같이 전자밴드구조 electronic band structure 는 전자가 고체속에서 어떠한 양자상태 quantum states 에 있는지를 알려주는 정보라고 할 수 있다. 이 상태는 보통 에너지 E 와 파수벡터 wave vector k 의 관계 (E vs. k) 로 나타내고 '전자밴드구조 '또는 '에너지밴드구조'라고 부르기도 한다. 이 장에서 구체적으로 유사포텐셜 pseudopotential 방법과 크로니-페니 모델 Kronig-Penney model 방법을 이용하여 실리콘 Si 반도체의 에너지밴드구조를 살펴보려고 한다. 더 나아가 유사포텐셜방법을 응용하여 임의의 모양을 갖는 나노구조체내에 속박된 전자의 에너지 준위를 구할 수 방법을 소개하고자 한다.

5.1 전자의 분류 electron classification

고체속에 존재하는 전자는 다음과 같이 분류할 수 있다.

- 핵심 전자 core electrons

원자에서 핵에 가까이 존재하는 전자들로써 화학결합에 참여하지 않는다. 따라서 원자, 분자 또는 결정의 화학적 물리적 특성에 거의 관여하지 않는 전자들을 말한다.

- 원자가 전자 valence electrons

이 전자들은 원자의 최외각에 존재하면서 화학결합을 통해 고체를 결합시키는데 주도적인 역할을 한다. 보통 이 전자들을 들뜨게 하는데 수 전자볼트 *eV* 정도의 에너지가 필요하게 된다. 일반적으로 이 전자들은 '결합궤도 bonding orbitals' 상태에 있고 이들이 존재하는 밴드 band 는 전자가 채워진 상태에 있게 된다.

- 전도 전자 conduction electrons

원자가 전자나 불순물로 도우핑 doping 된 원자에 붙어있는 전자는 에너지가 높은 상태로 들뜨게 될 경우 자유롭게 이동할 수 있게 되는데 이 때 이 전자들을 전도 전자라 부른다. 일반적으로 실온에서 이 전자들은 '반결합 궤도 antibonding orbitals' 상태에 있고 쉽게 들뜨게 되며 이들이 존재하는 밴드 band 는 일부 채워진 상태로 존재한다. 예를 들어 실리콘 Si 원자에서 전자의 궤도에 따른 배치와 전자의 수는 아래와 같이 주어진다.

$$\underbrace{1s^2\ 2s^2\ 2p^6}_{\text{core electrons}}\ \underbrace{3s^2\ 3p^2}_{\text{valence electrons}}\ \cdots\cdots\ \underbrace{\qquad\qquad}_{\text{conduction}}$$

5.2 전자밴드구조 계산방법 methods of electronic band structure calculation

전자 구조 계산 방법은 다양한 방법들이 개발되어 있으며 특정 연구 그룹에 따라 특별한 방법이 선호 되기도 한다. 현재까지 알려진 몇가지 방법을 소개하면 다음과 같다.

- Tight binding method (LCAO method): a real space formalism

- Pseudopotential method: a reciprocal space formalism
- Orthogonalized plane wave method
- Augmented plane wave method
- Muffin-tin approximation
- Green's function method
- KKR method
- Density functional theory
- $\vec{k} \cdot \vec{p}$ perturbation theory
- Effective mass and envelope function method
- etc.

각각의 방법은 그 나름대로 장단점이 있고 여기서 모든 방법을 다룰 수 없기 때문에 우리는 유사포텐셜방법 pseudopotential method 을 취하여 이 계산 방법의 핵심내용을 알아보고자 한다. 이 방법은 다른 방법에 비해 상대적으로 이해하기가 쉽고 계산도 상대적으로 쉬우며 다른 방법을 이해하는데 많은 도움이 되기 때문이다. 이와 더불어 밀접결합방법 tight binding method 과 대부분의 교과서에 나오는 크로니-페니 Kronig-Penney 모델등에 대해 알아보기로 한다.

5.3 단일전자 모델 single electron model

n 개의 전자와 N 개의 이온으로 구성된 계의 전체 해밀토니안 Hamiltonian $\hat{H}$ 의 일반적인 형태는 다음 식과 같다.

$$-\sum_{I=1}^{N}\frac{\hbar^2}{2M_I}\nabla_I^2-\sum_{i=1}^{n}\frac{\hbar^2}{2m_e}\nabla_i^2+\frac{1}{2}\sum_{I=1}^{N}\sum_{J\neq 1}^{N}\frac{Z_IZ_Je^2}{4\pi\varepsilon_0\left|\vec{R}_I-\vec{R}_J\right|}+\frac{1}{2}\sum_{i=1}^{n}\sum_{j\neq 1}^{n}\frac{e^2}{4\pi\varepsilon_0\left|\vec{r}_i-\vec{r}_j\right|}-\sum_{I=1}^{N}\sum_{i=1}^{n}\frac{Z_Ie^2}{4\pi\varepsilon_0\left|\vec{R}_I-\vec{r}_j\right|} \tag{5.1}$$

여기서, $\begin{cases}\text{전자의 좌표: } \vec{r}_1,\cdots,\vec{r}_n\ \left(=\vec{r}_i\right) \\ \text{이온 원자의 좌표: } \vec{R}_1,\cdots,\vec{R}_N\ \left(=\vec{R}_I\right)\end{cases}$

첫번째 항은 N 개 이온들의 운동에너지 합을, 두번째 항은 n 개 전자들의 운동에너지 합을, 세번째 항은 N 개 이온들 사이의 쿨롱 상호작용 Coulomb interaction 을, 네번째 항은 전자들 사이의 쿨롱 상호작용을 그리고 마지막 다섯번째 항은 이온과 전자들 사이의 쿨롱 상호작용을 나타낸다. 하지만 이러한 계의 전체 해밀토니안에 기초하여 완전한 방정식을 푼다는 것은 거의 불가능하고 복잡한 문제가 된다. 따라서 이온들의 질량이 전자에 비해 매우 크기 때문에 이들이 정지해 있다고 가정하는 소위 본-오펜하이머 Born-Oppenheimer 근사법 (또는 단열근사 adiabatic approximation[1]이라 불리운다.)을 이용하여 문제를 단순화 시키면,

$$-\sum_{i=1}^{n}\frac{\hbar^2}{2m_e}\nabla_i^2+\frac{1}{2}\sum_{i=1}^{n}\sum_{j\neq 1}^{n}\frac{e^2}{4\pi\varepsilon_0\left|\vec{r}_i-\vec{r}_j\right|}-\sum_{I=1}^{N}\sum_{i=1}^{n}\frac{Z_Ie^2}{4\pi\varepsilon_0\left|\vec{R}_I-\vec{r}_j\right|} \tag{5.2}$$

이 된다. 이 형태의 식도 풀기가 어렵기 때문에 더욱 단순화 시키는 방법들(예: Hartree approximation, Hartree-Fock approximation 등)에 대해서는 교과서를 참고하고 우리는 다음과 같은 생각을 전개하여 우리가 쉽게 다룰 수 있도록 하자.

즉, 전자와 전자는 쿨롱 상호작용을 하기 때문에 결정내에 많은 전자가 있을 경우 이들 사이의 상호작용을 모두 고려하게 되면 아직도 위와 같이 해밀토니안의 항들이 무척 많아서 문제를 풀기가 어렵다. 따라서 간단히 전자가 하나만 존재하고 결정을 구성하는 모든 원자들은 전부 이온화 되어 있다고 가정하자. 이를 '단일전자 모델 single electron model'이라고 하며 그림 5.1 에 나타내었다. 그러면 이 모델을 사용하여 합당한 결과를 얻을 수 있는 타당한 이유는 어디에

[1] 한국물리학회에서 '단열-' 또는 '서행-'으로 번역 하였듯이 물리계 physical system 의 에너지가 시간에 따라 매우 서서히 변하는 경우가 마치 열(에너지)의 출입이 거의 없는 경우와 비슷하기 때문에 '단열'이라 부르며 이 경우 사용하는 근사법이다.

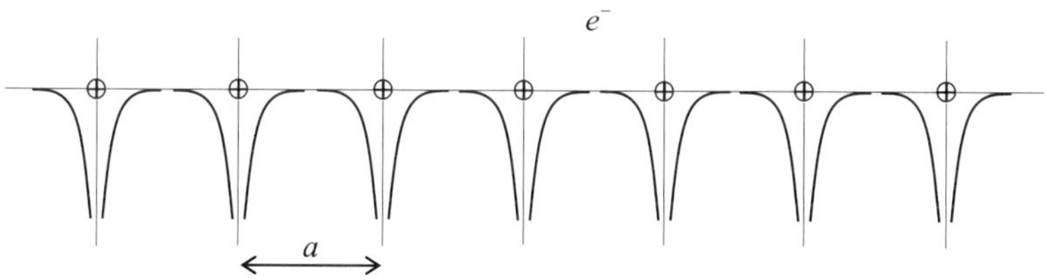

그림 5.1 단일 전자 모델.

있을까? 모델의 타당성을 이해하기 위해 먼저 고유 실리콘 반도체 intrinsic[2] Si semiconductor 를 고려하자. '고유 실리콘 반도체'란 반도체내에 불순물이 도핑 되지않은 반도체를 말하며 이 반도체를 구성하고 있는 모든 실리콘 원자들은 전기적으로 중성인 상태에 있다. 만약 각 원자들의 공유 결합에 참여하고 있는 최외각 전자 4 개중 하나만 결합을 끊고 자유롭게 된다고 할 때 각 원자들은 이제 모두 양(+)으로 이온화되고 이 결정내에는 금속과 같이 수많은 자유전자들이 존재하게 될 것이다. 이들은 서로 쿨롱 상호작용을 하게 되므로 이러한 쿨롱 포텐셜 (수시로 포텐셜에너지를 단순히 포텐셜 이라고도 하니 혼돈 없기 바라고 '3.2.3 의 포텐셜의 의미' 부분을 다시 읽기 바란다.)을 모두 고려하자면 문제가 다시 매우 어렵게 된다. 또한 수 많은 전자가 원자 주위를 감싸고 있기 때문에 원자밖 어느 한 전자가 느끼는 이온화된 원자에 의한 포텐셜 에너지는 실제와 많은 차이를 보일 것이다. 이같이 다른 많은 전자가 원자핵을 둘러싸게 되어 포텐셜이 줄어들게 되는 것을 '스크린 효과 screen effect' 라고 한다.

따라서 이 모든 상호작용을 일일이 고려하는 대신 전자 하나가 평균적으로 느끼는 포텐셜을 사용한다고 생각하자. 마치 유효질량의 개념을 논의할 때 모든 내부힘들과의 상호작용에 의한 영향을 전자의 질량이 변한다고 보고 이를 유효질량 effective mass 으로 나타내는 것과 비슷하다. 이것은 Landau 가 도체에서 전자의 운동을 기술하는데 언급한 '준입자 quasiparticle' 개념과 비슷하다. 이제 이 평균 포텐셜 에너지를 라 하고 유효질량을 사용하여 슈레딩거 방정식을 다음과 같이 놓자.

---

[2] 한국물리학회에서 intrinsic semiconductor (undoped semiconductor) 은 '고유 반도체'로 extrinsic semiconductor (doped semiconductor)는 '비고유반도체'로 번역하였다.

$$\hat{H}\psi_n(\vec{r}) = \left[-\frac{\hbar^2}{2m^*}\nabla^2 + V(\vec{r})\right]\psi_n(\vec{r}) = E_n\psi_n(\vec{r}) \quad (5.3)$$

이 식은 물론 식 (5.1)에 비해 우리가 다루기 쉬운 형태가 되었다.

Remark:

결정을 구성하는 모든 원자는 양으로 이온화 되어 있고 단지 하나의 전자만 존재하고 있다고 생각하자.

5.4 유사포텐셜 방법에 의한 실리콘 전자밴드구조 Si electronic band structure using pseudopotential method

5.4.1 방법의 설명 description of pseudopotential method

이제 직접 실리콘의 전자밴드구조를 직접 계산을 통해 알아 보자. 단일전자모델 논의에서 소개한 식 (5.3)을 풀면 된다. 이 2 차 미분방정식으로 표현된 운동방정식을 풀어 해를 구하게 되면 우리는 입자에 대한 양자상태 quantum states (파동함수) 정보를 얻게 되고 이 정보의 집합을 전자밴드구조라 한다. 4 장의 4.6 절 에서 설명한 바와 같이 전자가 주기적인 포텐셜내에 있게 되면 그 파동함수는 블락함수Bloch function로 표현되고 동시에 모든 정보를 1st Brillouin zone 에 나타낼 수 있기 때문에 밴드 번호 n 을 이용하여 슈레딩거 방정식인 식 (5.3)을 다음과 같이 표현하자.

$$\left[-\frac{\hbar^2}{2m}\nabla^2 + V(\vec{r})\right]\psi_{n,\vec{k}}(\vec{r}) = E\psi_{n,\vec{k}}(\vec{r}), \quad \text{where } n = \text{band index} \quad (5.4)$$

이제 이 방정식은 포텐셜 (앞에서도 설명하였듯이 엄밀하게는 포텐셜 에너지)만 주어지면 원칙적으로 풀 수 있다. 결정 속에서 원자들이 주기적으로 배치되어 있기 때문에 포텐셜은 다음과 같은 조건을 만족해야 한다.

$$V(\vec{r}) = V(\vec{r} + \vec{R}) \tag{5.5}$$

앞 4 장 식 (4.5)에서 실공간과 역공간 (또는 역격자)에서 위치벡터를 각각 다음과 같이 나타내자고 하였다.

$$\begin{aligned} \vec{R} &= \vec{R}_{m_1m_2m_3} = m_1\vec{a}_1 + m_2\vec{a}_2 + m_3\vec{a}_3 \\ \vec{G} &= \vec{G}_{h_1h_2h_3} = h_1\vec{b}_1 + h_2\vec{b}_2 + h_3\vec{b}_3 \end{aligned} \qquad \text{where } m, h = \text{integers} \tag{4.5}$$

이제 블락 파동함수 $\psi_{n,\vec{k}}(\vec{r})$ 는 체적이 Ω 인 3 차원 상자내에 규격화 시키고 앞서 4 장 식 (4.79)에서 설명한 바와 같이 국소화된 실체 localized entity 인 블락 파속 Bloch wave packet 형태를 고려하여 구체적으로 다음과 같이 쓸 수 있다.

$$\begin{aligned} \psi_{n,\vec{k}}(\vec{r}) \quad \Rightarrow \quad \psi_{n,\vec{k}_0}(\vec{r}) &= \frac{1}{\sqrt{\Omega}} \sum_{\vec{G}} C_{\vec{k}_0+\vec{G}} e^{i(k_0+G)\cdot\vec{r}} \\ &= \frac{1}{\sqrt{\Omega}} \sum_{h_1,h_2,h_3} C_{\vec{k}_0+\vec{G}} e^{i(\vec{k}_0+\vec{G})\cdot\vec{r}} \qquad \text{where } 0 \le |\vec{k}_0| \le \frac{\pi}{a} \end{aligned} \tag{5.6}$$

포텐셜은 주기적이기 때문에 푸리에 해석 Fourier analysis 에 따라 다음과 같이 쓸 수 있다.

$$\begin{aligned} V(\vec{r}) &= \sum_{\vec{G}} V(\vec{G}) e^{i\vec{G}\cdot\vec{r}} \\ &= \sum_{h_1,h_2,h_3} V_{\vec{G}} e^{i\vec{G}\cdot\vec{r}} \end{aligned} \tag{5.7}$$

규격화 상수 Ω 를 고려하고 $V(\vec{r})$ 의 푸리에 변환식 Fourier transform[3]을 취하면,

$$V(\vec{G}) = \frac{1}{\Omega} \int e^{-i\vec{G}\cdot\vec{r}} V(\vec{r}) d\vec{r} \tag{5.8}$$

로 나타낼 수 있다. 참고로, 식 (5.7)의 과 식 (5.8)은 서로 푸리에 변환식 Fourier trnsforms 이라고 하며 아래와 같이 규격화를 조금 달리 표현하여도 궁극적으로 같은 의미를 나타낸다는 사실에 유의하자.

---

[3] 2.3 절에서 저자가 transformation 과 구분하기 위해 transform 을 개인적으로 '변환식'이라고 번역하였음에 유의하자.

$$\begin{cases} V(\vec{r}) = \sum_{\vec{G}} V(\vec{G}) e^{i\vec{G}\cdot\vec{r}} \\ V(\vec{G}) = \frac{1}{\Omega}\int e^{-i\vec{G}\cdot\vec{r}} V(\vec{r})\, d\vec{r} \end{cases} \Rightarrow \begin{cases} V(\vec{r}) = \frac{1}{\sqrt{\Omega}}\sum_{\vec{G}} V(\vec{G}) e^{i\vec{G}\cdot\vec{r}} \\ V(\vec{G}) = \frac{1}{\sqrt{\Omega}}\int e^{-i\vec{G}\cdot\vec{r}} V(\vec{r})\, d\vec{r} \end{cases} \tag{5.9}$$

잠시 우리가 무엇을 하려고 하는지 정리하자. 지금까지 논의한 내용의 목적 두가지를 간략히 요약하면,

1. 실공간 real space 에서 표현된 식 (5.4)를 푸리에 변환식 Fourier transforms 을 통해 역공간 에 나타내려고 한다. 식 equation 도 푸리에 변환 시킬 수 있음을 이해하도록 하자.

2. 2 차미분방정식인 식 (5.4)을 직접 해석적으로 풀기가 어렵기 때문에 2 장과 3 장에서 소개한 바와 같이 연산자를 이용한 대수학적 방법 algebraic method 을 이용하여 이 문제를 풀려고 한다.

고유값 방정식 eigenvalue equation 인 식 (5.4)에서 우리가 얻고자 하는 것은 에너지 고유값 energy eigenvalues 와 고유함수 eienfunctions (또는 eigenvectors 또는 eigenstates)들이다. 3 장 에서 논의한 바와 같이 전자의 에너지 고유값을 얻기 위해서 우리는 이 에너지의 양자역학적 연산자 operator 에 해당하는 해밀토니안 Hamiltonian 의 기대값 expectation value 을 계산하면 된다. 지금까지 논의된 내용을 식 (5.4)에 대입하고 이를 수학적으로 표현하면,

$$H_{i,j} = \left\langle \frac{1}{\sqrt{\Omega}} e^{i(\vec{k}_0+\vec{G}_i)\cdot\vec{r}} \middle| -\frac{\hbar^2}{2m}\nabla^2 + \sum_{\vec{G}} V(\vec{G}) e^{i\vec{G}\cdot\vec{r}} \middle| \frac{1}{\sqrt{\Omega}} e^{i(\vec{k}_0+\vec{G}_j)\cdot\vec{r}} \right\rangle \tag{5.10}$$

이 된다. 위 식을 살펴볼 때 운동에너지와 포텐셜 에너지는 역공간 에서 연산자 형태 $-\frac{\hbar^2}{2m}\nabla^2$ 와 $\sum_{\vec{G}} V(\vec{G}) e^{i\vec{G}\cdot\vec{r}}$ 로 주어졌고 고유상태 eigenstates 는 블락 함수 형태 $\frac{1}{\sqrt{\Omega}} e^{i(\vec{k}_0+\vec{G}_i)\cdot\vec{r}}$ 임에도 주의하자. 여기서 4 장의 빈격자 모델에서 강조한 내용을 복습하자. 자유공간에서와 달리 결정 속에서 전자는 단 하나의 양자상태 quantum state 를 취하지 않고 여러 블락 고유상태 Bloch eigenstates (또는 eienfunctions 또는 eigenvectors)의 중첩 superposition 인 상태에 있기 때문에 우리는 실질적인 계산을 위해 적당한 수의 고유상태를 취해야 된다. 나중에 다시 설명하겠지만 전형적으로 실리콘

밴드구조의 의미 있는 결과를 얻기 위해 113 개의 고유상태를 필요로 하니 우리도 그에 따르도록 하자 [Thijssen]. 이 상태들을 고려하여 식 (5.10)의 해밀토니안 행렬의 요소 elements 를 나타내 보면

$$H=\begin{pmatrix} H_{1,1} & H_{1,2} & H_{1,3} & \cdots & \cdots & \cdots & \cdots & \cdots & H_{1,112} & H_{1,113} \\ H_{2,1} & H_{2,2} & H_{2,3} & \cdots & \cdots & \cdots & \cdots & \cdots & H_{2,112} & H_{2,113} \\ H_{3,1} & H_{3,2} & H_{3,3} & \cdots & \cdots & \cdots & \cdots & \cdots & H_{3,112} & H_{3,113} \\ \vdots & \vdots & \vdots & \ddots & \vdots & \vdots & \vdots & \vdots & \vdots & \vdots \\ \vdots & \vdots & \vdots & \vdots & \ddots & \vdots & \vdots & \vdots & \vdots & \vdots \\ \vdots & \vdots & \vdots & \vdots & \vdots & \ddots & \vdots & \vdots & \vdots & \vdots \\ \vdots & \vdots & \vdots & \vdots & \vdots & \vdots & \ddots & \vdots & \vdots & \vdots \\ \vdots & \vdots & \vdots & \vdots & \vdots & \vdots & \vdots & \ddots & \vdots & \vdots \\ H_{112,1} & H_{112,2} & H_{112,3} & \cdots & \cdots & \cdots & \cdots & \cdots & H_{112,112} & H_{112,113} \\ H_{113,1} & H_{113,2} & H_{113,3} & \cdots & \cdots & \cdots & \cdots & \cdots & H_{113,112} & H_{113,113} \end{pmatrix} \tag{5.11}$$

이 된다. 이제 일반수학의 선형대수학에서 배웠듯이 어떤 행렬이 주어졌을 때 우리는 그 행렬에 관한 고유값과 고유상태를 구하는 방법을 기억해 내면 되겠다. 즉, 위 행렬의 고유값과 고유상태는 전자가 결정속에서 취하는 '에너지 고유값들'과 '에너지 고유상태들'이 된다. 이를 구하는 방법은 행렬을 대각화 시키는 컴퓨터 프로그램을 이용하면 아주 쉽게 구할 수 있다. 미리 결론을 내리자면 이것이 우리의 목적이다.

Remark:

1. $V(\vec{G})$ 는 실험적인 값과의 비교를 통해 주어지는 값이다. 따라서 이를 'empirical (경험적인: 실험값과 비교하여 임의로 조정되는 값) pseudopotential(유사적인: 실지 포텐셜이 아니라 실제 값과 비슷한 포텐셜) method'라고 부르는 이유이다.

2. 때로 이 방법은 'plane wave based empirical pseudopotential method'라고 불리운다. 왜냐하면 기대값을 계산하는데 쓰인 파동함수 가 평면파 plane waves 형태이기 때문이다.

식 (5.11)의 해밀토니안 행렬의 각 요소 elements 들은 다음에서 보여준 바와 같은 방법을 이용하여 계산하면 된다.

$$
\begin{aligned}
&\left\langle \frac{1}{\sqrt{\Omega}} e^{i\left(\vec{k}_0+\vec{G}_i\right)\cdot\vec{r}} \middle| \frac{1}{\sqrt{\Omega}} e^{i\left(\vec{k}_0+\vec{G}_j\right)\cdot\vec{r}} \right\rangle \\
&= \frac{1}{\Omega}\int e^{-i\left(\vec{k}_0+\vec{G}_i\right)\cdot\vec{r}} e^{i\left(\vec{k}_0+\vec{G}_j\right)\cdot\vec{r}} d\vec{r} \\
&= \frac{1}{\Omega}\int e^{i\left(\vec{G}_j-\vec{G}_i\right)\cdot\vec{r}} d\vec{r} \\
&= \delta_{\vec{G}_i\vec{G}_j} \qquad \text{; Kronecker delta function}
\end{aligned} \tag{5.12}
$$

운동에너지 항에 대한 기대값은

$$
\begin{aligned}
K_{i,j} &= \left\langle \frac{1}{\sqrt{\Omega}} e^{i\left(\vec{k}_0+\vec{G}_i\right)\cdot\vec{r}} \middle| -\frac{\hbar^2}{2m}\nabla^2 \middle| \frac{1}{\sqrt{\Omega}} e^{i\left(\vec{k}_0+\vec{G}_j\right)\cdot\vec{r}} \right\rangle \\
&= -\frac{\hbar^2}{2m}\left[-\left(\vec{k}_0+\vec{G}_j\right)^2\right]\frac{1}{\Omega}\int e^{i\left(\vec{G}_j-\vec{G}_i\right)\cdot\vec{r}} d\vec{r} \\
&= \frac{\hbar^2}{2m}\left(\vec{k}_0+\vec{G}_j\right)^2 \delta_{\vec{G}_i,\vec{G}_j} \\
&= \frac{\hbar^2}{2m}\left(\vec{k}_0+\vec{G}_j\right)^2 I \quad \text{where } I = \text{identity matrix or unit matrix}
\end{aligned} \tag{5.13}
$$

포텐셜에너지 항에 대한 기대값은

$$
\begin{aligned}
V_{i,j} &= \left\langle \frac{1}{\sqrt{\Omega}} e^{i\left(\vec{k}_0+\vec{G}_i\right)\cdot\vec{r}} \middle| \sum_{\vec{G}} V\left(\vec{G}\right) e^{i\vec{G}\cdot\vec{r}} \middle| \frac{1}{\sqrt{\Omega}} e^{i\left(\vec{k}_0+\vec{G}_j\right)\cdot\vec{r}} \right\rangle \\
&= \sum_{\vec{G}} V\left(\vec{G}\right)\frac{1}{\Omega}\int e^{i\left[\vec{G}-\left(\vec{G}_i-\vec{G}_j\right)\right]\cdot\vec{r}} d\vec{r} \\
&= \sum_{\vec{G}} V\left(\vec{G}\right)\delta_{\vec{G},\left(\vec{G}_i-\vec{G}_j\right)} \\
&= V\left(\vec{G}_i-\vec{G}_j\right)
\end{aligned} \tag{5.14}
$$

식 (5.11)의 요소들에 대한 기대값을 식 (5.12)부터 (5.14)에서 주어진 방법을 이용하여 몇 개 구해보면,

$$
\begin{aligned}
H_{1,1} &= \left\langle \frac{1}{\sqrt{\Omega}} e^{i(k_0+G_1)x} \middle| -\frac{\hbar^2}{2m}\frac{d^2}{dx^2} + \sum_G V(G)e^{iGx} \middle| \frac{1}{\sqrt{\Omega}} e^{i(k_0+G_1)x} \right\rangle \\
&= \frac{\hbar^2}{2m}(k_0+G_1)^2 + + \sum_G V(G)\frac{1}{\Omega}\int e^{i[G-(G_1-G_1)]\cdot x}dx \\
&= \frac{\hbar^2}{2m}(k_0+G_1)^2 + \sum_G V(G)\delta_{G,0} \\
&= \frac{\hbar^2}{2m}(k_0+G_1)^2 + V(0)
\end{aligned} \tag{5.15}
$$

과

$$
\begin{aligned}
H_{1,2} &= \left\langle \frac{1}{\sqrt{\Omega}} e^{i(k_0+G_1)x} \middle| -\frac{\hbar^2}{2m}\frac{d^2}{dx^2} + \sum_G V(G)e^{iGx} \middle| \frac{1}{\sqrt{\Omega}} e^{i(k_0+G_2)x} \right\rangle \\
&= \frac{\hbar^2}{2m}(k_0+G_1)^2 \delta_{G_1,G_2} + \sum_G V(G)\frac{1}{\Omega}\int e^{i[G-(G_1-G_2)]\cdot x}dx \\
&= 0 + \sum_G V(G)\delta_{G,(G_1-G_2)} \\
&= V(G_1-G_2)
\end{aligned} \tag{5.16}
$$

을 구할 수 있다. 식 (5.14)에서 포텐셜 $V(0)$ 은 이 행렬의 대각선 (왼쪽 위에서 오른쪽 바닥까지)을 따라 모두 존재하게 되는데 이것은 전체적인 에너지 밴드를 이 포텐셜만큼 이동하는 효과만 주기 때문에 계산의 편리를 위해 $V(0)=0$ 으로 놓아도 된다. 같은 방법을 이용하여 구한 해밀토니안은 식 (5.17)와 같이 주어진다.

$$
H = \begin{pmatrix}
\frac{\hbar^2}{2m}\left|\vec{k}_0+\vec{G}_1\right|^2 & V\left(\vec{G}_1-\vec{G}_2\right) & \cdots & \cdots & V\left(\vec{G}_1-\vec{G}_i\right) & \cdots & \cdots \\
V\left(\vec{G}_2-\vec{G}_1\right) & \frac{\hbar^2}{2m}\left|\vec{k}_0+\vec{G}_2\right|^2 & \cdots & \cdots & \vdots & \cdots & \vdots \\
\vdots & \vdots & \ddots & \cdots & \vdots & \cdots & \vdots \\
\vdots & \vdots & \vdots & \frac{\hbar^2}{2m}\left|\vec{k}_0+\vec{G}_{i-1}\right|^2 & V\left(\vec{G}_{i-1}-\vec{G}_i\right) & \cdots & \vdots \\
V\left(\vec{G}_i-\vec{G}_1\right) & \cdots & \cdots & V\left(\vec{G}_i-\vec{G}_{i-1}\right) & \frac{\hbar^2}{2m}\left|\vec{k}_0+\vec{G}_i\right|^2 & \cdots & \vdots \\
\vdots & \vdots & \vdots & \vdots & \vdots & \ddots & \vdots \\
\cdots & \cdots & \cdots & \cdots & \cdots & \cdots & \ddots
\end{pmatrix} \tag{5.17}
$$

위에서 k_0 는 4 장의 1 차원 빈 격자 모델에서 설명한 바와 같이 1 차원 첫째 브릴로인 영역 에서 밴드 1 의 임의로 선택한 파수벡터를 나타낸다. 하지만 다이아몬드 구조를 갖는 실리콘의 경우 첫째 브릴로인 영역은 $0 \le k_0 \le \frac{2\pi}{a}$ 이다. 이를 확인하기 위해 잠시 결정구조 주제로 돌아가서 한가지 살펴볼 것이 있다. 실리콘은 다이아몬드구조인데 이는 본질적으로 브라베

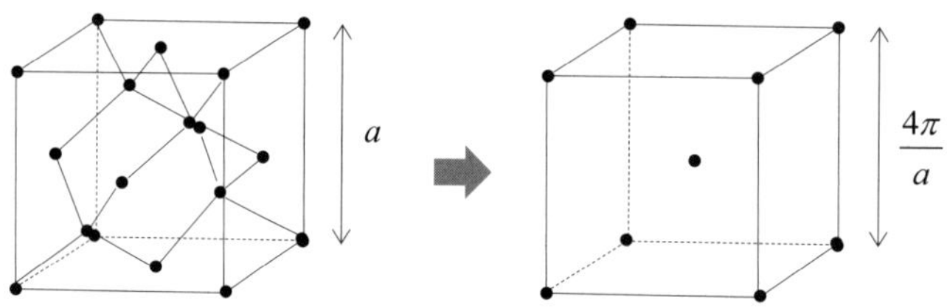

그림 5.2 fcc의 역격자 공간은 bcc 가 된다.

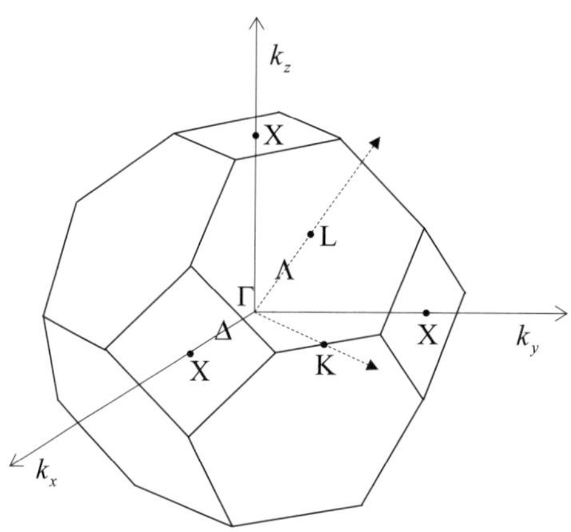

그림 5.3 Diamond나 zinc-blende 구조의 3차원 첫째 브릴로인 영역.
Γ점에서 X점까지는 $\frac{\pi}{a}$가 아니고 $\frac{2\pi}{a}$임에 주의하자.

격자Bravais lattice중 fcc에 속한다. 이 격자의 역격자는 우리가 이미 알고있는 바와 같이 bcc 구조가 된다. 그림 5.2 는 이 격자들을 보여준다. 이 bcc 에서 두 격자점 사이의 길이를 이등분하는 면을

취하면 그림 5.3 과 같이 fcc 에 속하는 다이아몬드 diamond 와 징크-블랜드 zinc-blende 구조에 대한 첫째 브릴로인 영역을 얻을 수 있다. 여기에 점의 위치를 나타낸 등은 그룹이론에서 취급하는 대칭점에 대한 표현으로 알고 있자. 그림에서 X 점의 역격자에서의 좌표는 simple cubic (sc)의 경우 $\left(\frac{\pi}{a},0,0\right)$ 이고 face-centered cubic (fcc)인 경우 $\left(\frac{2\pi}{a},0,0\right)$ 가 됨에 특별히 주의하고 이를 스스로 확인하면 나중에 많은 도움이 될 것이다. 또한 다이아몬드 구조는 본질적으로 기저 basis 에 2 개의 원자가 존재하는 fcc 임을 다시 기억하자.

5.4.2 계산수행 calculation implementation

식 (5.16)으로부터 우선 밴드의 $\Gamma\left(k_x=0\right)$ 점으로부터 $X\left(k_x=\frac{2\pi}{a}\right)$ 점 사이에서 임의의 k_0 값을 취해보자. 4.6.3 절에서 설명한 바와 같이 이제 첫째 브릴로인 영역에서 이값과 연관된 '같은 가족 same family (eigenmodes 또는 eigenstates 또는 eigenvectors 또는 eigenfunctions)'들의 파수는

$$\begin{aligned}
k_1 &= k_0 + G_1 = k_0 + 0 \\
k_2 &= k_0 + G_2 = k_0 - G_0 \\
k_3 &= k_0 + G_3 = k_0 + G_0 \\
k_4 &= k_0 + G_4 = k_0 - 2G_0 \\
k_5 &= k_0 + G_5 = k_0 + 2G_0 \\
&\cdots
\end{aligned} \tag{5.18}$$

등의 값을 가질 것이다. 사실 앞에서 이러한 k 값 113 개를 밴드구조를 계산하는데 이용한다고 하였다 [Thijssen]. 즉, 113 개의 블록파의 중첩된 상태로 결정구조 내에서 전자의 파속 wave packet 으로 표현한다고 간주하면 되겠다.

이제 k_0 를 첫째 브릴로인 영역에서 0 부터 시작하여 $X\left(k_x=\frac{2\pi}{a}\right)$ 점까지 사이에서 일정한 간격을 두고 선택을 한 후 같은 방법을 이용해 고유값들을 구해보자. 다음 식 (5.18)과 같은 순서로 k_0 를 매번 선택한 후 구한 113 개의 에너지 고유값들을 그래프에 나타내면 면에서 에너지 축을 따라 평행하게 배치된 점들로 나타날 것이다. 이 점들을 이제 축을 따라 옆에 있는 점들과

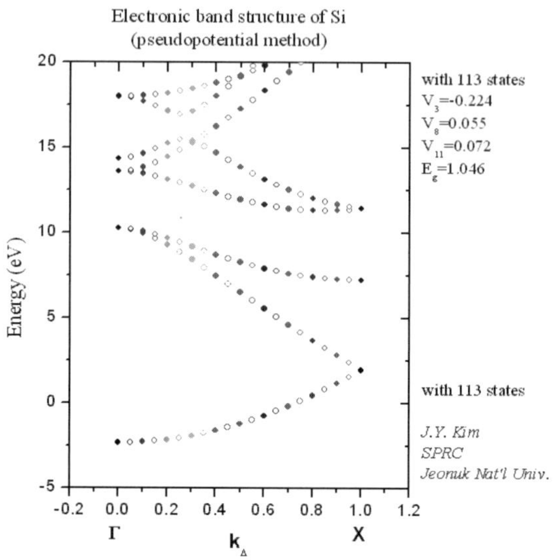

그림 5.4 Γ점에서 X점까지를 따라 임의의 k_0를 선택한 후 구한 고유값들을 에너지 축을 따라 나타낸 결과.

연결하면 우리가 교과서에서 보아온 밴드구조와 유사한 모양을 보임을 알게 될 것이다. 이를 바로 에너지 밴드구조라 한다. 거듭 말하지만 밴드구조는 전자가 결정내에서 취할 수 있는 양자상태 quantum states 에 대한 정보를 말한다. 일단 이렇게 수행해서 얻은 초기 결과를 보여주면 그림 5.4 와 같다.

아직 식 (5.17)의 행렬에서 우리에게 주어지지 않은 정보는 포텐셜 요소 $V\left(G_i - G_j\right)$ 이다. 대부분의 문제는 이 포텐셜이 어떻게 주어졌는지만 알면 문제를 풀 수 있다. 보통 '경험적인 유사포텐셜 방법 empirical pseudopotential method' 계산에서 다음과 같은 절차를 밟는다. 이 포텐셜을 먼저 atomic form factors 의 선형결합으로 나타낸다.

$$V\left(\vec{G}\right) = \frac{1}{N}\sum_{n=1}^{N} f_n\left(\vec{G}\right) e^{i\vec{G}\cdot\vec{r}_n} \tag{5.19}$$

여기서 $f_n\left(\vec{G}\right)$ 은 기저 (또는 단위셀)에 있는 n 번째 원자의 원자형태인자 atomic form factor 이고 N 은 기저에 있는 모든 원자의 수를 나타낸다. 예를 들어 zinc-blende 구조인 GaAs 에 대해 생각해 보자. 다음 그림 5.5 에서 보여주는 바와 같이 단위셀의 가운데 점을 원점으로 취하면

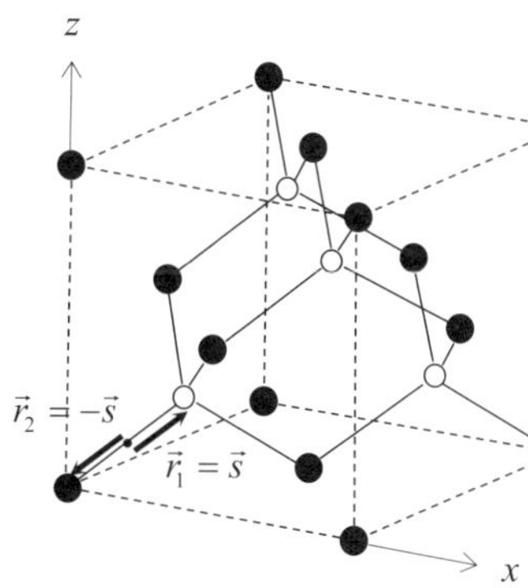

그림 5.5 Zinc-blende 구조.

$$\vec{r}_1 = \frac{a}{8}(1,1,1) = \vec{s} \text{ 이고 } \vec{r}_2 = -\frac{a}{8}(1,1,1) = -\vec{s} \tag{5.20}$$

로 놓을 수 있다.

Remark:

Diamond 와 zinc-blende 구조에서 원초적 단위셀 primitive unit cell 당 2 개의 원자가 존재함에 유의하자. 즉, Si 은 2 개의 Si 원자가 그리고 GaAs 는 Ga 원자와 As 원자가 존재한다.

식 (5.19)를 이용하여 GaAs 에 대한 포텐셜을 나타내면,

$$\begin{aligned} V(\vec{G}) &= \frac{1}{2}\left(f_{\mathrm{Ga}} e^{i\vec{G}\cdot\vec{s}} + f_{\mathrm{As}} e^{-i\vec{G}\cdot\vec{s}}\right) \\ &= \frac{1}{2}\left(f_{\mathrm{Ga}} \cos(\vec{G}\cdot\vec{s}) + i f_{\mathrm{Ga}} \sin(\vec{G}\cdot\vec{s}) + f_{\mathrm{As}} \cos(\vec{G}\cdot\vec{s}) - i f_{\mathrm{As}} \sin(\vec{G}\cdot\vec{s})\right) \\ &= \left[\frac{1}{2}(f_{\mathrm{Ga}} + f_{\mathrm{As}})\cos(\vec{G}\cdot\vec{s})\right] + i\left[\frac{1}{2}(f_{\mathrm{Ga}} - f_{\mathrm{As}})\sin(\vec{G}\cdot\vec{s})\right] \\ &= V^s + iV^a \end{aligned} \tag{5.21}$$

로 표현되는데 여기서 는 symmetric pseudopotential form factor 라고 하고 는 antisymmetric pseudopotential form factor 라 한다. GaAs 반도체와 같은 극 polar 특성을 갖는 반도체는 실인자 real factor 와 허수인자 imaginary factor 값 두 가지가 필요하나 Si 이나 Ge 등은 오직 실인자 real factor 값만

필요하다. 이 인자들을 이용해 계산을 하고 이 후 결과가 실험을 통해 얻어진 결과 (예를 들면 energy bandgap 등이 일치 하는지?) 를 비교하여 타당한 경우 받아들인다. 이런 이유로 이 방법을 '경험적인 유사포텐셜 방법 empirical pseudopotential method'이라고 부른다. 10 개 미만의 factors 를 사용하나 실리콘의 경우 식 (5.17)의 행렬식에서 비대각선 off-diagonal 요소들 의 역격자의 차

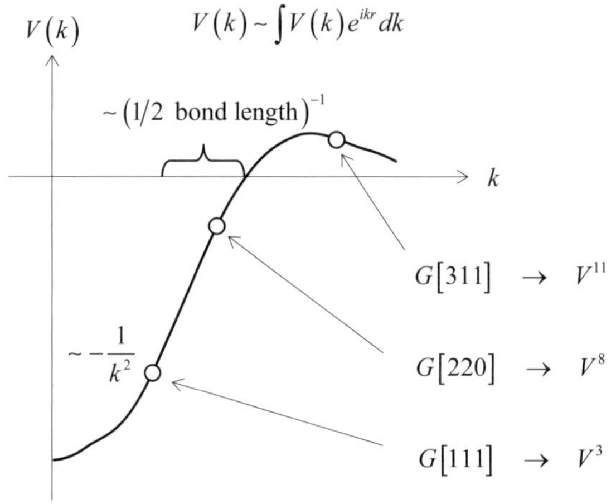

그림 5.6 k-공간에 나타낸 실리콘의 유사포텐셜.

$\left|G_i - G_j\right|$ 가 에 해당되는 V^3, V^8, V^{11} 값만 이용하면 충분하며 이에 대응하는 유사포텐셜값을 추출할 수 있는 그래프를 그림 5.6 에서 나타내었고 그 외의 다른 $V(G)$ 값은 필요 없게 된다. 비대각선의 포텐셜 요소들의 구체적인 값들을 계산하기 위한 절차는 다음과 같다.

$$k_x : 0 \rightarrow 1 \left(\text{in unit of } \frac{2\pi}{a_{\text{Si}}} \right)$$

$$\vec{G} \cdot \vec{s} = \frac{2\pi}{a}(\gamma_1, \gamma_2, \gamma_3) \cdot \frac{a}{8}(1,1,1) = \frac{\pi}{4}(\gamma_1, \gamma_2, \gamma_3)$$

$$V\left(\vec{G}_i - \vec{G}_j\right) = V(\vec{g}) = V_{\vec{g}}^{s} \cos(\vec{g} \cdot \vec{s}) + iV_{\vec{g}}^{a} \sin(\vec{g} \cdot \vec{s}) \qquad cf.\ \vec{g} = \vec{G}_i - \vec{G}_j$$

실리콘 Si 에 대해서,

$$\sin(\vec{g}\cdot\vec{s})=0$$

$$\sqrt{g_1^2+g_2^2+g_3^2}=\begin{cases}\sqrt{3} \Rightarrow V_3 \text{ or } V(\sqrt{3})\\ \sqrt{8} \Rightarrow V_8 \text{ or } V(\sqrt{8}) \\ \sqrt{11} \Rightarrow V_{11} \text{ or } V(\sqrt{11})\end{cases} \quad \text{units of Rydbergs } (1\text{ Ry}=13.6\ eV)$$

로 주어지지니 스스로 확인하자.

이 인자에 대한 값들은 여러 문헌에 조금씩 다른 값으로 소개가 되어 있고 특별히 Yu 와 Cardona 의 책 Table 2.21 에 몇몇 반도체에 대한 값들이 나와 있으니 참고 바란다. 보다 정확한 포텐셜을 구하는 방법은 이론 학자들이 사용하는 밀도함수이론 density functional theory 을 이용해야 되나 이는 우리가 다루는 범위를 넘어서기 때문에 여기서 마치고자 한다. 참고로 자주 사용하는 유사포텐셜을 표 5.1 에 나타내었다.

역격자 벡터 $\vec{G}$ 는 역격자의 그림으로부터 쉽게 시각적으로 알아볼 수 있다. 그림 5.7 에서 보여주는 바와 같이 역격자의 한점을 원점으로 잡고 가까운 거리에 있는 격자점부터 차례로 번호를 지정해 나가면 된다. 이렇게 하여 지정한 113 개의 고유상태를 나타내는 정보는 표 5.2 에 나타내었다. 식 (5.17) 행렬의 모든 요소들을 구해 입력한 후 이 행렬을 이제 대각화 시키면 에너지 고유값들을 얻게 된다. 이 대각화를 실행할 수 있는 전문적인 Fortran 이나 C 프로그램을 인터넷을 통해 쉽게 접근 가능하니 이를 이용하는 것이 바람직하다. www.netlib.com 에 접속한 후

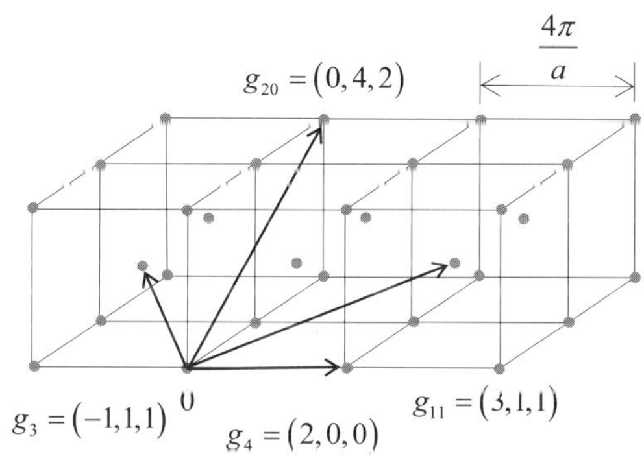

그림 5.7 Diamond 구조(fcc)의 역격자(bcc). 회색점들은 고유상태를 나타낸다.

EISPACK 또는 LAPACK 등을 방문하여 Fortran code 나 C code 을 쉽게 내려 받을 수 있으니 참고바란다. [netlib].

Remark:

Pseudopotential method 를 이용한 Si 의 전자밴드구조에 대한 계산 Matlab program 을 부록에 첨부하였으니 참고하기 바란다.

표 5.1 유사포텐셜 형태인자 pseudopotential form factors

[in units of Rydberg=13.6 eV]

	V_3^s	V_8^s	V_{11}^s	V_3^a	V_4^a	V_{11}^a
Si	-0.211	0.04	0.08	0	0	0
Ge	-0.269	0.038	0.035	0	0	0
GaAs	-0.252	0	0.08	0.068	0.066	0.012

[Yu, Table 2.21

표 5.2 113 개의 고유상태 eigenstates.

k_1	k_2 to k_9	k_{10} to k_{15}	k_{16} to k_{27}	k_{28} to k_{51}	k_{52} to k_{59}	k_{60} to k_{65}	k_{66} to k_{89}	k_{90} to k_{113}
g_0	g_3	g_4	g_8	g_{11}	g_{12}	g_{16}	g_{19}	g_{20}
$(0,0,0)$	$(1,1,1)$	$(2,0,0)$	$(2,2,0)$	$(3,1,1)$	$(2,2,2)$	$(4,0,0)$	$(3,3,1)$	$(4,2,0)$
	$(\bar{1},1,1)$	$(0,2,0)$	$(2,0,2)$	$(1,3,1)$	$(\bar{2},2,2)$	$(0,4,0)$	$(1,3,3)$	$(2,4,0)$
	$(1,\bar{1},1)$	$(0,0,2)$	$(0,2,2)$	$(1,1,3)$	$(2,\bar{2},2)$	$(0,0,4)$	$(3,1,3)$	$(0,4,2)$
	$(1,1,\bar{1})$	$(\bar{2},0,0)$	$(\bar{2},2,0)$	$(\bar{3},1,1)$	$(2,2,\bar{2})$	$(\bar{4},0,0)$	$(\bar{3},3,1)$	$(0,2,4)$
	$(\bar{1},\bar{1},1)$	$(0,\bar{2},0)$	$(2,\bar{2},0)$	$(3,\bar{1},1)$	$(\bar{2},\bar{2},2)$	$(0,\bar{4},0)$	$(3,\bar{3},1)$	$(4,0,2)$
	$(1,\bar{1},\bar{1})$	$(0,0,\bar{2})$	$(\bar{2},\bar{2},0)$	$(3,1,\bar{1})$	$(2,\bar{2},\bar{2})$	$(0,0,\bar{4})$	$(3,3,\bar{1})$	$(2,0,4)$
	$(\bar{1},1,\bar{1})$		$(\bar{2},0,2)$	$(\bar{3},\bar{1},1)$	$(\bar{2},2,\bar{2})$		$(\bar{3},\bar{3},1)$	$(\bar{4},2,0)$
	$(\bar{1},\bar{1},\bar{1})$		$(2,0,\bar{2})$	$(3,\bar{1},\bar{1})$	$(\bar{2},\bar{2},\bar{2})$		$(3,\bar{3},\bar{1})$	$(4,\bar{2},0)$
			$(\bar{2},0,\bar{2})$	$(\bar{3},1,\bar{1})$			$(\bar{3},3,\bar{1})$	$(\bar{4},\bar{2},0)$
			$(0,\bar{2},2)$	$(\bar{3},\bar{1},\bar{1})$			$(\bar{3},\bar{3},\bar{1})$	$(\bar{2},4,0)$
			$(0,2,\bar{2})$	$(\bar{1},3,1)$			$(\bar{1},3,3)$	$(2,\bar{4},0)$
			$(0,\bar{2},\bar{2})$	$(1,\bar{3},1)$			$(1,\bar{3},3)$	$(\bar{2},\bar{4},0)$
				$(1,3,\bar{1})$			$(1,3,\bar{3})$	$(0,\bar{4},2)$
				$(\bar{1},\bar{3},1)$			$(\bar{1},\bar{3},3)$	$(0,4,\bar{2})$
				$(3,\bar{1},\bar{1})$			$(1,\bar{3},\bar{3})$	$(0,\bar{4},\bar{2})$
				$(\bar{3},1,\bar{1})$			$(\bar{1},3,\bar{3})$	$(0,\bar{2},4)$
				$(\bar{3},\bar{1},\bar{1})$			$(\bar{1},\bar{3},\bar{3})$	$(0,2,\bar{4})$
				$(\bar{1},1,3)$			$(\bar{3},1,3)$	$(0,\bar{2},\bar{4})$
				$(1,1,3)$			$(3,\bar{1},3)$	$(\bar{4},0,2)$
				$(1,1,3)$			$(3,1,\bar{3})$	$(4,0,\bar{2})$
				$(\bar{1},\bar{1},3)$			$(\bar{3},\bar{1},3)$	$(\bar{4},0,\bar{2})$
				$(1,\bar{1},\bar{3})$			$(3,\bar{1},\bar{3})$	$(\bar{2},0,4)$
				$(\bar{1},1,\bar{3})$			$(\bar{3},1,\bar{3})$	$(2,0,\bar{4})$
				$(\bar{1},\bar{1},\bar{3})$			$(\bar{3},\bar{1},\bar{3})$	$(\bar{2},0,\bar{4})$

Note : 숫자위의 bar 는 minus 부호를 나타낸다. 예: $(\bar{3},\bar{1},1)=(-3,-1,1)$

5.5 밀접결합 방법 tight binding method

유사포텐셜방법과 더불어 대부분의 교과서에서 우리가 자주 만나게 되는 다른 전자구조계산방법으로 밀접결합방법 tight binding method 이 있다. 이 방법에서도 기본적으로 해밀토니안 행렬 Hamiltonian matrix 의 요소 elements 를 구한 후 이를 대각화 하는 방법을 이용하여 에너지 고유값 eigenenergies 를 구하면 된다.

먼저 원자 파동함수 atomic wave functions 를 $\varphi_n\left(\vec{r}-\vec{r}_j\right)$ 라 정의하자. 여기서 $\vec{r}_j$ 는 격자점의 위치를 나타내고 n 은 그 격자점에서 원자궤도 atomic orbitals 를 나타낸다. 예를 들어 실리콘의 경우 기저 basis 당 2 개의 원자가 있고 n 은 각각의 원자에 대해 $3s$, 또는 $3p_x$, 또는 $3p_y$, 또는 $3p_z$ orbitals 를 나타낸다고 본다. 이들 기저궤도 orbitals 의 선형결합 (the linear combination of the atomic orbitals=LCAO, 물리학에서는 superposition 이라한다.)을 이용하면 결정내에 존재하는 전자의 파동함수는

$$\psi_{n\vec{k}}\left(\vec{r}\right)=\sum_j c_{\vec{k}j}\phi_n\left(\vec{r}-\vec{r}_j\right) \tag{5.22}$$

와 같이 쓸 수 있다. 여기서 j 는 모든 원자들(모든 lattice 와 모든 basis)에 대한 합을 나타낸다. 여기서 모든 원자 궤도 atomic orbitals $\varphi_n\left(\vec{r}-\vec{r}_j\right)$ 는 완전한 기저 complete basis 를 구성한다고 본다. 만일 위 식의 계수가 다음을 만족하면 위 파동함수는 Bloch function 이 됨을 보여줄 수 있다.

$$c_{\vec{k}j}=\frac{1}{\sqrt{N}}e^{i\vec{k}\cdot\vec{r}_j} \tag{5.23}$$

따라서,

$$\psi_{n\vec{k}}\left(\vec{r}\right)=\frac{1}{\sqrt{N}}\sum_j e^{i\vec{k}\cdot\vec{r}_j}\phi_n\left(\vec{r}-\vec{r}_j\right) \tag{5.24}$$

이제 위 식이 고체(결정)속에서 전자의 실질적 파동함수를 나타내는 블락함수 Bloch funcion 가 되는지 확인해 보자. 먼저 병진벡터 translational vector $\vec{R}$ 을 더해보자.

$$\psi_{n\vec{k}}\left(\vec{r}+\vec{R}\right)=\frac{1}{\sqrt{N}}\sum_{j}e^{i\vec{k}\cdot\left(\vec{r}_j+\vec{R}\right)}\phi_n\left(\vec{r}+\vec{R}-\vec{r}_j\right) \tag{5.25}$$

여기서 $e^{i\vec{k}\cdot\left(\vec{r}_j+\vec{R}\right)}=e^{i\vec{k}\cdot\vec{r}_j}\cdot e^{i\vec{k}\cdot\vec{R}}$ 이고 $\phi_n\left(\vec{r}+\vec{R}-\vec{r}_j\right)=\phi_n\left(\vec{r}+\vec{R}-\vec{r}_j\right)$ 이므로

$$\psi_{n\vec{k}}\left(\vec{r}+\vec{R}\right)=e^{i\vec{k}\cdot\vec{R}}\psi_{n\vec{k}}\left(\vec{r}\right) \tag{5.26}$$

이 된다. 따라서 이는 블락함수가 된다. 블락함수의 선형결합 linear combination 은 다시 블락함수가 됨에 주목하자.

다음 단계로 우리가 취해야 하는 작업은 이 파동함수 (또는 basis)를 이용하여 격자내 전자의 실질적인 파동함수를 구성하는 일이다. 따라서 풀어야 될 문제는 다음과 같은 형태를 갖는 Schrödinger 방정식이 된다.

$$H\psi_{b\vec{k}}\left(\vec{r}\right)=\left[-\frac{\hbar^2}{2m}\nabla^2+V\left(\vec{r}\right)\right]\psi_{b\vec{k}}\left(\vec{r}\right)=E\psi_{b\vec{k}}\left(\vec{r}\right),\quad \text{where } \psi_{b\vec{k}}\left(\vec{r}\right)=\sum_{n}\chi_{bn}\left(\vec{k}\right)\psi_{n\vec{k}}\left(\vec{r}\right) \tag{5.27}$$

b 는 에너지밴드 번호를, n 은 원자 궤도를, $\chi_{bn}\left(\vec{k}\right)$ 는 전개 계수를 각각 나타낸다.

유사포텐셜방법에서와 같이 이제 위 방정식을 행렬로 나타내고 대각화 방법에 의해 고유에너지 eigensnergies 와 고유상태 eigenstates 를 구하면 우리가 원하는 밴드구조를 얻게 된다.

$$\left\langle\frac{1}{\sqrt{N}}\sum_{m}e^{i\vec{k}\cdot\vec{r}_m}\phi_n\left(\vec{r}-\vec{r}_m\right)\middle|H\middle|\frac{1}{\sqrt{N}}\sum_{j}e^{i\vec{k}\cdot\vec{r}_j}\phi_n\left(\vec{r}-\vec{r}_j\right)\right\rangle \tag{5.28}$$

위 식은 다음과 같은 식 (5.29)와 같이 행렬 형태로 나타내어질 수 있다.

$$\begin{pmatrix} \ddots & 0 & 0 & 0 & 0 & 0 \\ 0 & |n\times n| & 0 & 0 & 0 & 0 \\ 0 & 0 & |n\times n| & 0 & 0 & 0 \\ 0 & 0 & 0 & |n\times n| & 0 & 0 \\ 0 & 0 & 0 & 0 & |n\times n| & 0 \\ 0 & 0 & 0 & 0 & 0 & \ddots \end{pmatrix} \tag{5.29}$$

여기서 각각의 $n\times n$ matrix 는 특정 파수벡터 $\vec{k}$ 에 대해서 이고 n 은 우리가 고려하는 모든 원자궤도 atomic orbitalss 의 수이다. 1 차섭동이론 the first order perturbation theory 을 사용하면 우리는 각각의 element 를 다음과 같이 나타낼 수 있다.

$$\left\langle \vec{k}\left|H\right|\vec{k}\right\rangle = \frac{1}{N}\sum_m\sum_j e^{-i\vec{k}\cdot\vec{r}_m}e^{i\vec{k}\cdot\vec{r}_j}\int dV\phi_n^*\left(\vec{r}-\vec{r}_m\right)H\phi_n\left(\vec{r}-\vec{r}_j\right) \tag{5.30}$$

$\vec{\rho}_j=\vec{r}_j-\vec{r}_m$ 라 놓고 브라베 격자 Bravais lattice 에서 주기적인 특성때문에 생기는 병진불변 translational invariance 을 고려할 경우 m 원자에 대한 합은 N 번 이루어지게 되어 위 식에서 N 은 상쇄되어 사라지게 된다. 다시 위 식을 정리하면,

$$\left\langle \vec{k}\left|H\right|\vec{k}\right\rangle = \sum_j e^{i\vec{k}\cdot\vec{\rho}_j}\int dV\phi_n^*\left(\vec{r}-\vec{r}_m\right)H\phi_n\left(\vec{r}-\vec{r}_j\right) = \sum_j e^{i\vec{k}\cdot\vec{\rho}_j}\int dV\phi_n^*\left(\vec{r}\right)H\phi_n\left(\vec{r}-\vec{\rho}_j\right) \tag{5.31}$$

다음으로 우리가 수행해야 되는 절차는 어느 한 격자점에서 하나의 원자에 관해서 고체내 모든 원자들에 대한 합을 구하는 것이다. 물론 합해야 될 원자 궤도는 무수히 많다. 하지만 궤도의 수를 어느정도 작게 설정하면 우리는 컴퓨터를 이용하여 계산을 수행할 수 있게 된다. 소위 가장 이웃한 원자들 사이의 상호작용만을 고려하면 (즉, 가장 가까운 이웃 근사법 nearest neighbor approximation)계산이 훨씬 수월해 질 수 있다. 밀접결합방법은 하나의 원자에 대한 파동함수와 가장 가까운 원자에 의한 포텐셜 potential 사이의 겹침이 충분히 작을 때 (즉, 상호작용이 약할 때) 잘 들어 맞는다. 특별히 원자들을 결합시키는데 참여하는 원자가 전자 valence electrons 에 대해 밀접결합방법은 유용하다.

Remark:

Tight binding method 에 대한 좀 더 자세한 내용은 Yu and Cardona 와 Ashcroft and Mermin 의 교재를 참고하는 것이 좋다 [Yu, Ashcroft]].

5.6 유효질량 싸개함수 방법 effective mass and envelope function method

단일양자우물구조와 같은 이종접합구조heterostructure 는 밴드갭이 큰 물질사이에 밴드갭이 작은 물질을 박막으로 성장하면 얻을 수 있다. 두 물질의 전도밴드 conduction band(c)와 원자가밴드 valence band(v) 가 보통 type I 이라고 불리우는 정렬 alignment 을 이룰 경우 아래 그림 5.8 과 같은 모양을 나타낸다.

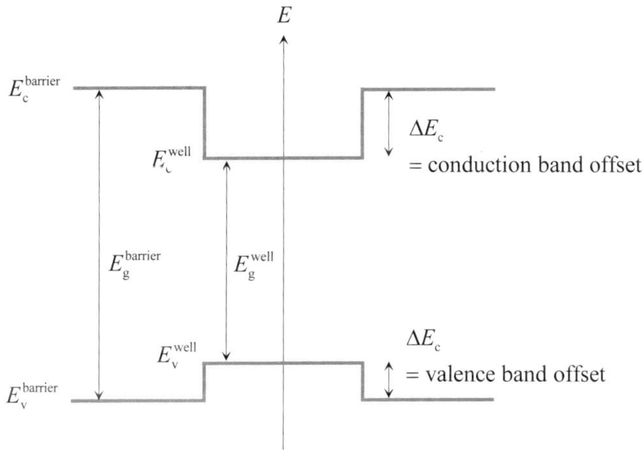

그림 5.8 단일양자우물에서 두 반도체의 에너지 밴드 정렬.

전자와 홀은 위와 아래 우물들에 각각 속박될 수 있고 이 속박 때문에 에너지는 연속적인 값을 취하기 보다는 소위 양자속박효과 quantum confinement effect 에 의해 불연속적인 에너지 준위 levels 를 나타내게 된다. 우리의 관심사는 전자와 홀이 이 에너지 우물에 속박되었을 경우 전가가 어떠한 에너지 준위를 갖는가에 관심이 있기 때문에 아래 그림 5.9 에서 보여주는 바와 같이 모든 원자에 의한 포텐셜potential 을 고려한 블락 파동함수Bloch wave function 를 사용하기 보다는 소위 싸개함수 envelope wave function 를 이용하여 상대적으로 쉽게 우물에 속박된 입자의 에너지 준위를 얻는 방식을 취한다.

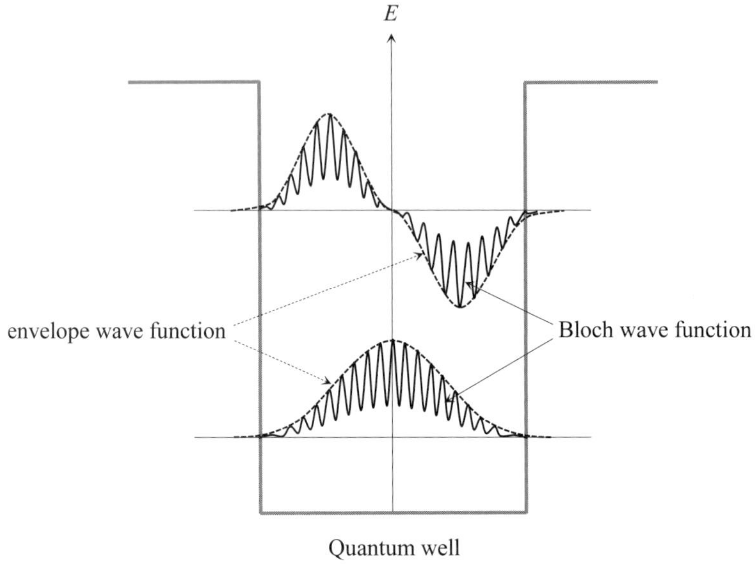

그림 5.9 양자우물내에서 Bloch 함수와 싸개함수.

5.7 크로니-페니 모델 Kronig-Penney model

무한한 크기로 가정한 3 차원 결정인 덩어리 bulk 결정의 전자밴드구조를 실지로 계산하기 전에 보통 2 차원 반도체 양자우물구조내에 속박된 에너지 준위들 confined energy levels 을 쉽게 계산할 수 있는 유용한 유효질량 싸개함수 방법을 소개하였다. 이와 유사하게 두 종류의 박막 반도체가 주기적으로 배치된 구조를 고려하자. 이 모델은 크로니-페니 모델로 잘 알려져 있다. 여기에서 소개하는 내용은 Kittel 의 고체물리학 책에 나와있는 내용을 바탕으로 하고 실지로 응용할 수 있는 계산방법에 대해 소개하고자 한다. 다음 그림에서와 같이 폭이 a, 벽 barrier 의 두께가 b, 주기가 인 주기적인 양자우물 모형을 가정하자. 여기서 에너지 벽 barrier 의 높이는 라 놓자.

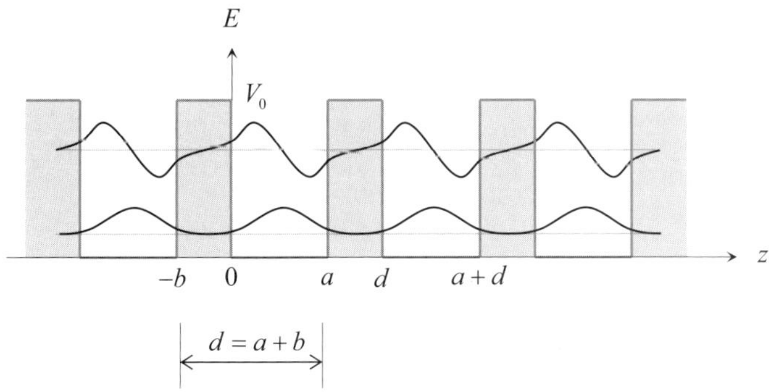

그림 5.10 크로니-페니 모델에서 주기적인 네모 모양의 포텐셜 우물.

전자의 상태는 슈레딩거 방정식을 이 구조에 대해 풀어 얻게 된다. 따라서,

$$H\psi = E\psi$$
$$\Leftrightarrow \left(-\frac{\hbar^2}{2m}\frac{d^2}{dz^2}+V(z)\right)\psi(z)=E\psi(z) \tag{5.32}$$

로 놓을 수 있다. 이 모델은 주기적인 경계조건 periodic boundary condition (PRC)

$$\psi(z+d)=e^{ik_z d}\psi(z)=e^{i\phi}\psi(z) \qquad \text{여기서, } \phi=k_z d \tag{5.33}$$

을 만족하고 또한 위 식에서 파동함수는 블락 정리 Bloch theorem 를 따르고 있음에 유의하자. 우물 well 과 벽 barrier 사이의 경계에서 파동함수는

$$\begin{cases}\psi_{\mathrm{w}} = \psi_{\mathrm{b}} \\ \psi'_{\mathrm{w}} = \psi'_{\mathrm{b}}\end{cases} \tag{5.34}$$

조건을 만족해야 된다. 이 조건을 좀 더 엄격한 수학적 조건으로 만들려면 파동함수의 고차 도함수들도 경계에서 연속적이라고 놓아야 될 것으로 저자는 생각한다. 하지만 1 차 도함수 까지만 연속조건을 고려하여도 소위 해석적인 analytical 파동함수를 얻는데 문제가 없기 때문에 이 조건만 고려하여도 충분한 것 같다.

경계조건이 우물 well 영역과 벽 barrier 영역에서 유효질량이 다르므로 위의 두번째 조건은 다음과 같이 변경되어야 함에 주의하자.

Remark:

$$\frac{1}{m_{\mathrm{w}}^*}\psi'_{\mathrm{w}} = \frac{1}{m_{\mathrm{b}}^*}\psi'_{\mathrm{b}} \tag{5.35}$$

위 사실은 양자역학에서 확률 밀도 흐름 probability density current 이 다음과 같이 표현되며 이 확률 흐름의 알짜 흐름 net current 가 0 (즉, 어떤 영역으로 들어온 흐름이 나가는 흐름과 같다.)이 되어야 하는 조건을 만족해야 되기 때문이다. 즉, 식 (5.35)는 확률밀도가 보존되는 조건을 내포하고 있다.

$$\begin{aligned}
&J(x,t) = \frac{i\hbar}{2m}\left(\psi\frac{\partial\psi^*}{\partial x} - \psi^*\frac{\partial\psi}{\partial x}\right) && \text{; 1-D} \\
&\vec{J}(\vec{r},t) = \frac{i\hbar}{2m}\left[\psi\left(\nabla\psi^*\right) - \psi^*\left(\nabla\psi\right)\right] && \text{; 3-D} \\
&\frac{\partial\rho}{\partial t} + \nabla\cdot\vec{J} = 0 && \text{; Conservation of probability density}
\end{aligned} \tag{5.36}$$

이제 식 (5.32)의 슈레딩거 방정식을 다음과 같이 바꿔 쓰고 이 2 차 미분방정식을 풀어나가보자.

$$\begin{aligned}
&\left(-\frac{\hbar^2}{2m}\frac{d^2}{dz^2} + V(z)\right)\psi(z) = E\psi(z) \\
\Leftrightarrow\ & -\frac{\hbar^2}{2m}\frac{d^2\psi(z)}{dz^2} = \left[E - V(z)\right]\psi(z) \\
\Leftrightarrow\ & \frac{d^2\psi(z)}{dz^2} + \frac{2m}{\hbar^2}\left[E - V(z)\right]\psi(z) = 0
\end{aligned} \tag{5.37}$$

5.7.1 $E > V_0$ 인 경우

(5.37)의 슈레딩거 방정식의 해는 다음 식 (5.38)과 같이 주어지게 된다. 우리가 대학교

여러과정에서 만나게 되는 미분방정식의 해는 이미 잘 알려진 것들이 대부분 이므로 전형적인 미분방정식에 대한 해는 암기해 둘 필요가 있다. 물론 이 해를 어떻게 구하였는지는 교과서를 단순히 참고하도록 하자.

$$\begin{aligned} &\frac{d^2\psi}{dz^2}+\frac{2m^*}{\hbar^2}(E-V_0)\psi=0 \\ &\frac{d^2\psi}{dz^2}+\beta^2\psi=0 \ \text{ where } \beta=\sqrt{\frac{2m^*(E-V_0)}{\hbar^2}} \\ &\psi(z)=Ae^{i\beta z}+Be^{-i\beta z} \end{aligned} \tag{5.38}$$

(1) $-b<z<a,$

이 구간에서의 경계조건을 만족하기 위한 파동함수와 그의 1 차 도함수는 다음과 같이 주어진다.

$$\begin{aligned} &\psi(z)=\begin{cases} Ae^{i\beta z}+Be^{-i\beta z} & \text{for } -b<z<0 \\ De^{i\alpha z}+Fe^{-i\alpha z} & \text{for } 0<z<a \end{cases} \\ &\psi'(z)=\begin{cases} iA\beta e^{i\beta z}-iB\beta e^{-i\beta z} & \text{for } -b<z<0 \\ iD\alpha e^{i\alpha z}-iF\alpha e^{-i\alpha z} & \text{for } 0<z<a \end{cases} \\ &\text{where } \alpha=\sqrt{\frac{2m_w^*E}{\hbar^2}},\ \beta=\sqrt{\frac{2m_b^*(E-V_0)}{\hbar^2}},\ \text{and } \begin{cases} m_w^* & \text{; in the well} \\ m_b^* & \text{; in the barrier} \end{cases} \end{aligned} \tag{5.39}$$

(2) $a<z<a+d,$

이 구간에서의 경계조건을 만족하기 위한 파동함수와 그의 1 차 도함수는 다음과 같이 주어진다.

$$\begin{aligned} &\psi(z)=e^{i\phi}\begin{cases} Ae^{i\beta(z-d)}+Be^{-i\beta(z-d)} & \text{for } a<z<d \\ De^{i\alpha(z-d)}+Fe^{-i\alpha(z-d)} & \text{for } d<z<a+d \end{cases} \\ &\psi'(z)=e^{i\phi}\begin{cases} iA\beta e^{i\beta(z-d)}-iB\beta e^{-i\beta(z-d)} & \text{for } a<z<d \\ iD\alpha e^{i\alpha(z-d)}-iF\alpha e^{-i\alpha(z-d)} & \text{for } d<z<a+d \end{cases} \end{aligned} \tag{5.40}$$

equations 을 얻게 된다.

(a) $z=0$ 인 경계에서,

$$A+B=D+F \tag{5.41}$$

과

$$\begin{aligned} &\frac{1}{m_{\mathrm{b}}^{*}}(iA\beta-iB\beta)=\frac{1}{m_{\mathrm{w}}^{*}}(iD\alpha-iF\alpha) \\ \Rightarrow\quad &\frac{\beta}{m_{\mathrm{b}}^{*}}(A-B)=\frac{\alpha}{m_{\mathrm{w}}^{*}}(D-F) \end{aligned} \tag{5.42}$$

(b) $z=a$ 인 경계에서,

$$De^{i\alpha a}+Fe^{-i\alpha a}=e^{i\phi}\left(Ae^{-i\beta b}+Be^{i\beta b}\right) \tag{5.43}$$

과

$$\frac{\alpha}{m_1}\left(De^{i\alpha a}-Fe^{-i\alpha a}\right)=\frac{\beta}{m_2}e^{i\phi}\left(Ae^{-i\beta b}-Be^{i\beta b}\right) \tag{5.44}$$

식 (5.41)부터 식 (5.44)까지 4 개의 방정식을 계수 에 대한 균질선형방정식 homogeneous linear equations 으로 다시 나타내면,

$$\begin{array}{ccccccccc} A & + & B & - & D & - & F & = & 0 \\ \dfrac{\beta}{m_{\mathrm{b}}^{*}}A & - & \dfrac{\beta}{m_{\mathrm{b}}^{*}}B & - & \dfrac{\alpha}{m_{\mathrm{w}}^{*}}D & + & \dfrac{\alpha}{m_{\mathrm{w}}^{*}}F & = & 0 \\ e^{i(\phi-\beta b)}A & + & e^{i(\phi+\beta b)}B & - & e^{i\alpha a}D & - & e^{-i\alpha a}F & = & 0 \\ \dfrac{\beta}{m_{\mathrm{b}}^{*}}e^{i(\phi-\beta b)}A & - & \dfrac{\beta}{m_{\mathrm{b}}^{*}}e^{i(\phi+\beta b)}B & - & \dfrac{\alpha}{m_{\mathrm{w}}^{*}}e^{i\alpha a}D & + & \dfrac{\alpha}{m_{\mathrm{w}}^{*}}e^{-i\alpha a}F & = & 0 \end{array} \tag{5.45}$$

이 된다. 이 4 개의 선형 방정식 linear equations 이 nontrivial solution 을 갖기 위해서는 의 계수들의 행렬식 determinant 이 0 이 되어야 된다.

$$\begin{vmatrix} 1 & 1 & -1 & -1 \\ \dfrac{\beta}{m_b^*} & -\dfrac{\beta}{m_b^*} & -\dfrac{\alpha}{m_w^*} & \dfrac{\alpha}{m_w^*} \\ e^{i(\phi-\beta b)} & e^{i(\phi+\beta b)} & -e^{i\alpha a} & -e^{-i\alpha a} \\ \dfrac{\beta}{m_b^*}e^{i(\phi-\beta b)} & -\dfrac{\beta}{m_b^*}e^{i(\phi+\beta b)} & -\dfrac{\alpha}{m_w^*}e^{i\alpha a} & \dfrac{\alpha}{m_w^*}e^{-i\alpha a} \end{vmatrix} = 0 \tag{5.46}$$

이 행렬식을 구하면 다음 식과 같은 결과를 얻게 된다.

$$\cos\phi = \cos\alpha a\cos\beta b - \frac{m_w^* m_b^*}{2\alpha\beta}\left(\frac{\alpha^2}{m_w^{*2}} + \frac{\beta^2}{m_b^{*2}}\right)\sin\alpha a\sin\beta b \tag{5.47}$$

5.7.2 $E < V_0$ 인 경우

이 경우 우리가 풀어야 하는 Schrödinger equation 는 다음과 같이 된다.

$$\begin{aligned} &\frac{d^2\psi}{dz^2} + \frac{2m^*}{\hbar^2}(E - V_0)\psi = 0 \\ &\frac{d^2\psi}{dz^2} - \delta^2\psi = 0 \ \text{ where } \delta = \sqrt{\frac{2m(V_0 - E)}{\hbar^2}} \\ &\psi(z) = Ae^{\delta z} + Be^{-\delta z} \end{aligned} \tag{5.48}$$

$E > V_0$ 인 경우에서의 방법을 따라 정리하면

$$\left.\begin{aligned} &(a)\ \ b < z < a \text{ 인 경우,} \\ &\quad \psi(z) = \begin{cases} Ae^{\delta z} + Be^{\delta z} & \text{for } -b < z < 0 \\ De^{i\alpha z} + Fe^{-i\alpha z} & \text{for } 0 < z < a \end{cases} \\ &\qquad \text{where } \alpha = \sqrt{\frac{2m_1 E}{\hbar^2}} \text{ and } \delta = \sqrt{\frac{2m_2(V_0 - E)}{\hbar^2}} > 0 \\ &(b)\ \ a < z < a + d \text{ 인 경우,} \\ &\quad \psi(z) = e^{i\phi}\begin{cases} Ae^{\delta(z-d)} + Be^{-\delta(z-d)} & \text{for } a < z < d \\ De^{i\alpha(z-d)} + Fe^{-i\alpha(z-d)} & \text{for } d < z < a + d \end{cases} \end{aligned}\right\} \text{ where } \beta = -i\delta \tag{5.49}$$

위 식에서 $\beta = -i\delta$ 로 놓으면 결과는 다음 식과 같다.

$$\cos\phi = \cos\alpha a \cosh\delta b - \frac{m_w^* m_b^*}{2\alpha\delta}\left(\frac{\alpha^2}{m_w^{*2}} - \frac{\delta^2}{m_b^{*2}}\right)\sin\alpha a \sinh\delta b \qquad (5.50)$$

여기서, $\beta = \sqrt{\frac{2m_b^*(E-V_0)}{\hbar^2}}$, $\delta = \sqrt{\frac{2m_b^*(V_0-E)}{\hbar^2}}$, $\delta = i\beta$ 이고 $-1 \le \cos\phi \le 1$ 임에 주의하자.

크로니-페니 모델의 두 경우의 결과인 식 (5.47)과 식 (5.50)을 이용하여 우리는 다양한 양자구조에서 전자의 속박된 에너지 준위를 구할 수 있게 된다.

Remark:

크로니-페니 모델을 이용하여 단일양자우물 single quantum well, 다중양자우물 multiple quantum well, 초격자 superlattice 의 양자구조내에서 전자가 속박되었을 때 에너지 준위 energy levels 를 다음 방법을 활용하여 계산할 수 있다. 먼저 다중양자우물 multiple quantum wells 구조의 경우와 초격자 superlattice 구조의 근본적인 차이점은 앞의 경우는 이웃하는 우물 wells 사이에서 파동함수가 서로 마주 겹쳐지지 않아 에너지 준위만이 우물 wells 에 존재하는 경우이고 후자의 경우는 서로 겹치게 되어 우물 wells 내에서 준위 level 가 아닌 소위 '미니밴드 minibands'를 형성하게 된다는 점이 다르다. 이것은 다음과 같이 이웃하는 파동함수들을 고려하여 추론할 수 있다.

- 단일양자우물 single quantum well 과 다중양자우물 multiple quantum wells 의 경우

단일양자우물구조에서의 에너지 준위를 알고 싶다면 계산과정에서 그림 5.11 에서와 같이 barrier 두께 b 를 well 두께 a 에 비해 상대적으로 매우 크게 잡으면 마치 한 개의 우물 well 내에서 전자의 에너지 준위 level 를 구할 수 있게 된다. 이때 우물내 전자의 파동함수는 barrier 를 뚫지 못하게 되기 때문에 마치 단 하나의 양자우물구조에서와 같은 결과를 얻게 된다.

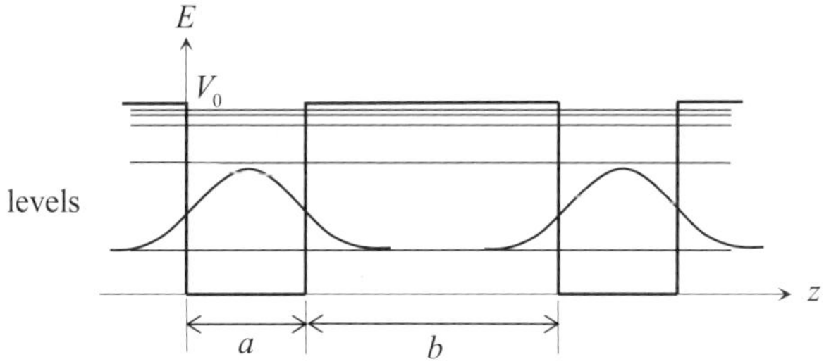

그림 5.11 다중양자우물구조에서 에너지 준위.

- 초격자 superlattice 의 경우:

다중양자우물구조와 초격자 superlattice 의 근본적인 차이점을 논의하기 위해 각 우물에 단 한 개의 전자가 존재한다고 가정하자. 이제 그림 5.3 에서와 같이 벽barrier 두께 b가 우물well 두께

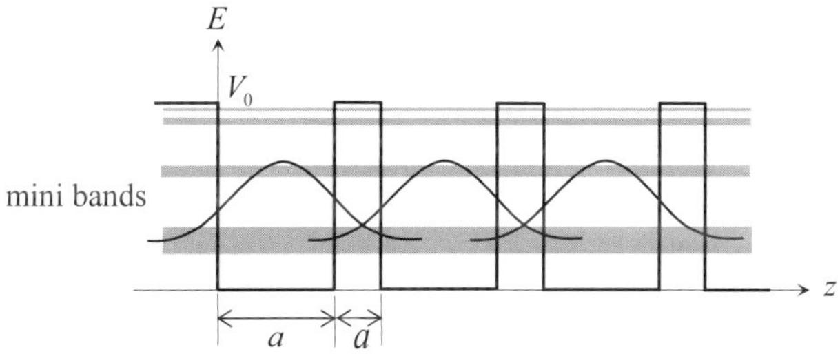

그림 5.12 초격자구조에서 겹치는 에너지 준위들은 미니밴드를 형성하게 된다.

a 에 견주어 점점 작게 될 경우 각 우물내에서 전자의 에너지 준위를 나타내는 파동함수는 벽을 뚫고 이웃하는 우물내의 파동함수와 겹치게 된다. 즉, 고전적인 개념과 달리 에너지 장벽이 높은 경우일지라도 전자는 터널 tunneling 현상을 일으키게 된다. 이렇게 될 경우 이웃에 존재 두 전자들은 앞서 설명한 바와 같이 하이젠베르크 Heisenberg 의 불확정성 원리()에 따라 라는 짧은 시간 동안 두 이웃하는 우물중 어디에 있는지 우리는 알 수 없게 된다. 즉, 전자의 에너지가 정확한 에너지 준위가 아니라 그림 5.12 에 나타난 것 같이 불확정성 정도 만큼 퍼지게 된다. 따라서 이웃하고 있는 우물들이 많아지게 되어 준위levels의 파동 함수가 많이 겹치게 되면 될수록 가 점점 커지면서 더 이상 에너지 준위 level 값을 취하기 보다는 ‘미니밴드 mini band’를 형성하게

된다. 이것이 초격자 superlattice 구조에서 전자의 에너지 상태가 다중양자우물구조에서와 근본적으로 다른 점이다.

크로니-페니 모델을 이용하여 다중양자우물이나 포격자에서 전자의 에너지 준위등을 알고 싶다면 부록에 Fortran 을 이용한 프로그램을 첨부하였으니 연습해 보기를 권한다.

5.8 반도체 양자구조의 에너지준위 계산방법 energy level calculation in semiconductor quantum structures

현대 사회에서 기술의 발전에 따라 원자 규모로 제어가 가능한 MBE(Molecular Beam Epitaxy), MOCVD(Metal-Organic Chemical Vapor Epitaxy), ALE(Atomic Layer Epitaxy)등 현대적인 반도체 성장 기술들이 개발되어 반도체 양자구조를 임의의 크기로 만들 수 있게 되었다. 요즘 '나노 과학과 기술'로 통칭되는 시대에 임의 모양의 반도체 양자구조에서 전자의 에너지 준위를 정확히 추출해 내는 것도 더욱 중요하게 되었기에 본 절에서는 이러한 양자상태 정보를 얻는 방법을 간략히 다루고자 한다.

앞의 5.6 절에서 유효질량 싸개함수 방법 effective mass envelope function method 을 이용하여 슈레딩거 방정식을 쓰면 다음과 같았다.

$$\left[-\frac{\hbar^2}{2m}\nabla^2 + V(\vec{r})\right]F_{n,\vec{k}}(\vec{r}) = E_{n,\vec{k}}F_{n,\vec{k}}(\vec{r}), \qquad F = \text{envelope function.} \tag{5.51}$$

에너지 고유값을 얻기 위한 해밀토니안 행렬의 요소 elements 들은 유사포텐셜 방법에서 사용한 식 (5.10)에서와 같이 소위 평면파에 기초한 plane wave based 기저 basis 를 이용하자.

$$H_{i,j} = \left\langle \frac{1}{\sqrt{\Omega}} e^{i\vec{g}_i\cdot\vec{r}} \left| -\frac{\hbar^2}{2m}\nabla^2 + \sum_{\vec{G}} V(\vec{G}) e^{i\vec{G}\cdot\vec{r}} \right| \frac{1}{\sqrt{\Omega}} e^{i\vec{g}_j\cdot\vec{r}} \right\rangle \tag{5.52}$$

해밀토니안 행렬의 성분을 구하여 에너지 준위를 구할 수 있다.

본 절에서 임의 모양의 양자구조에 속박된 전자의 에너지 밴드 구조를 알아보려고 한다. 이를 위해 먼저 포텐셜에 대한 정보가 주어져야 한다. 우리는 싸개함수를 이용하기 때문에 각 원자에 의한 포텐셜은 고려에 넣지 않아도 된다. 논의를 쉽게 하기 위하여 그림 5.13 과 같이 반도체 성장 실험에서 종종 관측되는 자발적으로 self-assembled 성장된 지붕 hut 모양의 나노크기

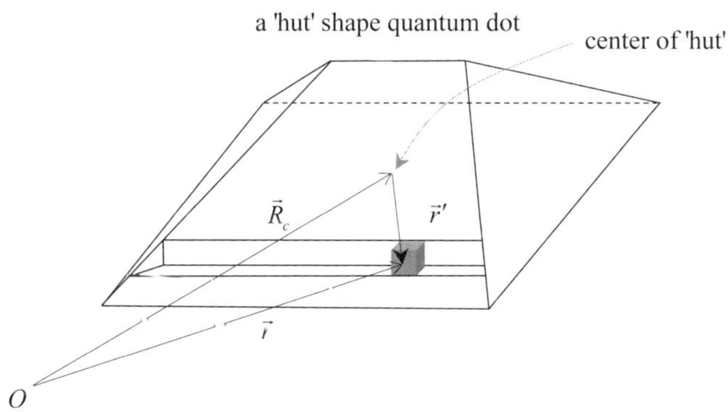

그림 5.13 성장실험에서 종종 관측되는 자발적으로 성장된 지붕모양의 양자점.

양자점 quantum dot 하나를 고려하자. 그림 5.14 에서 보여주는 바와 같이 이 3 차원 나노구조를 단위셀 체적 $\Omega_c = l^3$ 단위로 나누고 이 단위셀의 원자가 밴드와 양자점을 싸고 있는 반도체의

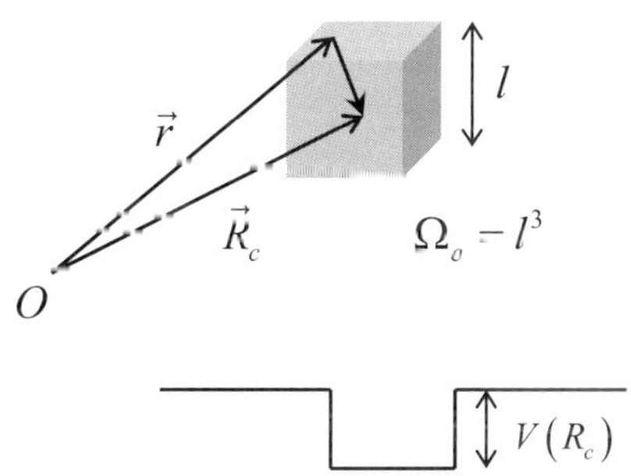

그림 5.14 정사각형 단위셀과 양자점을 싸고 있는 반도체와 밴드 에너지 차이.

원자가 밴드와의 차이를 포텐셜 $V(\vec{R}_c)$ 로 간주하고자 한다.

이제 해밀토니안 행렬 H 의 요소 elements 를 구하도록 하자. 행렬요소 H_{ij} 는

$$\begin{aligned} H_{i,j} &= K_{i,j} + V_{i,j} \\ &= \langle g' \,|\, H \,|\, g \rangle \\ &= \left\langle \frac{1}{\sqrt{\Omega}} e^{i\vec{g}'\cdot\vec{r}} \left| -\frac{\hbar^2}{2m}\nabla^2 + V(\vec{r}) \right| \frac{1}{\sqrt{\Omega}} e^{i\vec{g}'\cdot\vec{r}} \right\rangle \\ &= \left\langle \frac{1}{\sqrt{\Omega}} e^{i\vec{g}'\cdot\vec{r}} \left| -\frac{\hbar^2}{2m}\nabla^2 \right| \frac{1}{\sqrt{\Omega}} e^{i\vec{g}'\cdot\vec{r}} \right\rangle + \left\langle \frac{1}{\sqrt{\Omega}} e^{i\vec{g}'\cdot\vec{r}} \left| V(\vec{r}) \right| \frac{1}{\sqrt{\Omega}} e^{i\vec{g}'\cdot\vec{r}} \right\rangle \end{aligned} \tag{5.53}$$

으로 주어지고 포텐셜 성분은 간단히 1 차원인 경우

$$\begin{aligned} &\int_{L_x} e^{i\Delta g_x\cdot x'} dx' \quad \text{for 1-D} \\ &\int_{L_x} e^{i\Delta g_x\cdot x'} dx' = \left.\frac{e^{i\Delta g_x\cdot x'}}{i\Delta g_x}\right|_{-\frac{l}{2}}^{\frac{l}{2}} = \frac{1}{i\Delta g_x}\left(e^{i\Delta g_x\cdot\frac{l}{2}} - e^{-i\Delta g_x\cdot\frac{l}{2}}\right) = \frac{1}{i\Delta g_x}\cdot 2i\sin\left(\frac{\Delta g_x l}{2}\right) \\ &= l\frac{\sin\left(\frac{\Delta g_x l}{2}\right)}{\left(\frac{\Delta g_x l}{2}\right)} = l\cdot\mathrm{sinc}\left(\frac{\Delta g_x l}{2}\right) \end{aligned} \tag{5.54}$$

로 주어지므로 우리가 원하는 3 차원 결정에 대해서는 같은 방법을 적용하면

$$\begin{aligned} \langle g' \,|\, V \,|\, g \rangle &= \frac{1}{\Omega}\int_{\Omega} V(\vec{r}) e^{i\Delta\vec{g}\cdot\vec{r}} d\vec{r} = \frac{1}{\Omega}\int_{\Omega} V\left(\vec{R}_c + \vec{r}'\right) e^{i\Delta\vec{g}\cdot\left(\vec{R}_c+\vec{r}'\right)} d\vec{r}' \\ &\approx \frac{1}{\Omega}\sum_{\vec{R}_c}^{N} V\left(\vec{R}_c\right) e^{i\Delta\vec{g}\cdot\vec{R}_c} \int_{\Omega_c} e^{i\Delta\vec{g}\cdot\vec{r}'} d\vec{r}' \\ &= \frac{\Omega_c}{\Omega}\mathrm{sinc}\left(\frac{\Delta g_x l}{2}\right)\mathrm{sinc}\left(\frac{\Delta g_y l}{2}\right)\mathrm{sinc}\left(\frac{\Delta g_z l}{2}\right)\sum_{\vec{R}_C}^{N} V\left(\vec{R}_c\right) e^{i\Delta\vec{g}\cdot\vec{R}_c} \end{aligned} \tag{5.55}$$

로 쓸 수 있다. 여기서

$$\begin{aligned} &\int_{\Omega_c} e^{i\Delta\vec{g}\cdot\vec{r}'} d\vec{r}' \\ &= l^3\cdot\mathrm{sinc}\left(\frac{\Delta g_x l}{2}\right)\mathrm{sinc}\left(\frac{\Delta g_y l}{2}\right)\mathrm{sinc}\left(\frac{\Delta g_z l}{2}\right) \end{aligned} \tag{5.56}$$

$$= \Omega_c \cdot \mathrm{sinc}\left(\frac{\Delta g_x l}{2}\right)\mathrm{sinc}\left(\frac{\Delta g_y l}{2}\right)\mathrm{sinc}\left(\frac{\Delta g_z l}{2}\right)$$

으로 주어진다 [Cusack].

Remark:

1. $|g\rangle = |i\rangle = |g_i\rangle$ 이라 하면 $\langle g' | H | g\rangle = \langle i | H | j\rangle = \langle g_i' | H | g_j\rangle$ 이 된다.

2. 운동에너지에 해당하는 성분은 나음과 같이 주어진다.

$$\begin{aligned} K_{i,j} &= \left\langle \frac{1}{\sqrt{\Omega}} e^{i\vec{g}'\cdot\vec{r}} \middle| \frac{\hbar^2}{2m}\nabla^2 \middle| \frac{1}{\sqrt{\Omega}} e^{i\vec{g}'\cdot\vec{r}} \right\rangle \\ &= \frac{\hbar^2}{2m} g_i^2 \cdot \frac{1}{\Omega} \int e^{i(\vec{g}-\vec{g}')\cdot\vec{r}} d\vec{r} = \frac{\hbar^2}{2m} g_i^2 \delta_{\vec{g}\vec{g}'} \end{aligned} \tag{5.57}$$

지금까지의 결과를 가지고 유사포텐셜 방법에서와 마찬가지의 과정을 거치면 된다. 예를 들어 반도체 이종접합구조 heterostructure 에서 밴드차이 band offset 가 주어지면 이제 까지 설명한 방법을 이용하여 임의 모양의 나노 구조 (예: 양자우물 quantum wells, 양자선 quantum wires, 양자점 quantum dots 등)에 대해서도 속박된 에너지 준위를 계산할 수 있다 [Cusack].

Summary

- 전자밴드구조는 단일전자모델을 이용하여 계산을 수행한다.
- 유사포텐셜 방법의 핵심이 무엇인지 스스로 정리해 보시오.

부록

Appendices

부록 Appendices

여기에 소개하는 Fortran 과 Matlab 프로그램은 대학원 반도체물리학을 가르치는 동안 report 를 부과 하였는데 이중에서 성실히 수행한 반도체과학기술학과 대학원 학생들의 프로그램중 가장 우수한 것으로 판단되어 소개하니 공부하는데 참고하기 바란다. 나아가 Matlab 으로 작성된 Si band structure 계산 프로그램은 나중에 SiGe alloy 밴드 구조나 반도체 나노구조에서 에너지 준위 계산에 편리하게 응용될 수 있고 또한 장점으로는 계산 결과를 바로 그래프를 통해 확인할 수 있으니 학생들은 반드시 연습해 보기를 권장한다.

A.1 A Fortran program for Si band structure

Fortran 에 대한 가장 초보적인 지식을 갖춘 학생들을 위한 Si 밴드구조 계산 프로그램을 소개하니 연습해 보기 바란다. 표 5.2 에서 소개한 113 개의 고유상태를 이용하였다.

```
implicit integer (i-n)
double precision a(113,113),w(113),z(113,113),fv1(113),fv2(113)
dimension lx(113),ly(113),lz(113)
data lx(1),ly(1),lz(1), lx(2),ly(2),lz(2), . . . , lx(113),ly(113),lz(113)
     /0,0,0,1,1,1,-1,1,1, . . . . -2,0,4,2,0,-4,-2,0,-4/
```

**설명: 표 5.2 의 고유상태의 *x*-, *y*-, *z*-성분들의 값을 일일이 지정하고 있다. 조금 지루하고 어리숙한 방법이지만 Fortran 초급단계에 있는 학생은 이러한 방식으로라도 coding 을 하여 연습을 하고 익숙한 학생은 나중에 좀 더 현명한 방법을 사용하기 바란다. 물론 " … " 은 비슷한 작업의 순차적인 반복을 나타내기 때문에 과정을 생략한 것이다.

```
data v3,v8,v11 /-0.224,0.055,0.072/
```

**설명: 해밀토니안 행렬의 off-diagonal 포텐셜을 구할 때 필요한 세개의 유사포텐셜 값을 나타낸다..

```
open (10,file='band0.dat',status='replace')

open (11,file='band1.dat',status='replace')

open (12,file='band3.dat',status='replace')

          ..........................

open (30,file='band20.dat',status='replace')
```

**설명: 1st Brillouin zone 의 $\Gamma(0,0,0)$ 에서 $X(1,0,0)$ 까지 20 등분한 후 각 파수벡터 에 대한 고유값을 구한 후 band0, band1, … , band20 에 저장한다.

```
nm=113

n=113

matz=0

     do kwave=1,21

          xk=0.05*(kwave-1)

          yk=0.0

          zk=0.0

          do j=1,113

          do i=1,113

               kdel=(lx(i)-lx(j))**2+(ly(i)-ly(j))**2+(lz(i)-lz(j))**2

               if (kdel.eq.3) then

                    vv=v3

               elseif (kdel.eq.8) then

                    vv=v8

               elseif (kdel.eq.11) then

                    vv=v11

               else

                    vv=0.0
```

```
                        endif
                        if (i.eq.j) then
                                a(i,j)=5.1014*((xk+lx(i))**2+(yk+ly(i))**2+
&                                          (zk+lz(i))**2)
                        else
                                gs=3.14159/4.0*(lx(i)-lx(j)+ly(i)-ly(j)+lz(i)-lz(j))
                                a(i,j)=13.6**vv*cos(gs)
                        endif
                enddo
                enddo
                call rs(nm,n,a,w,matz,z,fv1,fv2,ierr)
                do i=1,113
                        kk=9+kwave
                        write(kk,*) w(i)
                enddo
enddo
do i=10,30
        close (i)
enddo
stop
end

subroutine rs(nm,n,a,w,matz,z,fv1,fv2,ierr)
        ..........................
        ..........................
```

**설명: 위 call 에서 요청한 subroutine rs 은 www.netlib.com 에서 EISPACK 또는 LAPACK 부분을 살펴본 후 내려 받아 main program 뒤에 첨부하면 coding 은 끝난다. 이 subroutine 은 주어진 행렬을 대각화 과정을 거쳐 고유값을 계산하는 프로그램이다.

위에서 구한 band0.dat 부터 band20.dat 를 그래프를 그릴 수 있는 origin 등의 상업용 소프트웨어를 이용하여 각 k_0 에 대해 113 개의 고유값을 나타내는 그림을 얻은 후 113 개 전부 보다는 밑에서부터 10 개 정도만 나타내는 부분을 확대해 보면 그림 5.4 에서와 같은 점들을 얻게 된다. 이후 옆에 가까이 있는 점들을 연결하면 우리가 보통 보게 되는 Si 의 밴드구조를 보게 될 것이다.

A.2 A Matlab program for Si band structure

다음은 'Matlab 을 이용한 bulk Si 의 에너지 밴드 구조 계산'은 본 강의 내용을 따라 과제로 내준 대학원생들의 report 결과물중 가장 우수하다고 판단된 Mr. Do Trong Thanh 의 프로그램을 소개하니 교육과 연구에 활용하기 바란다. 이곳을 빌어 Mr. Thanh 에 감사를 표한다.

```
% lattice constant
a0 = 5.43095;

% hbar^2/2m in eV-Ang^2
hb2m0 = 3.807;

% hcR_infty (eV per Rydberg)
Ry = 13.60569253;

% Number of energy bands to compute
bands = 8;

% Number of k-point along each path to evaluate
kpts = 40;

% Symmetry points in the FCC/Zincblende Brillouin zone
% Gamma, X, L, W, U, K
Gpt = [0, 0, 0];
Xpt = [0, 1, 0];
Lpt = [1/2, 1/2, 1/2];
Wpt = [1/2, 1, 0];
Upt = [1/4, 1, 1/4];
Kpt = [3/4, 3/4, 0];

% Consider the path between Gamma and X
% Divide the path between x (1st) coordinate of Gamma and X into
% 40 points
% The command 'linspace' will give us a row vector 1x40
% ' is the transpose operation (to get column vector dimension
% 40x1)
x_pts = linspace(Gpt(1), Xpt(1), 40)';

% Divide the path between y (2nd) coordinate of Gamma and X into
% 40 points
y_pts = linspace(Gpt(2), Xpt(2), 40)';

% Similarly for z (3rd) coordinate
z_pts = linspace(Gpt(3), Xpt(3), 40)';
```

```
% Combine 3 column vectors above to get matrix of k points
% K has dimension 40x3, each row is 1 k-vector, dimension 1x3
K = [x_pts, y_pts, z_pts];

% number of Fourier modes to use
m = 3;

% Range of Fourier modes
% In this case, it means the G coordinates can be -3, -2, -1, 0,
% 1, 2, 3
d = -m:m;

% Construct all G-vectors in reciprocal lattice basis
% Initiate G, an empty list of G-vectors
G = [];

for i = d % It means loop through i = -3, -2, -1, 0, 1, 2, 3
    for j = d
        for k = d
            % At each step, add the vector (-i+j+k, i-j+k, i+j-k)
            % to the existing list G
            G = [G; -i+j+k, i-j+k, i+j-k];
        end
    end
end
% At this point, G has dimension 343x3, each row is a G-vector
% We want to reduce the number of vectors in G by length
% Initiate Gs, a new list of G-vectors
Gs = [];

% Go through every vector of G and take the one with norm^2 < 13
% The command 'length(G)' will return the first dimenstion of G
% G has dimension 343x3, so length(G) = 343
for i = 1:length(G)
    % G(i, :) is the i-th row of G
    % Check if this G-vector length is small enough
    % Then add it to the new list Gs
    if norm(G(i, :))^2 < 13
        Gs = [Gs; G(i, :)];
    end
end

% Put this new list Gs back into G, now G has dimension 59x3
G = Gs;
% We can change the size of G by taking a limit bigger than 12
% For example, taking the G-vector with norm^2 < 20 will result in
% G with dimension 89x3

% Number of G vectors
ng = length(G);

% Assemble potential part of Hamiltonian
% Initiate H matrix dimension ng x ng (59x59) with all cells
```

```
% equal to zero
H = zeros(ng, ng);

% Loop over all pairs of G vectors
% We use ii and jj as index in this FOR loop because j is the
% imaginary unit in MATLAB, which we use later in an equation
for ii = 1 : ng
    for jj = 1 : ng
        % Difference between two G vectors
        dg = G(ii, :) - G(jj, :);
        % Let dgnorm2 be the norm^2 of g_i - g_j
        % The command 'round' to ensure we get an integer
        dgnorm2 = round(norm(dg)^2);

        % Dot product of dg and tau
        theta = pi * sum(dg)/4;
        c = cos(theta);
        s = sin(theta);

        % VS and VA depends on length of g_i - g_j
        if dgnorm2 == 3
            VS = -0.21;
            VA = 0;
        elseif dgnorm2 == 4
            VS = 0;
            VA = 0;
        elseif dgnorm2 == 8
            VS = 0.04;
            VA = 0;
        elseif dgnorm2 == 11
            VS = 0.08;
            VA = 0;
        else
            VS = 0;
            VA = 0;
        end

        H(ii, jj) = (VS * c - VA * j * s) * Ry;

        % H(j, i) is the conjugate of H(i, j)
        H(jj, ii) = conj(H(ii, jj));
    end
end

% Initiate new matrix E of eigenvalue
% For each k vector in K, solve eigenequation to get a vector
% eigenvalue, then add this vector to E
E = [];

% Loop over all k vectors in K
for i = 1 : length(K)
    k = K(i, :);
    % Incorporate kinetic (main diagonal) part of Hamiltonian
    for j = 1 : ng
```

```
        g = G(j, :);
        kpg2 = norm(k - g)^2;
        H(j, j) = hb2m0*kpg2*(2*pi/a0)^2;
    end

    % Calculate eigenvalues of a Hermitian matrix
    E_k = eig(H);

    % Now E_k has dimenstion ng x 1 (59x1), because ng = 59 is the
    % dimension of H
    % We want to take the first 8 values of E_k (bands = 8),
    % or the lowest energy bands
    E_k = E_k(1:bands);

    % Add this shorter E_k to E
    E = [E, E_k];
end

% At this point, E has dimension 8 x 40
% Column i-th is 8 lowest eigenvalues of the k-vector i-th
% There are 40 k-vectors

% For plotting, we get 40 points from 0 to 1
% Each point represents a k-vector
x = linspace(0, 1, 40);

% Loop through 8 bands
for i = 1 : bands
    % This command tells MATLAB to not plot until 'hold off'
    hold on;
    % For each bands, we plot all the x points vs the eigenvalues
    % in that band. E(i, :) has dimension 1x40, same dimension as
    % x The option '.' tell MATLAB to plot using a dot
    % MATLAB will keep all the scatter plots in memory until
    % the command 'hold off'
    scatter(x, E(i, :), '.')
end

% Now MATLAB output all 8 scatter plots onto the same plot
hold off;
```

Remark:

% 은 Matlab 에서 프로그램의 실행에 영향을 주지 않고 단지 프로그램의 이해를 위한 comment 를 붙여놓을 때 사용하는 표시이다.

1st Brillouin zone 에서 다음 보기 에서와 같이 방향에 따른 변수들을 바꾸면 된다.

```
x_pts = linspace(Gpt(1), Xpt(1), 40)';

y_pts = linspace(Gpt(2), Xpt(2), 40)';

z_pts = linspace(Gpt(3), Xpt(3), 40)';
```

```
x_pts = linspace(Gpt(1), Lpt(1), 40)';

y_pts = linspace(Gpt(2), Lpt(2), 40)';

z_pts = linspace(Gpt(3), Lpt(3), 40)';
```

Matlab 을 실행시키면 다음과 같은 그래프를 얻을 수 있다. 수직축이 에너지를 나타내므로 우리는 bandgap 이 있는 부분에서 valence band 의 band edge 의 에너지를 0 으로 조정하여 각 band 의 에너지를 나타내면 전자 밴드 구조를 얻을 수 있다.

실지 실행 후 얻어진 그래프 보기:

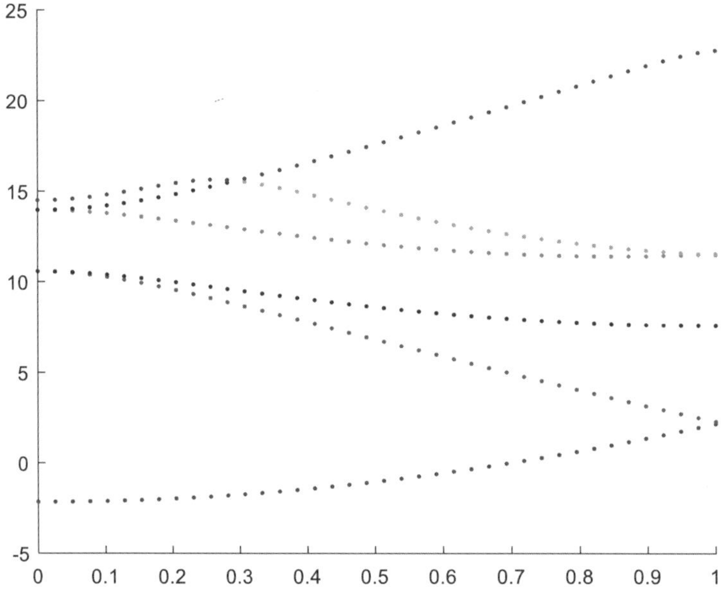

A.3 A Fortran program for Kronig-Penney model

```
c        ******** Information of the program ***********************
c        Multiple quantum wells calculation by Kronig-Penny model method
c                    coska=cosk1d1cosk2de-rsink1sd1sink2d2
c                                r=1/2(k1/k2+k2/k1)
c        ********** Statement of parameters ************************
         IMPLICIT Real*8 (A-H, O-Z)
         Real   an, pi, me, hp, ev
         Double precision   deta, deta0, debt, detb0, De
         Double precision   qj, wj, wr, gmj, gmr
         Complex*16   qr, detc, rat
character*12   fileint, fileout
c        *********** constant *************************************
         Rn=100000
         an=1.0D-10
         pi=3.1415926
         me=9.11D-31
hp=6.626D-34/2/pi
ev=1.602D-19
c        *********** Input data files and selection *********************
         write(*,*) '*****************************************'
         write(*,*) '      Multiple quantum wells calculation          '
         write(*,*) '    coska=cosk1d1cosk2d2-rsink1sd1sink2d2        '
         write(*,*) '           r=1/2(k1m2/k2m1+k2m1/k1m2)            '
         write(*,*) '***************************************** '
         write(*,*) 'Select the input data form: 1 or 2'
```

```
write(*,*) '1.    Input data file name.'
write(*,*) '2.    Input data values.'
read(*,*)    Inp
if (inp.eq.2) then
        write(*,*) 'Input Wj, Wr, mj, mr, V0, E0'
        write(*,*) 'Input well and barrier width Wj, Wr (A)'
        read(*,*) Wj, Wr
        write(*,*) 'Input well and barrier mass mj, mr (me)'
        read(*,*) gmj, gmr
        write(*,*) 'Input barrier high V0 (eV)'
        read(*,*) V0
        write(*,*) 'Input calculated limit E0 (eV)'
        read(*,*) E0
        write(*,*) 'Input the data file name: Int.dat'
        read(*,*) fileint
        OPEN(41,FILE=fileint)
        write(41,50) Wj,Wr,GmJ,GmR,V0,E0
50                format(2f8.2,2f8.4,2f8.4)
        Close(41)
        write(*,*) 'Input Wj, Wr, mj, mr, V0, E0'
        write(*,50) Wj, Wr, GMJ, GMR, V0, E0'
else
        write(*,*) 'Input the data file name: Int.dat'
        read(*,*) fileint
        OPEN(41,FILE=fileint)
                read(41,*) Wj,Wr,GMJ,GMR,V0,E0
                write(*,*) 'Input Wj, Wr, mj, mr, V0, E0'
                write(*,50) Wj, Wr, GMJ, GMR, V0, E0
        close(41)
```

```
      endif
      write(*,*) 'Output the data file name: Out.dat'
      read(*,*) fileout
      write(*,*) 'Output values: E(eV) (mid & edg), cos(ka), qj, qr'
      write(*,*) '     E (eV)      cos(ka)      qj      qr (Re and Im)'
c     *************** Transfer value to SI unit ******************************
N=E0*RN
      De=eV/Rn
      gmj=gmj*me
      gmr=gmr*me
      V0=V0*ev
      E0=E0*ev
      Wj=Wj*an
      Wr=Wr*an
c     *************** Calculate multiple matrix ***********************
      OPEN (42,FILE=fileout)
      deta0=1.0D10
      deteb=1.0D10
      signa0=1
      signb0=1
      DO I=1,N
      If ((E-V0).gt.De/2) then
            E=I*De
      else
            E=(0.01+I)*De
      end if
      Qj=DSQRT(2*gmj*E/hp/hp)
      Qr=CDSQRT(DCMPLX(2*gmr*(E-V0)/hp/hp))
      rat=DCMPLX(gmr*qj/qr/gmj+gmj*qr/qj/gmr)/2.0D0
```

```
      end do
90    Format(f10.6,2x,e12.4,6E12.4)
95    Format(2x,f10.6,e12.4,6E12.4)
100   Format(f12.6,e12.5,6E12.5)
      close (42)
end
```

Remark:

Minibands 의 위와 아래 energy levels 을 포함하고 있으니 주의 바람.

스스로 물어야 되는 질문들 Questions to Ask Yourself

Chapter 0 과학이란?

- ✓ Science 은 무엇에 관한 것이고 우리는 왜 과학을 공부해야 하는가?
- ✓ Transformation 은 과학에서 어떤 역할을 하는가?

Chapter 1 수

- ✓ Complex number 는 왜 필요하고 어느 경우에 이용되는가?

Chapter 2 선형대수학 기본개념

- ✓ Linear algebra 는 어떤 문제를 다루는가?
- ✓ 선형대수학에서 '선형적 linear'란 어떤 의미인가?
- ✓ Fourier transforms 은 어느 경우에 유용한가?
- ✓ Vector 는 왜 function 과 같은 의미로 쓰이는가?
- ✓ Operator algebra 는 어떻게 문제를 푸는데 이용되는가?
- ✓ 'eigen'란 어떤 의미인가?
- ✓ 좌표계는 어떻게 표현되는가?
- ✓ Transformation 과 transforms 은 어떻게 다른가?
- ✓ 선형대수학에서 직교성 orthogonality 의 의미는?

Chapter 3 현대물리학 기본개념

- ✓ Physical world 는 어떻게 구분되는가?
- ✓ Motion 은 어떻게 구분되는가?
- ✓ 'state'란 무엇을 표현하는가?
- ✓ Quantum states 를 이해하고 있는가?
- ✓ Single particle interference 는 어떻게 설명되는가?
- ✓ Schrödinger equation 은 무엇인가?
- ✓ Superposition 이란 무엇인가?
- ✓ Quantization 가 내포한 두 가지 의미는 각각 무엇인가?
- ✓ Normalization 란 무슨 의미인가?
- ✓ Ensemble average 과 expectation value 은 무엇인가?
- ✓ Spin 이란/
- ✓ Wave packet 이란?
- ✓ Wave number 란 무엇을 의미한가?
- ✓ Wave 는 어떻게 분류되는가?
- ✓ Identical particles 란?
- ✓ Indistinguishability 이란 무슨 의미인가?
- ✓ Quantum number 란 무엇을 나타내는 수인가?

Chapter 4 고체물리학 기본개념

- ✓ Reciprocal lattice 란 무엇을 의미하고 어떻게 이용되는가?
- ✓ 1st Brillouin zone 개념이 왜 필요한가?
- ✓ Bloch rheorem 는 무엇을 나타내고 어떤 의미를 내포하고 있는가?
- ✓ Crystal momentum 은 momentum 과 어떻게 다른가?
- ✓ Energy bands 는 무엇이며 어떻게 얻을 수 있는가?
- ✓ 우리가 빛을 어떻게 인위적으로 발생 generation 시킬 수 있는가?
- ✓ Effective mass 이란 무엇이고 왜 음의 값을 가질 수도 있는가?
- ✓ Envelope function 란?
- ✓ BCF rheory 를 설명할 수 있는가?

Chapter 5 전자밴드구조 계산

- ✓ 전자는 역할에 따라 어떻게 분류할 수 있는가?
- ✓ Matrix 의 diagonalization 과정은 왜 필요한가?

참고문헌 References

[Mathematics]

[Boas] Mary L. Boas, *Mathematical Methods in the Physical Sciences*, 3rd edition, Wiley, 2006.

[Byron] Frederick W. Byron, Jr. and Robert W. Fuller, *Mathematics of Classical and Quantum Physics*, Dover, 1970.

[Modern Physics]

[Eisberg] Robert Eisberg and Robert Resnick, *Quantum Physics of Atoms, Molecules, Solids, Nuclei, and Particles*, 2nd edition, John Wiley & Sons, Inc., 1985.

[Griffiths] David J. Griffiths, *Introduction to Quantum Mechanics*, 2nd edition, Pearson, 2005.

[Solid State Physics]

[Ashcroft] Neil W. Ashcroft and N. David Mermin, *Solid State Physics*, W. B. Saunders Co., 1976.

[Goodstein] David L. Goodstein, *States of Matter*, Dover, 1985.

[Kittel] Charles Kittel, *Introduction to Solid State Physics*, 8th edition, John-Wiley & Sons, 2005.

[Yu] Peter Y. Yu and Manual Cardona, *Fundamentals of Semiconductors*, 4th edition, Springer, 2010.

[Electronic Band Structure]

[Cohen] M. L. Cohen and J. R. Chelikowsky, *Electronic Structure and Optical Properties of Semiconductors*, Springer Series in Solid State Sciences 75, Springer-Verlag, Berlin, 1988.

[Cusack] M. A. Cusack, P. R. Briddon, and M. Jaros, *Electronic Structure of InAs/GaAs self-assembled quantum dots*, Phys. Rev. B **54**, R2300 (1996).

[Thijssen] J. M. Thijssen, *Computational Physics*, Cambridge University Press, 1999.

[Others]

[netlib] EISPACK, or LAPACK, http://www.netlib.org

[Penrose] Roger Penrose, *The Road to Reality*, Vintage Books, 2004.

[Wiki] http://www.wikipedia.org

후기 Epilogue

He has also set eternity in the human heart. [Ecclesiastes 3:11]

사람에게 영원을 사모하는 마음을 주셨으니. [전도서 3:11]

대학교 2 학년생을 영어로 sophomore 라고 한다. 이 말의 어원은 $sophos\,(\text{wise}) + m\bar{o}ros\,(\text{foolish})$ 인데 의미하는 바와 같이 현명 하기도 하지만 어리석기도 하다는 의미이다. 달리 표현하자면 지식이 어느정도 들어가서 무엇이 무엇인지 모르고 헷갈려 하는 사람이라는 말이겠다. 우리 학생들도 이때쯤이면 공부가 뭔지 인생이 뭔지 소위 값싼(?) 철학을 하게 된다. 이 책의 저자도 그랬었다. 이 같이 대부분의 사람들은 누가 묻지 않아도 일생에 최소한 한번쯤은 다음과 같은 질문들을 스스로 하게 되며 답을 구하고 싶어한다.

- 우리는 왜 공부를 해야 되는가?
- 인생은 어떤 의미를 갖는가?
- 사람들은 왜 종교(또는 믿음)를 갖는가?
- 무엇이 옳은 것인가?
- 등등

Chapter 0 에서 말했듯이 '과학을 공부한다'는 의미는 '변환(수단)'을 통해 '실체'에 대한 '본질(목표)'을 알아가는 것이라고 표현하고 싶다. 현대사회에서 언뜻 과학과 종교는 오랫동안 서로 양립할 수 없는 것처럼 여겨져 온 것처럼 보인다. 전적으로 개인적인 의견이지만 본인의 생각으로는 어느 부분에서는 유사한 점도 있는 것 같다. 희랍어로 번역된 성서에서 '회개' 라는 단어는 $metanoia = meta\,(\text{change}) + noia\,(\text{mind})$ 로 알려져 있다. 이것은 본질상 마음을 바꾼다는 의미이다. 좀 더 확대 해석하면 기존의 생각을 바꾼다는 의미이고 인식을 전환해야 한다는 의미와 통할 수 있다. 머리말에서 말했듯이 '과학 활동'에서 핵심 단어인 '변환 transformation'이라는 말과도 뜻이 통한다고 말하고 싶다. 즉, '회개' 나 '변환' 이나 본질상 같은 의미를 내포하고 있다고 생각된다. 많은 기독교 신학자들은 피조물인 인간이 '신'을 직접 인식하는 것은 불가능하다고 말한다. 즉, 우리가 이 세상의 창조주를 직접 만나거나 인식하기가 불가능하나 '참된 인간'을 통하면 (또는 그 '참된 인간'을 통한 '변환'을 통해 보면) 창조주를 인식할 수 있고 더 나아가 믿음 faith 에 이른다고 주장하는 것과 맥락이 비슷하다고 생각된다. (때로 어떤 신학자는 우리의 궁극의 관심을 '창조주'대신 reality 로 표현하기도 한다.). 이 는 물론 전적으로 본인의 개인적인 생각의 단편이다. 지금까지 언급한 모든 것으로부터 아주 단순하게 위 질문들에 대한 도식적인 해답을 생각해 본다면 다음과 같을 수도 있다고 생각한다.

Entity	⇒	Reality	⇒	Eternity
과학과 학문		진리		?
종교		신앙		?
인생		인생의 의미		?
⋮		⋮		⋮

즉, 인간이 세상에 태어난 후 여러 종류의 '실체'를 만나게 되고 그것이 무엇인지 찾아가는 과정에 놓이게 된다. 하지만 보통 '실체'는 겉으로 드러난 모양과 현상만으로는 '본질'에 다다르기 쉽지 않다. 3 장에서도 언급했지만 미시 세계 microscopic world 에서 입자들의 '실체 entity'라 할 수 있는 '양자상태 quantum state'는 파동함수(보통은 eigenstates 의 superposition 으로)로 주어지는데 이 입자가 특정 고유상태에 있을 확률은 알 수 있지만 '본질 reality'이라 할 파동함수는 측정할 수가 없다. 우리의 오감을 통한 인식은 필연적으로 한계가 있게 되는 것이다. 이러한 이유 때문에 우리는 '공부를 해야 된다'. 당연히 '자연과학적인 방법'뿐만 아니라 '인문과학적인 방법'도 배워야 된다. 요즘 인문학의 위기나 이공계의 위기를 말하고 있는데 사실 본질적으로는 같은 위기라고 생각된다. 인생의 의미가 무엇인지 알고 싶다거나 또는 믿음이 무엇인지 알고 싶다면 당연히 우리는 '본질'을 파악하는 선에서 그치지 말고 끊임없이 (아마도 죽기 직전까지) '인식의 전환(transformation of consciousness 또는 *metanoia*)'을 통해 날마다 마음을 새롭게 해야 될 필요가 있다고 생각된다. 그러다 보면 비록 철학자들이 주장하는 것처럼 인간이 우주의 영원성 eternity 에 비해 극히 짧은 순간을 살다가는 '한계상황'에 놓인 하찮은 존재일지라도 심오하고 영원한 그 무엇을 맛볼 수 있는 자기 고백(告白)의 기회가 올 수도 있지 않을까? 모든 학생들의 노력에 좋은 결실이 있길 바란다.

전자밴드구조의 이해

Understanding Electronic Band Structure

지은이 김재연
펴낸이 김동원
펴낸곳 전북대학교출판문화원

초판 1쇄 인쇄 2019. 8. 26
초판 1쇄 발행 2019. 8. 30

전북대학교출판문화원 전라북도 전주시 완산구 어진길 32 (풍남동2가)
전화 (063) 219-5321~2
FAX (063) 219-5323
출판등록 2012년 8월 20일 제465-2012-000021호

값 20,000원

ISBN 979-11-6372-041-6 93420

이 도서의 국립중앙도서관 출판예정도서목록(CIP)은 서지정보유통지원시스템 홈페이지(http://seoji.nl.go.kr)와 국가자료공동목록시스템(http://www.nl.go.kr/kolisnet)에서 이용하실 수 있습니다. (CIP제어번호 : CIP2019032853)